海洋工程环境概论

董 胜　孔令双　编著

中国海洋大学出版社
·青岛·

图书在版编目(CIP)数据

海洋工程环境概论/董胜,孔令双编著. —青岛:中国海洋大学出版社,2005.3(2015.3重印)

ISBN 978-7-81067-700-4

Ⅰ.海… Ⅱ.①董… ②孔… Ⅲ.海洋工程－海洋环境－概论 Ⅳ.X145

中国版本图书馆CIP数据核字(2005)第024671号

中国海洋大学出版社出版发行
(青岛市香港东路23号　邮政编码:266071)
出版人:王曙光
日照报业印刷有限公司印刷
新华书店经销
*
开本:787mm×960mm　1/16　印张:16.75　字数:310千字
2005年4月第1版　2015年3月第5次印刷
印数:4 101～5 100　　定价:26.00元

序

21世纪将是海洋科学与技术飞速发展的世纪。为了解决日益突出的"人口、资源、环境"问题，我国已把开发海洋资源、发展海洋经济作为国家的发展战略目标。无论是海洋油气与矿产资源、海洋生物与海水资源，还是海洋运输与空间的开发利用，皆依赖于海洋工程的发展。

由于海洋工程结构复杂、体积庞大、造价昂贵，在建造与使用过程中一直遭受海浪、潮汐、风暴潮、海流、风的作用，有些地区还会受到海冰、地震、海啸等恶劣条件的影响。深入了解海洋工程环境条件的发生和发展规律，为海洋工程提供规划、设计、施工、营运等方面的客观数据，是保证结构安全、降低成本、高效营运的重要前提。

《海洋工程环境概论》一书的作者对海洋工程环境进行了全面的归纳总结，是多年科研与教学成果的积累。该书具有深入的理论研究和广泛的工程应用，同时融入作者的最新见解。例如，拓展了二维复合分布理论的应用领域，提出了新的海岸地区台风风暴潮强度等级划分准则；建立了有效风能的概念，给出了粉砂质海岸淤积预报的公式。作者注意面向海洋工程实际，舍弃了繁复的数学推导过程，内容适合于我国高等教育的要求和海洋工程技术人员的需要，此书的出版将对我国海洋工程环境的研究起到促进作用。

我相信，通过年轻学者与国内同行的共同努力，对海洋工程环境开展深入系统的研究将取得更加丰硕的成果，为我国海洋资源的开发利用作出重要贡献。

文圣常

2005年3月28日

前　言

随着我国海洋开发和利用的迅速发展，各种海洋工程包括海岸工程结构物被相继设计和建造。例如开敞式深水码头、人工岛、海洋平台、海底管道工程等。这些型式、尺度各异的水工结构常常建造于开敞海域，时时遭受到种种海洋动力因素，如海浪、海流、潮汐、海冰以及风、地震、海啸、泥沙等的作用。环境条件荷载的准确计算成为海洋工程设计成败的关键。本书围绕海洋工程所处环境条件，系统地论述了它们的主要特性，给出工程设计参数的实用计算方法，使读者对海洋工程环境问题有一个比较全面的了解，有助于读者从事海洋工程的研究、规划、设计和建造工作。有鉴于此，中国海洋大学在港口、航道及海岸工程专业本科生和港口、海岸及近海工程专业研究生的教学中都特别重视这一教学训练环节。20世纪80年代初专业创立以来，中国海洋大学就开设了"工程水文学"课程，讲授风、浪、流、潮等海洋环境条件及河川水文的基础知识。2003年中国海洋大学开设了"船舶与海洋工程"专业，并将"海洋工程环境"确定为必修课程。1997年以来，作者一直从事海洋工程环境条件的随机性分析及可靠性分析方面的教学和科研工作，在吸收国内同类教材及国外文献精华的基础上，融入作者在国家自然科学基金，国家"九五"攻关课题及其他省市科研项目的部分研究成果，在授课过程中撰写并不断修订讲义，最后形成本书内容。

全书在进行理论分析的同时，注重基本概念的介绍。第一章绪论介绍了海洋工程环境研究的意义、主要内容和方法。第二章介绍风的相关概念、影响我国的主要风系、风速的观测与资料整理，利用气象资料进行风速推算，探讨了极值风速的长期分布规律，进行风荷载的计算。第三章对海浪进行分类，定义了波浪要素，论述了波浪观测与资料整理方法，对波浪频谱和方向谱进行了简介，基于观测序列或气象资料推算波浪的长期设计要素，最后讨论了波浪的浅水变形计算。第四章介绍了潮汐现象及其观测和预报，分析了风暴潮的成因及其在我国的成灾特点，讨论了工程设计中不同潮位的计算方法，对风暴潮强度进行了等级划分。第五章介绍了海流的特征及其对海洋结构的影响。第六章介绍了我国海冰的观测及其物理力学特性，计算了海冰对海洋建筑物的作用力。第七章介绍海岸工程泥沙的来源与特性,论述了各种海岸泥沙运动,建立了海岸泥沙的数学模型并给出工程实例。第八章简介地震的特点及相应荷载的计算方法,并介绍了海啸的形成、特点及传播。同时,为了方便读者对内容的理解和应用,本书附有算例和习题。

本书第一、二、三、四、五、六、八章由董胜执笔,第七章由孔令双执笔。全书由董胜统稿、定稿。

书稿完成后,承蒙中国科学院院士文圣常教授审阅了全书,并提出了指导性建议。在书稿付梓之际,先生又欣然提笔作序,对我们予以鼓励。在此,特向先生表示诚挚的谢意。

在本书出版过程中,作者始终得到中国海洋大学工程学院领导及同事们的鼓励和支持;交通部天津水运工程科学研究所曹祖德研究员、大连理工大学董国海教授在百忙之中审阅了初稿,并提出了宝贵意见;研究生郝小丽、冯春明完成了部分初稿的文字录入工作,在此表示衷心的感谢。同时,也要感谢中国海洋大学教务处等有关部门对本书编撰工作的大力支持,还要感谢中国海洋大学出版基金的资助。

本书可作为海洋、海岸、港航、水利、环境等专业本科生的教材,亦可作为相关专业研究生、科研人员及工程技术人员的参考书。

海洋工程环境是一门交叉学科,由于作者从事该领域研究的时间短,水平有限,书中难免存在不足甚至错误之处,敬请专家和读者批评指正。

作　者

2005 年 3 月

目 录

第一章 绪论 ……………………………………………………………… (1)
§1.1 丰富的海洋资源 ……………………………………………… (1)
§1.2 海洋资源的开发 ……………………………………………… (2)
§1.3 海洋工程环境研究的主要内容 ……………………………… (3)
§1.4 海洋工程环境研究的意义 …………………………………… (4)
§1.5 海洋工程环境研究的方法 …………………………………… (5)

第二章 风 ………………………………………………………………… (6)
§2.1 风与风系 ……………………………………………………… (6)
  2.1.1 气压的意义和单位 …………………………………… (6)
  2.1.2 风速和风向 …………………………………………… (6)
  2.1.3 地面天气图与海平面气压场 ………………………… (9)
  2.1.4 影响我国海域的主要风系 ………………………… (10)
§2.2 风的观测与资料整理 ……………………………………… (13)
§2.3 根据气象资料推算风速 …………………………………… (15)
  2.3.1 地转风速的推算 …………………………………… (15)
  2.3.2 热带风暴中心附近最大风速的计算 ……………… (17)
§2.4 极值风速的长期分布规律 ………………………………… (20)
§2.5 风对海洋建筑物的作用 …………………………………… (24)
  2.5.1 设计风速的标准 …………………………………… (24)
  2.5.2 基本风压 …………………………………………… (24)
  2.5.3 风压的换算 ………………………………………… (25)
  2.5.4 风荷载的计算 ……………………………………… (27)

第三章 海浪 …………………………………………………………… (29)
§3.1 海浪的分类与基本要素 …………………………………… (30)
  3.1.1 海浪的分类 ………………………………………… (30)
  3.1.2 波浪的基本要素 …………………………………… (31)
§3.2 海浪观测与资料整理 ……………………………………… (33)

3.2.1　海浪的观测 …………………………………………………… (33)
3.2.2　波浪玫瑰图 …………………………………………………… (37)
3.2.3　我国沿岸海域波况的特点 …………………………………… (39)
§3.3　固定点海浪要素统计规律 ………………………………………… (40)
3.3.1　波高的经验与理论分布 ……………………………………… (41)
3.3.2　波长的统计分布 ……………………………………………… (49)
3.3.3　周期的统计分布 ……………………………………………… (49)
3.3.4　波高与周期的联合分布 ……………………………………… (51)
§3.4　波谱的基础知识 …………………………………………………… (55)
3.4.1　波谱的引入 …………………………………………………… (55)
3.4.2　几种海浪频谱模式 …………………………………………… (57)
3.4.3　海浪的方向谱 ………………………………………………… (60)
3.4.4　频谱与海浪要素的关系 ……………………………………… (63)
§3.5　基于观测资料的重现期波浪推算 ………………………………… (65)
3.5.1　海岸工程波浪设计标准 ……………………………………… (66)
3.5.2　基于长期测波资料的设计波高推算 ………………………… (67)
3.5.3　利用短期测波资料的设计波高推算 ………………………… (74)
3.5.4　与设计波高相对应的设计周期的推算方法 ………………… (77)
§3.6　根据气象资料推算风浪尺度 ……………………………………… (78)
3.6.1　风浪的生成、发展和衰减的机理 …………………………… (79)
3.6.2　风场要素的确定 ……………………………………………… (81)
3.6.3　外海风浪要素的确定 ………………………………………… (86)
3.6.4　涌浪要素的推算 ……………………………………………… (89)
3.6.5　台风波浪的估算方法 ………………………………………… (91)
§3.7　近岸波浪传播的变形 ……………………………………………… (93)
3.7.1　波浪的浅水变化 ……………………………………………… (94)
3.7.2　波浪的折射 …………………………………………………… (96)
3.7.3　波浪的绕射 ………………………………………………… (101)
3.7.4　波浪的反射 ………………………………………………… (104)
3.7.5　波浪的破碎 ………………………………………………… (105)
3.7.6　港内波高的计算 …………………………………………… (108)

第四章　潮汐与风暴潮 ………………………………………………… (110)
§4.1　潮汐现象及其成因 ………………………………………………… (110)
4.1.1　潮汐现象 …………………………………………………… (110)

4.1.2　引潮力的计算 …………………………………………… (111)
§ 4.2　潮汐的观测、分析和预报 ………………………………………… (115)
　　　4.2.1　潮汐的观测 ……………………………………………… (115)
　　　4.2.2　潮汐的调和分析 ………………………………………… (119)
　　　4.2.3　基于潮汐表的潮位预报 ………………………………… (121)
§ 4.3　工程设计中的潮位推算 …………………………………………… (122)
　　　4.3.1　基准面与特征潮位 ……………………………………… (122)
　　　4.3.2　设计潮位推算 …………………………………………… (123)
§ 4.4　风暴潮的形成与推算 ……………………………………………… (133)
　　　4.4.1　风暴潮的诱因与成灾 …………………………………… (133)
　　　4.4.2　风暴潮的推算 …………………………………………… (138)
§ 4.5　台风风暴潮的统计分布与强度等级划分 ………………………… (141)
　　　4.5.1　致灾台风风暴潮的长期分布 …………………………… (143)
　　　4.5.2　台风风暴潮强度等级划分 ……………………………… (145)

第五章　海流 …………………………………………………………………… (150)
§ 5.1　近岸海流概述 ……………………………………………………… (150)
　　　5.1.1　潮流 ………………………………………………………… (150)
　　　5.1.2　近岸波浪流 ………………………………………………… (151)
　　　5.1.3　漂流 ………………………………………………………… (152)
§ 5.2　海流的观测与资料的整理 ………………………………………… (154)
　　　5.2.1　海流的观测 ………………………………………………… (154)
　　　5.2.2　海流资料的整理和计算 …………………………………… (156)
§ 5.3　海洋工程设计中的近岸海流特征值 ……………………………… (158)
　　　5.3.1　海流最大可能流速的计算 ………………………………… (158)
　　　5.3.2　近岸海区风海流的估算 …………………………………… (158)
　　　5.3.3　海流随深度的变化 ………………………………………… (158)
§ 5.4　海流对海洋建筑物的作用 ………………………………………… (159)

第六章　海冰 …………………………………………………………………… (160)
§ 6.1　海冰概况 …………………………………………………………… (161)
　　　6.1.1　海冰的组成结构 …………………………………………… (161)
　　　6.1.2　海冰的类型 ………………………………………………… (163)
　　　6.1.3　我国的冰期 ………………………………………………… (163)
　　　6.1.4　我国的冰情等级 …………………………………………… (163)
§ 6.2　海冰的观测 ………………………………………………………… (165)

6.2.1　国内外海冰观测概况 ……………………………………（165）
　　6.2.2　我国海冰观测的主要内容 ………………………………（165）
§6.3　海冰的物理力学特性 ……………………………………………（170）
　　6.3.1　海冰的物理特性 …………………………………………（170）
　　6.3.2　海冰的力学特性 …………………………………………（172）
§6.4　海冰对海洋建筑物的作用 ………………………………………（174）
　　6.4.1　受环境驱动力限制的冰力 ………………………………（175）
　　6.4.2　受冰强度限制的冰力 ……………………………………（175）

第七章　泥沙 …………………………………………………………（180）

§7.1　泥沙来源及泥沙基本特性 ………………………………………（180）
　　7.1.1　海岸泥沙来源 ……………………………………………（180）
　　7.1.2　海岸泥沙特性 ……………………………………………（181）
　　7.1.3　海岸工程中的泥沙问题 …………………………………（188）
§7.2　海岸泥沙运动 ……………………………………………………（190）
　　7.2.1　波浪作用下的泥沙起动 …………………………………（191）
　　7.2.2　波、流共同作用下的床面剪切力 ………………………（193）
　　7.2.3　波、流共同作用下的水体挟沙力 ………………………（195）
　　7.2.4　波、流共同作用下的推移质输沙率 ……………………（195）
　　7.2.5　波、流共同作用下的悬移质输沙率 ……………………（196）
　　7.2.6　波、流共同作用下的流移质输沙率 ……………………（197）
　　7.2.7　沿岸输沙 …………………………………………………（198）
　　7.2.8　横向输沙 …………………………………………………（198）
　　7.2.9　海岸泥沙淤积的计算 ……………………………………（199）
§7.3　海岸泥沙数学模型 ………………………………………………（208）
　　7.3.1　平面二维悬沙数值模拟 …………………………………（208）
　　7.3.2　垂向二维泥沙数值模拟 …………………………………（209）
　　7.3.3　三维悬沙数值模拟 ………………………………………（209）
　　7.3.4　浮泥流数值模拟 …………………………………………（209）

第八章　地震与海啸 …………………………………………………（211）

§8.1　地震 ………………………………………………………………（212）
　　8.1.1　地震的成因及分布 ………………………………………（212）
　　8.1.2　地震波、震级和烈度 ……………………………………（212）
　　8.1.3　场地类别与地基土液化 …………………………………（214）
　　8.1.4　地震作用的计算 …………………………………………（217）

§8.2 海啸 ……………………………………………………………（222）
　　8.2.1 海啸的形成 …………………………………………（223）
　　8.2.2 海啸的分布 …………………………………………（223）
　　8.2.3 海啸的等级 …………………………………………（225）
　　8.2.4 海啸的特性 …………………………………………（226）
　　8.2.5 海啸的传播 …………………………………………（228）
习　题 …………………………………………………………………（230）
附　录 …………………………………………………………………（235）
参考文献 ………………………………………………………………（251）

第一章 绪论

在人类生存的地球表面上,海洋面积占 70.8%,而陆地面积占 29.2%。随着人类文明的快速发展,陆地资源面临枯竭。相比之下,人类对海洋资源的开发利用还相当有限。面对"人口、资源、环境"三大问题,人类把解决问题的希望寄托于海洋。

§1.1 丰富的海洋资源

广阔的海洋蕴藏着极为丰富的自然资源,主要有如下种类。

1. 海洋矿产资源

在海底蕴藏着各种矿物资源,仅多金属结核(亦称锰结核)和多金属硫化物的储量约达 6×10^{19} t,其中所含的镍、钴、铜、锰总储量为陆上总储量的几十倍到几千倍。特别是多金属结核,它是一种年年生长的永久性资源,主要分布在水深 3 500~4 500 m 的海底表层,厚度约 1 m。

海底石油的储量高达 1.35×10^{11} t 左右,占世界石油总储量的 2/3 以上,天然气储量约达 1.4×10^{14} m^3。我国渤海、东海陆架、南海珠江口、北部湾、台西南、莺歌湾-琼东南以及南沙曾母、万安等区域都发现了大型油气盆地和近百个含油气构造。其中渤海海域的石油储量约 7×10^9 t,探明石油地质储量 1.19×10^9 t。预计未来,深海区域的油气总储量占世界的 44%,石油可采储量 6×10^{10} t,天然气达 2.1×10^{13} m^3。深水海区天然气水合物的甲烷碳含量相当于全世界煤、石油、天然气总储量的 2 倍。

其他矿产资源在海底的蕴藏量也比陆地多,但较分散,开采价值不及石油和锰。

2. 海水资源

地球上海水的体积约为 1.37×10^9 km^3,对海水和其所含物质的利用也是海洋开发的内容,例如海水淡化、制盐、提取铀(每升海水含铀 0.002 mg,估计全部海水含铀可达 5×10^9 t)、提取重氢(海水含 0.014 6% 重氢,全部海水含重氢约为 1.99×10^4 km^3)等。铀与重氢是原子能的重要原料。

3. 海洋能

潮汐、海流、波浪都具有大量能量,还有温差、盐度差等,据估测,全球海洋能理论蕴藏量为 7.66×10^{10} kW,可开发装机容量为 6.4×10^9 kW,约为目前世界发电装机容量的 2 倍。中国海洋能理论蕴藏量为 6.3×10^8 kW,其中潮汐能为 1.1×10^8 kW,可开发装机容量为 2.158×10^7 kW;波浪能理论功率为 2.302×10^7 kW;潮流能可开发装机容量 1.828×10^7 kW。

4. 海洋生物资源

海洋中的生物资源十分丰富,鱼、虾、贝、藻等共有 20 万种以上。海洋也是人类蛋白质的来源宝库,特别是水产品的人工养殖,极大地促进了人类生活水平的改善。

§1.2 海洋资源的开发

海洋开发包括海洋与周围环境(海洋大气、海岸、海底)的资源开发和空间利用的一切活动。21 世纪是海洋资源开发的世纪,世界各国都把开发海洋、发展海洋经济和海洋产业作为国家发展的战略目标。20 世纪 80 年代以来,美、日、英、法、德等国相继制定了海洋科技发展计划,提出了优先发展海洋高技术的战略决策。如 1985 年美国制定了《全球海洋发展战略与规划》,英国海洋科技协调委员会发表了《90 年代英国海洋科技发展报告》,日本政府制定了《面向 21 世纪海洋开发推进计划》,我国"九五"期间正式启动了"国家 863 高技术计划海洋领域"项目,宣布我国进入国际开发海洋的行列。

我国既是一个陆地大国,也是一个海洋大国。大陆海岸线长达 18 000 多千米,管辖的海域面积达 300 万平方千米,是一个独立的蓝色经济带,蕴藏着丰富的海洋资源。而开发海洋资源,发展海洋经济,对我国国民经济的发展具有重要的战略意义。

现代海洋开发的内容,大致可概括为五个方面。

1. 海洋资源开发

有关海洋资源和能源的开发和利用主要包括:碳氢化合物以石油与天然气为主;固体矿物从海滩、海底表层或海底之下开采,或从海水中提炼;生物资源则包括鱼类与其他海生物;能源包括潮汐、海流、波浪、温差、盐度差、生物发电以及太阳能和风能的利用;海水淡化、海洋化学元素提取和海水直接利用等。

2. 海水物流与信息流

货物、人、材料、能源、信息等在海面上、海洋中或海底下的运输、输送或传递,主要有下列形式:各种水上、水面和水中的交通工具,如商业船舶、驳船、潜艇、气垫船、水翼船等；电缆与光导纤维的电力输送和通信；管道，输送石油与天然气、泥浆和化学品。

3. 勘探与测量

有关海洋观测资料的采集、分析和利用，如水文和海洋学的有关资料；科学勘探则指探索海洋与海底资源、构成物、现象与特性。

4. 海洋环境保护

在开发利用海洋资源的同时，要防止海洋与其边缘地区的环境恶化和有关人造装置的破坏、变坏或损失。污染控制，包括由陆上、船上与近海装置排出的废液和废气的控制；侵蚀与沉积的控制，对海岸保护与疏浚；废物处理，海洋作为废物、废热和噪声的排放场所的有计划利用；安全保护。

5. 海岸带的开发

增进、利用与发展海岸和沿海水域的活动。港口、海岸和航道建设；工厂、码头和仓库等设施建设，包括生产或中转用的浮动式或固定式的设施；水上游览与居住，包括游艇码头、水上娱乐场所、人工岛等；围海造田。

§1.3 海洋工程环境研究的主要内容

海洋丰富资源的开发和利用，无论是海洋油气与矿产资源的开发、海洋生物资源与海水资源的开发和利用，还是海洋运输和海洋空间的利用与开发都依赖于海洋工程的发展，都必须通过其特定型式的工程结构物来实施。这些结构物种类繁多，海洋工程环境条件及其诱导的环境荷载的确定是结构设计的重要组成部分之一。

海洋工程环境是研究与海洋工程有关的环境现象，确定海洋建筑物自然条件设计标准的一门科学，它是海洋工程的新兴分支。其主要内容包括：①海洋工程物理环境，如风、浪、潮汐、海流、风暴潮、冰、温度、海啸、内波等；②海洋工程地质地貌环境，如泥沙输移、海岸演变、地震、水下塌落与滑坡等；③海洋工程化学环境，如海水成分；④海洋工程生物环境，如海洋生物等。

海洋工程物理环境中的风、浪、流、潮等是影响海洋工程建筑物的主要环境动力因素，本书将着重讨论它们的形成机理及其计算方法。由于这些现象都是随时间和空间而变化的随机过程，本书不仅要揭示它们与海洋结构的短期相互作用，还要分析它们的长期分布规律；不仅要探讨各种荷载对建筑物的独立作用，还要研究某一灾害（如风暴潮，海啸）过程中多种动力要素对建筑物的联合作用。这样才能为海洋结构的优化设计提出客观合理的环境条件设计参数。

海洋工程地质地貌环境中的泥沙输移与冲刷也是工程设计需要考虑的重

要环境因素,虽然它不能使结构的受力产生直接变化,但能通过结构基础的变化影响整体的稳定,如结构物水深增加,造成整体结构失稳,降低建筑物的使用寿命。另外,在地震活跃的海域建造海洋建筑物,地震荷载往往是主要荷载,必须加以考虑。

§1.4 海洋工程环境研究的意义

与陆上建筑物相比,海洋工程结构所处的环境更加恶劣。准确预测海上物理环境条件的强度、出现的概率及其诱发的荷载,对海洋建筑物的安全至关重要。

全球范围内已经探明的海洋油气储量80%以上在水深500 m以内,历经数十年的开发,世界大部分地区的浅海与近海油气资源日趋减少,人类海洋油气资源开发的目光投向了广阔深海。在深水建设平台,不仅要保证在正常条件下的安全作业,即使在极端条件下,生产设施暂停作业,也要保证建筑物的基本安全。因此对自然环境条件的勘查选取要求更加客观,对结构设计提出更大的挑战。此外,据统计,海洋石油钻井装置发生的特大事故主要是对相关海域的自然环境条件及地质资料收集和分析不足引起的。如1964年位于东阿拉斯加库克湾的2座海洋钻井平台被海冰摧毁;1969年我国的"渤海"2号在拖航过程中翻沉;1982年在加拿大近海油田,半潜式钻井平台"海上徘徊者"的翻沉事件。上述事故说明准确掌握海洋水文气象观测资料的重要性。有鉴于此,世界上一些海洋技术发达的国家,为了适应大型海上工程设施的建设需要,建立了完善的海洋观测体系。如英国和挪威为了在风浪险恶的北海大陆架开采海底石油,增设了水文和气象观测设备,用于广泛收集和分析北海水文气象资料。日本为了海岸工程的安全,在其沿海建立了几十个观测站,用于波浪、潮汐、风等自然条件观测资料的收集。在国家海洋局的统一部署下,我国逐步在沿岸和岛屿建立起了气象站和海洋站,系统地进行气象、水文等要素的观测。目前,我国已经建立了65个台站,遍布渤海、黄海、东海和南海,积累了30多年的历史观测资料,对我国的海洋开发起到了积极的推动作用。

海洋环境条件与荷载的合理确定对海洋建筑物的建造投资和经济效益也是举足轻重的。有研究表明,对于墨西哥湾某一固定式平台,风、浪、流各自选取100年一遇重现值作为设计荷载时,所得平台的整体倾覆力矩比考虑三者联合概率影响的值高出18%左右,因此,采用联合概率设计方法可以大大降低工程的投资费用。

海洋建筑物的安全性和经济性虽是海洋工程设计中彼此矛盾的两个方面,

基于工程可靠度设计理论，二者可以实现和谐的统一。其中对海洋环境条件荷载以及某一结构物的抵抗外荷载的能力进行准确的概率分析是解决问题的关键。

§1.5 海洋工程环境研究的方法

海洋工程环境概论的研究方法主要有以下 4 种。

1. 理论分析法

根据海洋环境的观测现象，建立起各要素之间的数学力学关系。由于涉及因素的多样性，往往对自然条件作出不同程度的简化，在数学上作出近似处理，使得现有理论在不同程度上与客观现实之间存在偏离。许多问题有待进一步探索研究。

2. 现场观测法

这是研究海洋环境条件的最基本方法。由于自然条件的复杂性，它是揭示物理现象、各物理因素之间相互关系的主要途径，也是确定数学力学公式中经验系数的必要手段。虽然如此，现场观测需要耗费巨大的人力、物力和财力，有时还存在测量上的困难，而且与现场研究遇到的因素掺合在一起，不容易把感兴趣的因素分离出来。

3. 物模实验法

由于现场观测法存在的不足，在实验室里模拟重现各种自然现象成为科学研究的主要途径。虽然科学工作者通过努力，已经在此方面取得很大的发展，但是"比尺效应"的困难，使得在小比尺下建立的理论关系应用到自然条件中存在疑问。

4. 数值模拟法

数值模拟法随着计算机的飞速发展而日益成为解决各种科学问题的重要手段。如波浪在近岸区域的浅水变形计算，风暴潮的数值模拟等。与物理模型相比，它避免了比尺效应问题，可以处理很大的空间范围问题，容易实现不同设计方案的快速比选。即便如此，数值模拟的基础是正确的物理模式和力学关系，否则其结果是没有实际意义的。

需要说明的是，上述方法是相互关联、彼此补充的，不能强调某一方法而忽略其他方法，只有通过多种方式的研究才能确定海洋环境条件对建筑物的影响，提出客观合理的工程结构设计标准。

第二章 风

作为一种重要的天气因素,风对海洋工程既有直接作用,也有间接影响。风力可以直接作用在海洋建筑物上,例如海洋石油平台的上部构件,或作用在船舶上,然后传给岸壁结构。海面风场对海水的运动有巨大的影响,特别与表层海流的变化、海浪的发展和传播以及风暴水位涨落的程度等,有密切关系。一次强大的风暴和它引起的巨浪,往往是造成海洋建筑物破坏的主要原因。风力的计算,已成为海洋建筑物设计中不可缺少的条件。为了利用良好的天气进行施工、作业以及钻井船、预制沉箱的拖航等,也必须了解工作海区的大风规律及特点,并通过分析强风向和常风向、统计大风日数、绘制风玫瑰图等方法,进一步掌握风对建筑物的影响。

§2.1 风与风系

2.1.1 气压的意义和单位

大气作用于地球表面单位面积上的力叫做大气压力,简称气压。在纬度45°的海平面上,温度为0 ℃时,760 mm高水银柱产生的压力称为1个标准大气压,其值相当于每平方厘米受到10.132 N的力。若规定每平方厘米受到0.01 N的力为1毫巴(mb),则1个标准大气压力就等于1 013.2 mb。世界气象组织统一使用的气压单位为"百帕"(hPa)。$1\ Pa=1\ N \cdot m^{-2}$,因此,$1\ hPa = 0.01\ N \cdot cm^{-2}$,可见,百帕和毫巴在数值上相等。

2.1.2 风速和风向

风是空气从高压区向低压区的流动。风的特征可以用风速和风向来表示。风速是指空气在单位时间内流过的距离,单位一般用$m \cdot s^{-1}$。为了便于使用,蒲福(Beanfort)将风速的大小划分为13级,后人加以完善,补充了5级,成为现在通用的风级表(表2.1.1)。

风的来向称为风向。以北向为起始方位,每隔22.5°确定一个风向(见图

2.1.1),分别为北(N)、东北偏北(NNE)、东北(NE)、东北偏东(ENE)、东(E)、东南偏东(ESE)、东南(SE)、东南偏南(SSE)、南(S)、西南偏南(SSW)、西南(SW)、西南偏西(WSW)、西(W)、西北偏西(WNW)、西北(NW)和西北偏北(NNW)。

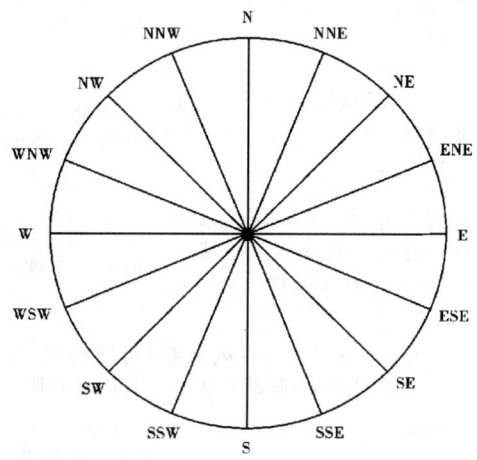

图 2.1.1 风向的方位

表 2.1.1 风级表

风级	风名	海面浪高/m		海面征象	陆面征象	相当风速 /m·s^{-1}
		一般	最高			
0	静风	/	/	海面像镜子一样平静	静,烟直上	0~0.2
1	软风	0.1	0.1	海面有波纹,但没有白色波顶	烟能表示风向,但风标不能转动	0.3~1.5
2	轻风	0.2	0.3	波纹虽小,但已明显,波顶透明像玻璃,但不碎	人面感觉有风,树叶有微响,风向标能转动	1.6~3.3
3	微风	0.3	1.0	波较大,波顶开始分裂,泡沫有光。间或见到白色波浪	树叶有微枝摇动不息,旌旗开展	3.4~5.4
4	和风	1.0	1.5	小浪,波长较大,往前卷的白碎浪较多,有间断的呼啸声	能吹起地面尘土和纸张,树的小枝摇动	5.5~7.9

(续表)

风级	风名	海面浪高/m 一般	海面浪高/m 最高	海面征象	陆面征象	相当风速 /m·s^{-1}
5	清风	2.0	2.5	中浪,波浪相当大,白碎浪很多,呼啸声不断,间或有浪花激起	有叶的小树摇摆,内陆的水面有小波	8.0~10.7
6	强风	3.0	4.0	开始成大浪,波浪白沫飞布海面,呼啸声大作(可能有少数浪花溅起)	大树枝摇摆,电线呼呼有声,举伞困难	10.8~13.8
7	疾风	4.0	5.5	海面像由波浪堆积而成,碎浪的白泡沫开始成纤维状,随风吹散,飞过几个波顶	全树摇动,迎风步行时感觉不便	13.9~17.1
8	大风	5.5	7.5	中高浪,波长更大,随风吹起的纤维状更明显,呼啸声更大	可摧毁树木,人向前行时感觉阻力甚大	17.2~20.7
9	烈风	7.0	10.0	高浪,泡沫纤维更为浓密,海浪翻卷,泡沫可能影响能见度	烟囱及平房顶可能受到损坏,小屋遭受破坏	20.8~24.4
10	狂风	9.0	12.5	大高浪,波浪成长形突出,纤维状泡沫更为浓密,并成片状,波浪颠簸好像槌击,浪花飞起带白色,能见度受影响	陆上少见,有时可将树木拔起,或将建筑物摧毁	24.5~28.4
11	暴风	11.0	16.0	特高浪。中小型的船在海上有时可能被波浪所蔽,波浪边缘被风吹起泡沫,能见度受影响	陆上少见,有则必有重大摧毁	28.5~32.6
12	飓风	14.0	/	空气中充满泡沫和浪花。海面因浪花的飞起成白色状态,能见度剧烈降低	陆上极少见,其摧毁力极大	32.7~36.9
13						37.0~41.4
14						41.5~46.1
15						46.2~50.9
16						51.0~56.0
17						56.1~61.2

2.1.3 地面天气图与海平面气压场

地球表面的气压分布是不均匀的,将瞬时气压相等的空间点连成的线称为等压线。日常所用的地面天气图是在等高面上绘制的等压线图,图上任意两相邻等压线的差是一个定值,一般为 5 hPa 或 2.5 hPa。等压线的密集程度,表示单位距离内气压差的大小。等压线越密,风速越大。任一时刻的海平面气压场可以采用海平面等压线图进行描述,常见的海平面气压场包括以下 9 种主要形式:①低压:具有封闭的等压线,其中心部分气压较周围低的区域。②高压:具有封闭的等压线,其中心部分气压较周围高的区域。③低压槽:由低压区域向高气压方向延伸出来的舌状部分。④高压脊:由高压区域向低气压方向延伸出来的舌状部分。⑤低压带:在两个高压之间气压较低的区域。⑥高压带:在两个低压之间气压较高的区域。⑦副低压:在低压外围的槽中所形成的小低压。⑧副高压:在高压外围的脊中所形成的小高压。⑨鞍形区:两个低压和两个高压交错分布的中间区域。如图 2.1.2 所示。

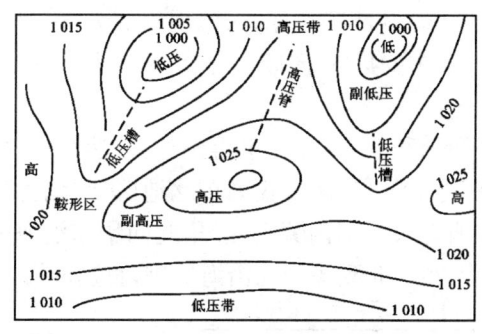
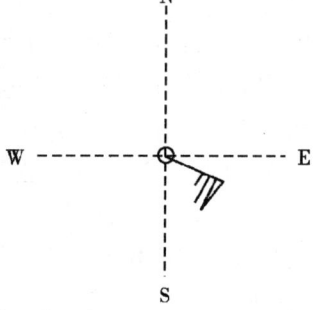

图 2.1.2 各种形式的海平面等压线图(单位:hPa)　　图 2.1.3 风速的标记

地面天气图是气象部门绘制的地(海)面上的各气象要素的实况分布图。其资料来源于陆上和岛屿气象台站以及海上船舶观测的数据。一般每天 4 次,即北京时间 02,08,14 和 20 时,将定时观测资料分别绘于专用的地图上;如遇特殊天气,可加密观测,每天的天气图达到 8~12 张。海平面等压线图是地面天气图的内容之一。

地面天气图用 D 表示低气压中心,称为气旋;用 G 表示高气压中心,称为反气旋;用 ❻ 表示台风中心。天气图上标记了每个台站的风速和风向,其中风向以矢杆表示,而风速以尾部的短线表示。风向矢杆长 0.6~0.8 cm,一端与表示测站位置的站圈相连,且矢线所指方向为风向;另一端与风速标记相连。风速标记分为长划(0.4 cm)、短划(0.2 cm)和小旗三种,分别代表风速 $4\ \text{m} \cdot \text{s}^{-1}$,

$2\ m \cdot s^{-1}$和$20\ m \cdot s^{-1}$。图2.1.3所示某站风向为ESE,风速为$26\ m \cdot s^{-1}$。

2.1.4 影响我国海域的主要风系

我国近海主要风系有季风、寒潮大风和热带气旋。

1. 季风

海、陆之间热量的差异影响近地面和近海面的气温和气压,导致冬季风从陆地吹向海洋,而夏季风从海洋吹向陆地,称为季风。我国是世界上著名的季风国家之一。10月至次年3月盛行偏北风;6月以后盛行偏南风。4～5月和8～9月为季风转换季节。冬季渤海与黄海多西、西北和北风,约占60%;东海多北和东北风,约占50%;南海多东北和东风,约占88%。夏季多为东南、南和西南风,渤海与黄海约占50%;东海与南海约占56%。

2. 寒潮大风

我国中央气象台规定:冷空气入侵后,气温在24小时内降低超过10℃,且黄河流域最低气温降至0℃以下,长江流域最低温度降至5℃以下,称为寒潮。寒潮是巨大的高压冷气团南侵造成的剧烈降温且伴有霜冻、大风现象的天气过程。它最早出现于9月下旬,最迟为翌年4月,主要集中于11月至次年2月,一般持续3～5天,是我国冬季主要天气过程之一。

寒潮主要发源于高纬地带,途经西伯利亚,并在那里得到加强,然后沿着3条路径进入我国(图2.1.4)。①从西伯利亚向东,移至我国东北地区,经渤海、黄海南下,直到东海。②从蒙古人民共和国进入我国内蒙古,经华北向华东沿海前进,并影响东海。③从我国西北地区入境,经西北到华中向沿海前进,直达南海。

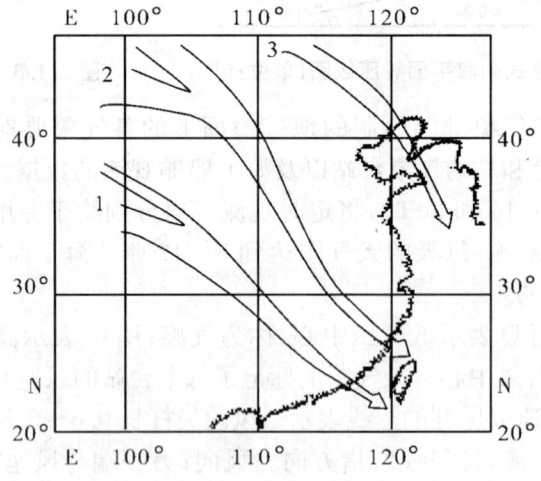

图 2.1.4 影响我国的寒潮路径图

寒潮过境时常出现强烈的偏北风,海面出现大浪,在迎风海岸地区形成增水现象,容易引发海洋灾害。

3. 热带气旋

热带气旋是一种发生在热带或副热带海洋上的气旋性涡旋。它在下述条件下发展形成热带风暴:海面水温高于27℃;海面宽阔、有深厚潮湿而不稳定的气层;纬度大于5°;垂直风切向变化很小;在对流层的上部出现一个反气旋,使高空出现辐散,便于近地面的气流上升等。热带风暴伴随着狂风、暴雨、巨浪和暴潮,往往在沿海造成灾害。目前世界气象组织将热带气旋分为4级。

(1)热带低压——最大风速<17.2 m·s^{-1}(最大风力<8级);

(2)热带风暴——最大风速17.2~24.5 m·s^{-1}(最大风力8~9级);

(3)强热带风暴——最大风速24.5~32.6 m·s^{-1}(最大风力10~11级);

(4)台风——最大风速>32.6 m·s^{-1}(最大风力12级或以上)。

据统计,全世界平均每年发生大约62次热带风暴,集中于8个特定的海域内(图2.1.5),即西北太平洋、东北太平洋、孟加拉湾、阿拉伯海、南印度洋、澳大利亚西北海面、西南太平洋及西北大西洋(包括墨西哥湾和加勒比海)。其中西北太平洋有22次,占全球的36%。该热带风暴主要发源于南海中北部海域、菲律宾群岛以东和琉球群岛附近洋面、马里亚纳群岛附近洋面以及马绍尔群岛附近洋面。

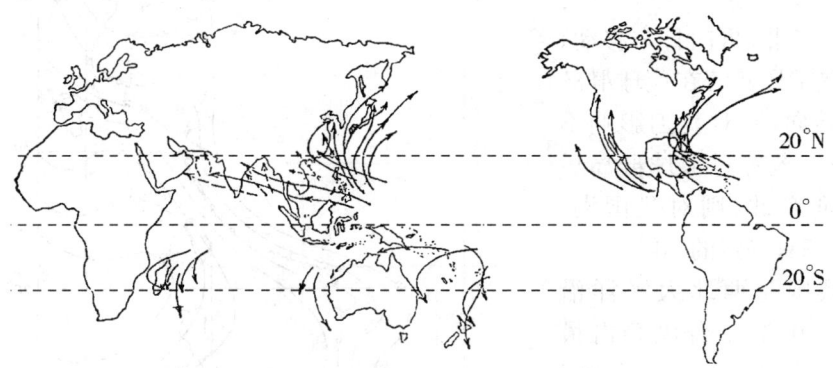

图2.1.5 热带风暴形成的8个特定海区

西北太平洋热带风暴的移动路径分为3种主要类型(图2.1.6)。

(1)西行型　形成后经菲律宾一直向西进入南海,一部分在我国广东省、广西区登陆或在越南登陆,另一部分在南海海面上自行消亡。此类热带风暴对我国南海影响最大。

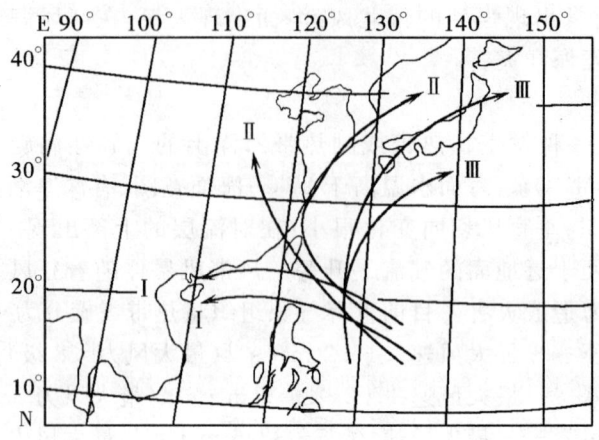

图 2.1.6 西北太平洋热带风暴路径示意图

(2) 登陆型　形成后向西北偏西方向移动,到达我国台湾省以东海面后,转向北上,或横穿台湾海峡,在福建、浙江、江苏省沿海一带登陆。登陆后,多数于长江口—山东一带再度出海。此类热带风暴对我国渤海、黄海、东海影响很大。

(3) 转向型　形成后向西北方向移动,至北纬 20°～25°(盛夏可至 25°～30°)附近转向东北,再向日本移动。此类热带风暴若在琉球群岛以东转向,则对我国影响不甚明显;若穿过琉球群岛后再转向东北,则对我国渤、黄、东海有一定的影响。

我国是西北太平洋沿岸国家中遭受台风袭击最多的国家,根据 1949～1985 年观测的最大风速统计结果,可绘制热带气旋最大强度分布图(图 2.1.7)。由图可知:①渤海、黄海、北部湾以及南海南部海面最大风速多为 $25\sim45\ m\cdot s^{-1}$,最

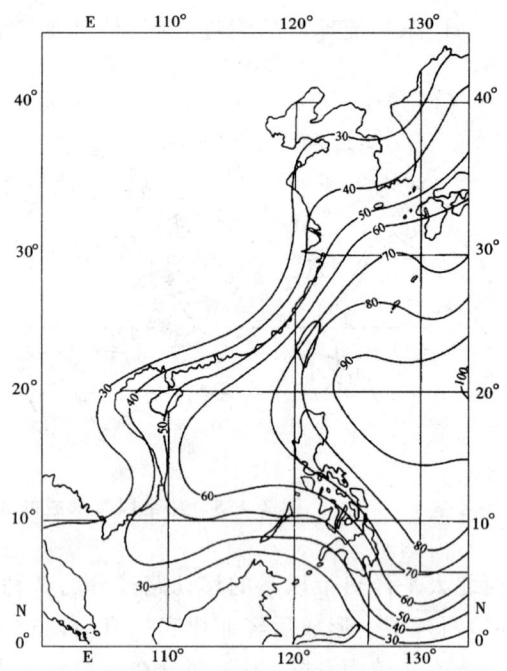

图 2.1.7　中国近海热带气旋最大风速($m\cdot s^{-1}$)分布图

大不超过 $50\ m\cdot s^{-1}$；②东海、台湾海峡及南海大部海区最大风速为 $55\sim 80\ m\cdot s^{-1}$，且由西向东递增；③风速超过 $90\ m\cdot s^{-1}$ 的热带气旋主要出现在巴士海峡以东洋面。

§2.2 风的观测与资料整理

在陆地上，测风站一般设置在不受建筑物影响的空旷地点。目前，我国的风况观测大多使用自动记录的电接式风向风速仪。该仪器由风向感应器、风速感应器、指示器和记录器组成，感应器安装在室外桅杆上。从记录器的记录纸带上可读取任意 10 min 的平均风速和相应的风向。指示器给出瞬时的风速和风向。水文气象台站报表上的测风记录多为指示器测得的 2 min 平均值。为了补充沿海观测台站的不足，国家海洋局要求在沿海航行的我国船只每日 4 次定时将所处海域的水文气象资料向岸上台站报告。在海上观测时，若无风速仪，常利用海面特征对风速进行目测，用罗盘测定风向。目测的风速用蒲福风级表示。

为了工程规划设计使用方便，常常将收集的测风资料进行统计整理，绘制成风况图，因其外形酷似盛开的玫瑰，又称风玫瑰图。风况图大多按照 16 个方位制成，主要表示风的观测时段、风速、风向和发生频率的分布情况，根据上述 4 个物理量的组合，可以得到多种形式的风况图。下面重点介绍风向频率玫瑰图。

例 某港有连续 2 年逐时风向、风速观测资料，绘制年风向、风速频率图步骤如下：

(1) 各个风向的风速等级划分。将风速分为 0～3,4,5,6,7 和 7 级以上 6 个范围，并分别统计不同方向风的出现次数，列入表 2.2.1。观测每 4 小时进行一次，2 年内观测总次数为 2 920 次。

(2) 计算各个风向不同风速的频率。频率等于某风向的风出现的次数与总次数之百分比。计算结果列入表 2.2.1。例如 0～3 级北风，2 年内出现的次数为 132 次，其频率为 $132\div 2\ 920=4.52\%$。

(3) 选择频率比例尺。根据风速出现频率的变化范围，选取适当的绘图比例尺。

(4) 绘出图 2.1.1 所示 16 个风向方位。

(5) 以风向方位极坐标原点为圆心，以静风的频率为半径作一个空心圆。

(6) 在各个风向方位上，按不同级别的风速，根据频率比例确定出现频率的长度。

(7) 将各相邻方位上的相同风速长度末端的点以直线相连接，即得风玫瑰图（图 2.2.1）。

表 2.2.1　某港 2 年期间实测风向风速统计表

风速 风频 风向	0～3 级 (0～5.4 m·s⁻¹) 出现次数	频率%	4 级 (5.5～7.9 m·s⁻¹) 出现次数	频率%	5 级 (8.0～10.7 m·s⁻¹) 出现次数	频率%	6 级 (10.8～13.8 m·s⁻¹) 出现次数	频率%	7 级 (13.9～17.1 m·s⁻¹) 出现次数	频率%	>7 级 (>17.1 m·s⁻¹) 出现次数	频率%	合计 出现次数	频率%
N	132	4.52	32	1.10	35	1.20	16	0.55	15	0.51	1	0.04	231	7.91
NNE	70	2.40	17	0.58	15	0.51	14	0.48	7	0.24	1	0.04	124	4.25
NE	63	2.16	11	0.38	16	0.55	6	0.21	4	0.14	1	0.04	101	3.46
ENE	7	0.24	4	0.14	4	0.14	1	0.03					16	0.55
E	22	0.75	7	0.24	9	0.31							38	1.30
ESE	62	2.12	28	0.96	20	0.68	4	0.14					114	3.90
SE	255	8.73	63	2.16	16	0.55	2	0.07					336	11.51
SSE	235	8.05	112	3.84	69	2.36	4	0.14					420	14.38
S	170	5.82	88	3.01	48	1.64	6	0.21	4	0.14			316	10.82
SSW	67	2.29	37	1.27	34	1.16	6	0.21					144	4.93
SW	72	2.47	19	0.65	13	0.45	4	0.14	1	0.03			109	3.73
WSW	13	0.45											13	0.45
W	16	0.55	1	0.03	6	0.21							23	0.78
WNW	33	1.13	8	0.27	8	0.27	2	0.07					51	1.75
NW	253	8.66	55	1.88	54	1.85	22	0.75	7	0.24			391	13.39
NNW	185	6.35	49	1.68	51	1.75	19	0.65	4	0.14			308	10.55
C	185	6.34											185	6.34
总计	1 840	63.01	531	18.18	398	13.63	106	3.63	42	1.44	3	0.11	2 920	100.0

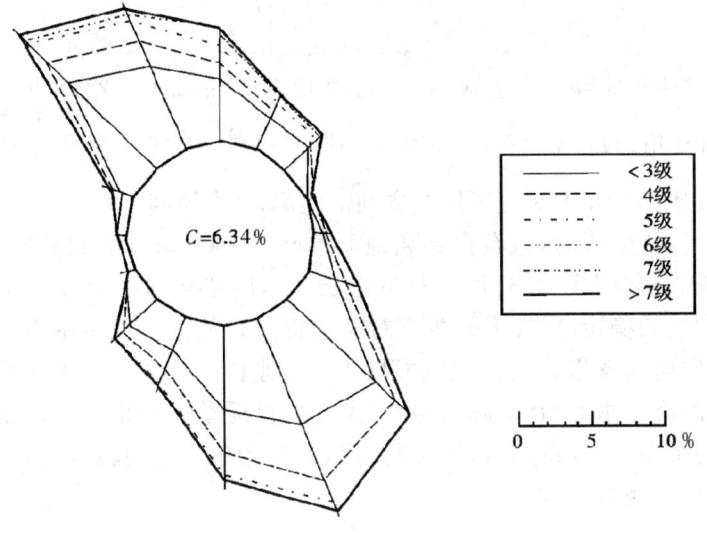

图 2.2.1 某站风向频率玫瑰图

从图中可以看出,该海区北风与西北风(6级以上)出现的频率比其他方向多,称为强风向。而东南偏南风与西北风出现的总次数最多,称为常风向。考虑泊稳条件,港口防波堤设计中的口门方向应尽量避开强风向。为了船舶停靠码头和进出口门方便,还应注意常风向的影响。

为了满足海洋工程施工的需要,可根据季节的变化绘制春、夏、秋、冬季的风玫瑰图,还可根据多年观测资料绘制最大风速玫瑰图。

由于大风(风力≥6级)能够极大地影响海洋工程的施工进展,并对海上钻井、采油作业安全以及油船的停靠装卸构成威胁,因此,在设计过程中需对海区的大风日数进行统计,求得一年中出现大风日数的平均值,供设计和施工单位参考。

§2.3 根据气象资料推算风速

2.3.1 地转风速的推算

对于缺乏风观测的海域,根据海平面气压场等压线的分布可以估算出高空的地转风的风速,经过修正,即可得出海面的风速。

地转风为假定等压线平直且互相平行情况下,忽略不计摩擦力的稳定风速,即当气压梯度力与柯氏力达到平衡时的风速。根据推导,地转风风速为

$$U_g = \frac{1}{2\rho\omega\sin\varphi}\frac{\Delta P}{\Delta n} \tag{2.3.1}$$

式中,ρ 为空气密度,当气温为 0℃、气压为 1 013.2 hPa 时,$\rho=1.225\times10^{-3}$ g·cm^{-3};ω 为地球自转角速度,$\omega=7.29\times10^{-5}$ rad·s^{-1};$\frac{\Delta P}{\Delta n}$ 为气压梯度,ΔP 为两等压线之间的气压差,Δn 为对应等压线之间的距离;φ 为纬度。

推导地转风公式时,只有在距离地面 500～1 000 m 以上的高空,假设条件才能满足,因此利用式(2.3.1)计算近地层风速时必须进行修正。此修正值主要取决于大气的稳定度,即大气垂直对流的程度。使大气发生垂直运动的因素固然很多,但运动发生后能否继续发展下去,则主要取决于大气的垂直温度分布。所以,海洋上水温与气温的差异对大气垂直运动影响很大。根据我国海区资料分析的结果,可以得到水、气温差 ΔT(以℃为单位)、地转风速 U_g 与海面风速 U_s 之间的关系为:

$$U_s = (0.01\Delta T + 0.70)U_g \tag{2.3.2}$$

为了便于使用,根据式(2.3.1)和(2.3.2)绘制成海面风速计算图(图 2.3.1)。图中,下横轴为等压线间隔,以纬距为单位,两组读数分别对应于相邻两等压线的压力差 ΔP 为 5 hPa 或 2.5 hPa 的情况;纵轴为地转风速 U_g(m·s^{-1});上横轴

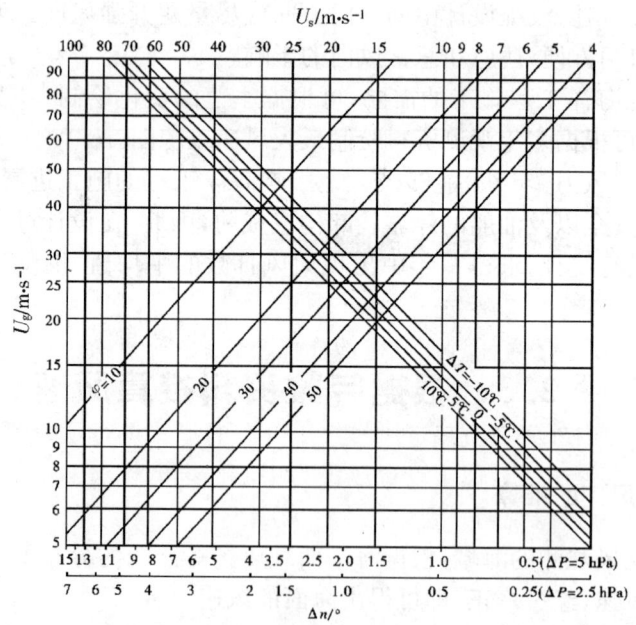

图 2.3.1　海面风速计算图

第二章 风   17

为海面风速 $U_s(\mathrm{m \cdot s^{-1}})$;图中一簇斜直线代表等纬度 φ 值;另一簇斜直线为等水、气温差 $\Delta T(℃)$ 线。若已知 $\Delta n, \varphi$ 及 ΔT,自下横轴的 Δn,引垂直线向上与对应的等 φ 线相交,自交点引水平线与对应的等 ΔT 线相交,自交点引垂直线向上与上横轴相交,读取交点的数值,即为海面的风速值。读图所需的 ΔT 值,由表 2.3.1 中查出表层水温与天气图中实测气温值相减而得。

表 2.3.1 中国各海域表层水温度(℃)

海区	经纬度		月份											
	东经	北纬	1	2	3	4	5	6	7	8	9	10	11	12
渤海及黄海北部	119°~125°	37°~41°	3	2	4	9	13	19	21	24	22	19	12	10
黄海南部	119°~125°	31°~37°	8	7	7	12	14	20	24	28	24	20	18	12
东海	121°~125°	29°~31°	13	13	13	15	18	22	27	29	27	23	20	16
	120°~125°	27°~29°	17	16	17	19	22	25	27	29	27	24	22	19
	119°~125°	25°~27°	19	18	19	21	24	26	28	29	27	25	24	20
台湾海峡	116°~121°	23°~25°	17	16	18	21	24	26	28	28	27	26	23	19
	121°~125°	23°~25°	23	22	23	24	27	28	28	28	28	26	25	23
	113°~121°	21°~23°	20	20	21	23	25	27	28	28	28	26	24	21
	121°~125°	21°~23°	24	23	24	26	28	28	28	28	28	27	26	24
南海	106°~125°	15°~21°	24	24	25	27	29	29	29	29	29	28	26	25

2.3.2 热带风暴中心附近最大风速的计算

1. 热带风暴的气压分布

要导出热带风暴内任意点风速的计算公式,必须了解热带风暴的气压分布规律。由于海面气压观测资料较少,得到热带风暴气压分布的真实情况就更为困难。因此,国内外学者对热带风暴气压分布的形式进行了数值模拟。一般认为,热带风暴内等压线近似于以台风眼为中心的同心圆(图 2.3.2)。下面以日本藤田公式为例进行说明。

$$P = P_\infty - \frac{\Delta P_0}{\sqrt{1 + \left(\dfrac{r}{r_0}\right)^2}} \quad (2.3.3)$$

式中,P 表示热带风暴内某点的气压(hPa);P_∞ 为热带风暴外围气压(hPa),可

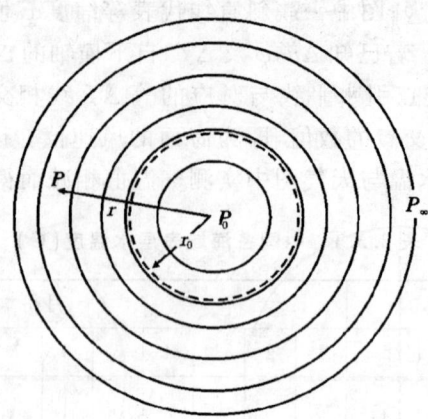

图 2.3.2 热带风暴的气压场模型

用最外圈闭合等压线的气压代替;ΔP_0 表示外围气压(P_∞)与中心气压(P_0)之差(hPa);r 为气压为 P 的某点与中心的距离(km);r_0 表示风暴中心附近最大风速点与风暴中心的距离(km)。

由式(2.3.3)可得:

$$r_0 = \frac{r}{\sqrt{\left(\frac{\Delta P_0}{P_\infty - P}\right)^2 - 1}} \qquad (2.3.4)$$

如果在热带风暴内有一测站的气压值(P 值)为已知,其外围气压值 P_∞ 及中心气压值 P_0 亦已知,可由天气图上量出该测点与中心的距离 r(km)。由上式求解 r_0 值后,由式(2.3.3)可算出热带风暴内任意点的气压值,进而可以得出热带风暴的气压分布。

2. 热带风暴中心附近最大风速的计算

热带风暴是 1 个猛烈旋转的低值气压系统,其风速分布特征是外围小,愈近中心风速愈大,达到最大值后,风速减小,到了中心(即台风眼所在地)往往会出现静风。因此,热带风暴范围内,风速最大处不在风暴的中心,而在中心附近(图 2.3.3)。一般强热带风暴中心附近最大风速可达

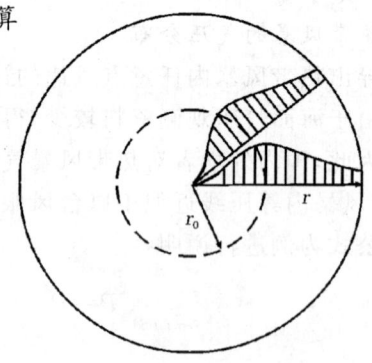

图 2.3.3 热带风暴的风速分布

70 m·s^{-1},最强值可达110 m·s^{-1}。在我国登陆时,风力虽已减弱,但中心附近风力仍经常超过 12 级。

如果综合考虑热带风暴内原有风场和风暴移动的特点,可以看出风暴移动方向右侧半圆中的风速较左侧半圆明显增大,故有危险半圆与可航半圆之别(图 2.3.4)。

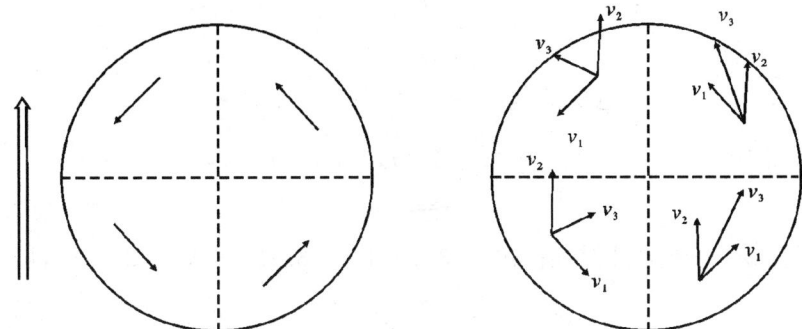

→ 为**热带风暴区内的风向**; ⇒ 为**热带风暴移动方向**;
v_1 为**静止热带风暴区内的风**;v_2 为**热带风暴移动速度和方向**;v_3 为**移动热带风暴内的风**

图 2.3.4 热带风暴的风场模型

若设台风区内等压线均呈圆弧状弯曲,空气围绕通过热带风暴中心的轴不断旋转,那么空气在运动中必然受到离心力的作用,如将摩擦力和加速度忽略不计,则热带风暴内距离中心为 r 的某点的风速可按梯度风公式求出:

$$U = -\omega r \sin\varphi + \sqrt{(\omega r \sin\varphi)^2 + \frac{r}{\rho}\frac{dP}{dr}} \tag{2.3.5}$$

式中,ω 指地球自转角速度,取 7.292×10^{-5} rad·s^{-1};r 表示该点距离风暴中心的距离(km);φ 为纬度;ρ 表示空气密度;$\dfrac{dP}{dr}$ 表示沿 r 方向的气压梯度。

对于大多数热带风暴来说,由于它们位于低纬度海区,在半径小、压强梯度力大的涡旋中,柯氏力与其他力相比,数值较小。因此,在极限情况下,压强梯度力与离心力相平衡。于是可以写出

$$\frac{m}{\rho}\frac{\partial P}{\partial r} = \frac{mU^2}{r} \tag{2.3.6}$$

或

$$U = \sqrt{\frac{r}{\rho}\frac{\partial P}{\partial r}} \tag{2.3.7}$$

热带风暴中心附近最大风速所在点

$$\frac{dU}{dr} = 0 \tag{2.3.8}$$

将式(2.3.7)代入式(2.3.8),可得

$$\frac{dU}{dr} = \frac{1}{2}\left(\frac{r}{\rho}\frac{dP}{dr}\right)^{-\frac{1}{2}}\left(\frac{r}{\rho}\frac{d^2P}{dr^2} + \frac{1}{\rho}\frac{dP}{dr}\right) = 0 \quad (2.3.9)$$

由式(2.3.3)推导出

$$\frac{dP}{dr} = \frac{\Delta P_0 r_0 r}{(r_0^2 + r^2)^{1.5}} \quad (2.3.10)$$

以及

$$\frac{d^2P}{dr^2} = \Delta P_0 r_0 \left[(r_0^2 + r^2)^{-1.5} - 3r^2(r_0^2 + r^2)^{-2.5}\right] \quad (2.3.11)$$

将式(2.3.10)和(2.3.11)代入式(2.3.9),经过简化可得

$$r = \sqrt{2} r_0 \quad (2.3.12)$$

即在 $r = \sqrt{2} r_0$ 处风速最大。将式(2.3.10)和(2.3.12)代入式(2.3.7),可得

$$U_{max} = \sqrt{\frac{2\Delta P_0}{\rho(\sqrt{3})^3}} \quad (2.3.13)$$

若 $\rho = 1.2 \times 10^{-3}$ g·cm^{-3},则

$$U_{max} = 5.7\sqrt{\Delta P_0} \quad (2.3.14)$$

上式即为热带风暴区内最大风速的计算公式。

§2.4 极值风速的长期分布规律

在海洋工程设计中常以某一重现期的风速特征值作为设计标准,例如50年一遇最大风速或100年一遇最大风速。设风速年最大值 x 的概率密度函数为 $f(x)$,如图2.4.1所示,其概率分布函数为

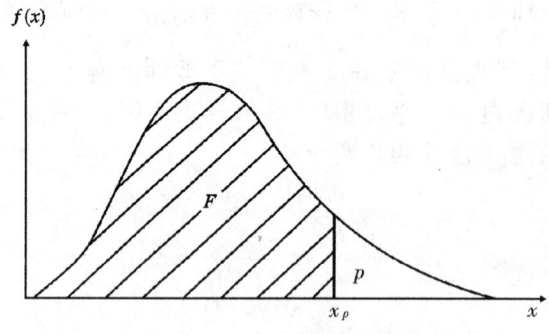

图 2.4.1　密度分布曲线图

$$F(x) = \int_{-\infty}^{x_p} f(x) \mathrm{d}x \tag{2.4.1}$$

出现概率为

$$p(x) = 1 - F(x) \tag{2.4.2}$$

若希望 x 大于或等于某一特定值的风速在 T 年内出现一次,则称 T 为此特定值的重现期,且 $T=1/p$。式(2.4.1)中 x_p 为 T 年一遇风速的特征值;p 为大于或等于 x_p 值的频率。根据工程设计要求而提出的某一特定频率称为设计频率,根据设计频率可找到相应的特征值 x_p。例如,$p=2\%$,则 $T=1/p=50$,那么 $x_{2\%}$ 即为 50 年一遇设计特征值。

在海洋工程中,一般选取 n 年最大风速值,构成极值统计样本,选配适合的理论频率曲线,从而推算出风速设计值。英国生物学家 K·皮尔逊(K. Pearson)统计分析了大量实测资料,提出了 13 种经验分布。其中第Ⅲ型分布常被用于计算最大风速、最大波高等水文气象现象,称为 Pearson-Ⅲ型分布(简称 P-Ⅲ型分布)。下面介绍其适线方法。

P-Ⅲ型分布的概率密度函数为

$$f(x) = \frac{\beta^a}{\Gamma(\alpha)} (x - a_0)^{a-1} \exp[-\beta(x - a_0)] \tag{2.4.3}$$

式中,$\Gamma(\alpha)$ 为 α 的伽马函数;α, β 和 a_0 分别为形状参数、尺度参数和位置参数,三者与统计序列的均值 $\bar{x}$、变差系数 C_v 和偏态系数 C_s 之间的关系如下:

$$\alpha = \frac{4}{C_s^2}, \beta = \frac{2}{\bar{x} C_v C_s}, a_0 = \bar{x}\left(1 - \frac{2C_v}{C_s}\right) \tag{2.4.4}$$

令 $k_i = \frac{x_i}{\bar{x}}$,样本统计参数 $\bar{x}, C_v, C_s$ 可按以下公式估计:

$$\bar{x} = \frac{1}{n} \sum x_i \tag{2.4.5}$$

$$C_v = \sqrt{\frac{1}{n-1} \sum (k_i - 1)^2} \tag{2.4.6}$$

$$C_s = \frac{\sum (k_i - 1)^3}{(n-3) C_v^3} \tag{2.4.7}$$

式中,n 为样本中个体总数。对式(2.4.3)积分,可得 P-Ⅲ型分布

$$p(x \geqslant x_p) = \int_{x_p}^{+\infty} f(x) \mathrm{d}x \tag{2.4.8}$$

由上式可知,$\bar{x}, C_v, C_s$ 一经确定,则 x 仅与 p 有关,即可计算与 p 对应的 x_p。

在风速的极值统计分析中,指定设计频率,则与之对应的设计值可由式

(2.4.8)积分计算得到,也可以通过专用表格查算获得,其原理与方法如下:

定义标准化变量

$$\Phi = \frac{x - \bar{x}}{\bar{x} \cdot C_v} \tag{2.4.9}$$

为离均系数,其平均值为0,标准差为1。将其代入式(2.4.8),得

$$P(\Phi \geqslant \Phi_p) = \int_{\Phi_p}^{+\infty} f(\Phi, C_s) d\Phi \tag{2.4.10}$$

给定 C_s 就可以计算 Φ_p 和 p 的对应值,代入式(2.4.9)可以计算 x_p,即

$$x_p = (\Phi_p \cdot C_v + 1)\bar{x} \tag{2.4.11}$$

定义模比系数

$$K_p = \Phi_p \cdot C_v + 1 \tag{2.4.12}$$

若已知 C_s/C_v 值,由附表1查得模比系数 K_p,代入

$$x_p = K_p \cdot \bar{x} \tag{2.4.13}$$

可以求出不同概率 p 对应的 x_p 值,从而绘制出 P-Ⅲ 型分布曲线。

例 采用 P-Ⅲ 型分布计算多年一遇设计风速。

某气象台站1954~1983年连续30年的最大风速值见表2.4.1,试采用 P-Ⅲ 型分布推算该站50年一遇和100年一遇的设计风速值。计算步骤如下:

表 2.4.1 某站风速年极值及其相应的经验频率

序号	1	2	3	4	5	6	7	8	9	10
风速/m·s^{-1}	53.0	43.0	43.0	41.5	38.0	38.0	38.0	38.0	33.0	33.0
经验概率/%	3.23	6.45	9.68	12.90	16.13	19.35	22.58	25.81	29.03	32.26
序号	11	12	13	14	15	16	17	18	19	20
风速/m·s^{-1}	33.0	33.0	28.0	28.0	28.0	28.0	26.9	24.6	24.6	23.1
经验概率/%	35.48	38.71	41.94	45.16	48.39	51.61	54.84	58.06	61.29	64.52
序号	21	22	23	24	25	26	27	28	29	30
风速/m·s^{-1}	23.0	23.0	23.0	18.5	18.0	18.0	18.0	18.0	14.3	13.0
经验概率/%	67.74	70.97	74.19	77.42	80.65	83.87	87.10	90.32	93.55	96.77

(1) 将观测风速值按递减顺序排列,计算30年风速平均值 $\bar{x} = 28.75$ m·s^{-1},标准差 $s = 9.767$ m·s^{-1}。

(2) 按 $p = \dfrac{m}{n+1} \times 100\%$ 计算各风速值对应的经验频率值,填入表 2.4.1。

(3) 计算风速样本的变差系数 $C_v = s/\bar{x} = 0.340$。

(4) 根据参数 $\bar{x}$,C_v 和 C_s 查 P-Ⅲ型分布曲线 K_p 值表(附表 1),分别得到 $C_s = 1.0C_v$,$2.0C_v$,$3.0C_v$ 值时各频率相对应的 K_p 值,再求出相应的 x_p 值,见表 2.4.2。

表 2.4.2 K_p 值表

$p/\%$	1	2	5	10	20	50	80	90	95	98	99
$C_s = 1C_v$	1.86	1.74	1.58	1.44	1.27	0.98	0.71	0.59	0.48	0.38	0.31
$C_s = 2C_v$	1.94	1.80	1.61	1.44	1.26	0.96	0.71	0.60	0.52	0.44	0.39
$C_s = 3C_v$	2.01	1.85	1.63	1.45	1.25	0.95	0.72	0.62	0.56	0.50	0.47

(5) 将观测风速值的经验频率点绘于海森概率格纸上(以 · 表示),并将拟合的理论分布曲线绘于同一格纸上,比较并选择与经验频率点配合最好的一条理论频率曲线作为计算结果。从图 2.4.2 进行综合比较,当 $C_v = 0.340$,$C_s = 3.0C_v$ 时,理论曲线配合最好。

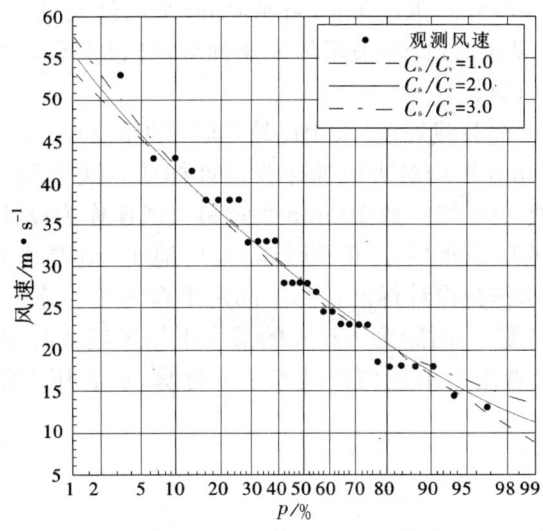

图 2.4.2 某站年极值风速 P-Ⅲ型分布拟合曲线图

(6) 从配合最佳的理论频率曲线上读取 50 年一遇最大风速($x_{2\%}$)为

53.17 m·s^{-1},100 年一遇年最大风速($x_{1\%}$)为 57.79 m·s^{-1}。

在年极值风速的长期统计分析中,除了 P-Ⅲ型分布,常用的理论线型还有 Gumbel 分布、Weibull 分布及 Log-normal 分布等,具体的拟合方法详见本书第三章和第四章。

§2.5 风对海洋建筑物的作用

风作用在建筑物上,使结构受到风压,从而对其产生风荷载。风荷载计算需要考虑的因素有作用于建筑物上的基本风压值和建筑物的受压面积;同时考虑结构物在风场中的空间位置以及结构型式的挡风效果;对于高耸建筑物尚需计及风的动力影响。

2.5.1 设计风速的标准

设计风速的标准包括 2 方面内容,即设计风速的重现期和风速资料的取值。风速资料取值又包括风速观测设备距地面的标准高度,风速观测的标准次数和时距等。

目前各国的设计风速标准尚不统一。例如,在海洋工程建筑物的设计中,美国采用重现期为 100 年一遇的 0.5 min 或 1 min 平均最大风速值;英国采用 50 年一遇 3 s 瞬时最大风速值;日本采用的风速标准,经过换算,大致相当于 50 年一遇的瞬时最大风速值。

在我国,《建筑结构荷载规范》采用比较空旷平坦的地区,距离地面 10 m 高处,30 年一遇的 10 min 平均最大风速作为设计标准。铁道部门对于桥涵建筑则采用 20 m 高度处、100 年一遇 10 min 平均最大风速作为设计标准。《港口工程荷载规范》采用港口附近的空旷平坦地面,离地 10 m 高度处,30 年一遇的 10 min 平均最大风速作为设计标准;《海上固定平台入级与建造规范》选取平均海平面以上 10 m 高度处,时距为 1 min 的最大平均风速或时距为 10 min 的最大持续风速,其中前者用于单独构件基本风压计算,后者用于结构总体基本风压的计算。

2.5.2 基本风压

风速是一个随机变量,它随着建筑物所在的地貌条件、观测设备所处高度、观测时距等因素的变化而变化。只有对风速的观测作出统一的规定,才能对不同地区的风速和风压进行比较。在规定的地貌条件、观测高度、观测时距及观测样本统计分析条件下确定的风速,称为基本风速,相应求得的风压称为基本风压。

我国《港口工程荷载规范》及《海上固定平台入级与建造规范》建议采用下式计算基本风压：

$$P_0 = 0.613 v^2 \qquad (2.5.1)$$

式中，v 表示设计风速。由于设计风速以下方面取值的不同，我国现行诸多规范求得的基本风压亦不相同。

1. 地貌的规定

风能的消耗随着地面粗糙程度的加大而增加。同一场风，在同一观测高度上，海面上的风速最大，空旷平坦地面次之，小城市再次之，大城市中心风速最小。《建筑结构荷载规范》采用的基本地貌为空旷平坦的地面；《港口工程荷载规范》采用港口附近的空旷平坦地面；《海上固定平台入级与建造规范》选取平均海平面。

2. 标准高度的规定

世界上大部分国家和地区规定观测风速的标准高度为 10 m，我国规范也不例外。

3. 观测时距的规定

由于风速随着时间变化，因而观测的风速往往是某一时段的平均值。这个时段的长度被称为时距。时距越短，相应的时速越大。我国规范规定 10 min 为时距标准值。由于海上风速对平台结构的影响很大，《海上固定平台入级与建造规范》规定时距为 1 min 的设计风速用于单独构件基本风压计算，时距为 10 min 的设计风速用于结构总体基本风压计算。

4. 最大风速重现期的规定

我国现行的许多荷载规范将 30 年重现期作为基本风压值的统计时间间隔。对于海上平台，则采用 50 年重现期标准。

2.5.3 风压的换算

基本风压是在标准情况下求解的，实际工程中的风速和风压通常处于非标准状况，需要进行调整换算。

1. 观测高度的换算

平均风速沿着高度的变化规律常称为平均风速梯度或风剖面，它是风的重要特征。由于地表与风气流摩擦的结果，使接近地表的风速随高度的递减而减小。只有离地面 500 m 以上的地方，风才不受地表的影响，在气压梯度的作用下自然流动，从而达到所谓的梯度速度，其高度称为梯度风高度。梯度风高度以下的近地面层称为摩擦层。

大量实测研究认为：风速或风压沿着高度的变化大体上符合指数规律。尽管在近地面的 100 m 以下区域，对数规律与实测资料更加吻合，但由于对数规律

与指数规律计算结果相差不大,指数规律更便于计算,因此,倾向于用指数变化规律来描述全部近地风的变化规律。其关系如下:

$$\frac{v_1}{v_0}=(\frac{z_1}{z_0})^\alpha \tag{2.5.2}$$

式中,z_1 和 v_1 分别为任一观测高度和此处的平均风速;z_0 和 v_0 分别为标准高度(10 m)和该处的平均风速;α 为地面的粗糙度系数,地面越粗糙,其值越大。

我国荷载规范将地貌按照粗糙度分为 4 类:A 类指海面、海岛、海岸、湖岸及沙漠地区;B 类指田野、乡村、丛林、市郊;C 类指中小城市;D 类指大城市中心。这 4 类地貌的地面粗糙度系数 α 和梯度风高度 H_T 见表 2.5.1。

表 2.5.1　我国规范中地面分类对应的 α 和 H_T 值

地貌	A	B	C	D
α	0.12	0.16	0.22	0.30
H_T	300	350	400	450

设 10 m 高度处的基本风压为 P_0,则高度 z 处的风压为

$$P_z=P_0(\frac{z}{10})^{2\alpha} \tag{2.5.3}$$

2. 地貌的换算

《建筑结构荷载规范》中的基本风压是按照空旷平坦地面所观测的数据计算出来的,如果地貌不同,则在标准高度 10 m 处的风速和风压也不相同,非标准地貌的基本风压可以通过标准地貌(B 类地貌)的基本风压换算而来。下面以 A,B 类地貌为例进行换算。

在同一大气环境下,设 A,B 类地貌条件下的梯度风速分别为 v_{A300} 和 v_{B350},由于二者相等,可得

$$v_{A10}=(\frac{350}{10})^{0.16}(\frac{10}{300})^{0.12}v_{B10}=1.174v_{B10} \tag{2.5.4}$$

式中,v_{A10} 和 v_{B10} 分别为 A 类和 B 类地貌 10 m 高度处的风速。若已知 B 类地貌基本风压,可得 A 类地貌风压沿高度的变化系数公式为

$$k=1.379(\frac{z}{10})^{0.24} \tag{2.5.5}$$

同样可得各类地貌基本风压和标准地貌基本风压之间的换算关系,见表 2.5.2。

表 2.5.2　各类地貌基本风压和标准地貌基本风压之间的换算关系

地貌	A	B	C	D
基本风压	$1.379 P_0$	P_0	$0.616 P_0$	$0.318 P_0$

对于海面和海岛的基本风压,在表 2.5.2 的基础上作出进一步的调整,见表 2.5.3。

表 2.5.3　海面和海岛的基本风压

距海岸的距离	<40 km	40~60 km	60~120 km
基本风压	1.38 P_0	1.38 P_0~1.52 P_0	1.52 P_0~1.66 P_0

3. 时距的换算

时距不同,测得的风速平均值亦不相同。表 2.5.4 给出由实测资料统计得到的不同时距平均风速与 10 min 时距平均风速的比值。

表 2.5.4　不同时距平均风速与 10 min 时距平均风速的比值

时距	1 h	10 min	5 min	2 min	1 min	30 s	10 s	5 s
比值	0.94	1	1.07	1.16	1.20	1.26	1.35	1.39

2.5.4　风荷载的计算

海洋平台上的风荷载 F 按下式计算:

$$F = k k_z \beta P_0 A \qquad (2.5.6)$$

式中,P_0 表示基本风压(kg·m^{-2});k 为风荷载形状系数,即风吹到建筑物表面引起的压力或吸力,它表示与原始风速算得的理论风压的比值,其大小与建筑物的体型、尺度等有关,对于钻井船来说,k 值可由表 2.5.5 查得;k_z 表示海上风压高度变化系数,其值见表 2.5.6;β 为风振系数,当高耸构筑物的基本自振周期 $T \geqslant 0.5$ s 时,β 值见表 2.5.7。另外,对少数重要的塔形结构,当 $T=0.25$ s 时,β 应取 1.25;当 0.25 s<$T \leqslant 0.5$ s 时,β 值应用内插法确定。

表 2.5.5　海洋工程结构风载体型系数 k 值表

形　状	k
圆柱形	0.5
船身(水面式)	1.0
甲板室	1.0
孤立的结构形状(起重机、角钢、槽钢、梁)	1.5
甲板下面积(平滑表面)	1.0
甲板下面积(暴露的梁及桁架)	1.3
钻机的井架(每一面)	1.25

表 2.5.6 海上风压高度变化系数 k_z

海平面以上高度/m	≤2	5	10	15	20	30	40
k_z	0.64	0.84	1.00	1.10	1.18	1.29	1.37
海平面以上高度/m	50	60	70	80	90	100	150
k_z	1.43	1.49	1.54	1.58	1.62	1.64	1.79

表 2.5.7 风振系数 β

结构基本自振周期/s	0.5	1.0	1.5	2.0	3.5	5.0
β	1.45	1.55	1.62	1.65	1.70	1.75

第三章 海浪

海浪是海洋结构遭受的主要荷载之一。波浪力不但随着波高的增加而增大,当波周期与建筑物自振周期接近时,还可造成建筑物的严重破坏。因此,了解海浪的发生与发展规律,研究波浪荷载的计算方法,为海洋工程建筑物的规划、设计、施工和管理提供合理可靠的数据,对于保证建筑物的安全具有重要意义。

海洋中水体的波动现象是多种自然因素作用而产生,1965 年 Kinsman 根据波浪周期,结合主要扰动力与恢复力来划分海洋波浪的类型,给出其能量的近似分布(图 3.0.1)。其中周期处于 1～30 s,特别是 4～16 s 这一范围内的重力波,在海洋工程研究中占据重要的地位,是海洋建筑物需要考虑的主要荷载。

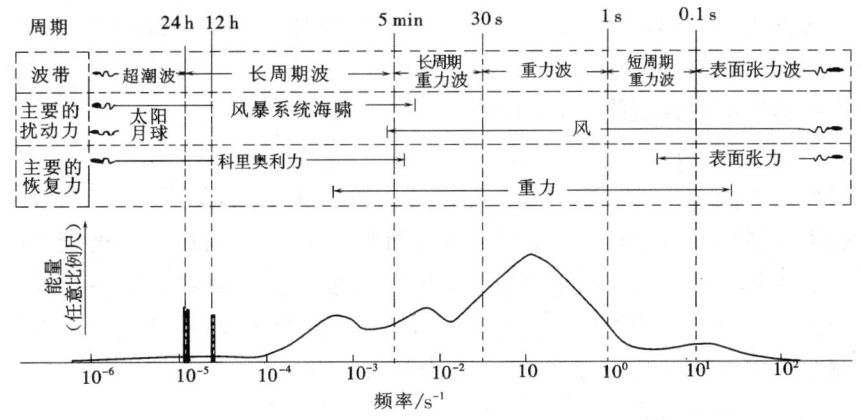

图 3.0.1 海洋波动的分类

本章着重论述由风引起的重力波,它是风浪、涌浪和近岸波浪的总称。风浪主要是指在风直接作用下产生的波浪。风停止、转向或离开风区后,传播至无风水域的波浪则称为涌浪。在浅水区域,波浪由于受到水深和地形变化的影响,发生变形,出现折射、绕射和破碎等现象,从而形成近岸波浪。

§3.1 海浪的分类与基本要素

3.1.1 海浪的分类

按照不同的标准,海浪可以分为多种类型。

1. 不规则波和规则波

海面上的波浪是一种随机现象,其波浪要素是不断变化的,称为不规则波。为了研究波动规律,人们用一个理想的、各个波的波浪要素均相等的波浪系列来代替不规则波浪系列,这种理想的波浪称为规则波,如实验室内用人工方法产生的波浪。

2. 风浪、涌浪和混合浪

风作用下产生的波浪称为风浪,其剖面是不对称的。风停止后海面上继续存在的波浪或离开风区传播至无风水域上的波浪称为涌浪。涌浪的外形比较规则,波面光滑。风浪与涌浪迭加形成的波浪,称为混合浪。

3. 二维波和三维波

在海面上,若波峰线是几乎平行的很长直线时,这种波浪称为二维波或长峰波,例如涌浪。而在大风作用下,波浪线难以辨认,波峰和波谷交替出现,这种波浪称为三维波或短峰波,如风浪。

4. 毛细波、重力波和长周期波

复原力以表面张力为主时称为毛细波或表面张力波,如风力很小时海面上出现的微小皱曲的涟波就是毛细波,其周期常小于1 s。当波浪尺度较大时,水质点恢复平衡位置的力主要是重力,这种波浪称为重力波,如风浪、涌浪、船行波以及地震波等。长周期波主要指日、月引力造成的潮波,还包括大洋涌浪、海湾风壅振荡等周期较长的波动,其原复力是重力及科氏力。

5. 深水波和浅水波

在水深大于半波长的水域中传播的波浪称为深水前进波,简称深水波。深水波不受海底的影响,波动主要集中于海面以下一定深度的水层内,水质点运动轨迹近似圆形,常称为短波。当深水波传至水深小于半波长的水域时,称为浅水前进波,简称浅水波。浅水波受海底摩擦的影响,水质点运动轨迹接近于椭圆,且水深相对于波长较小,又称为长波。

此外,根据一个波浪周期内水质点的运动轨迹是否封闭,波浪可以分为振荡波和推移波;根据波形是否向前传播,波浪可分为前进波和驻波。

3.1.2 波浪的基本要素

1. 规则波

根据实验室产生的规则波浪,可以定义如下的主要波浪要素(见图 3.1.1)。

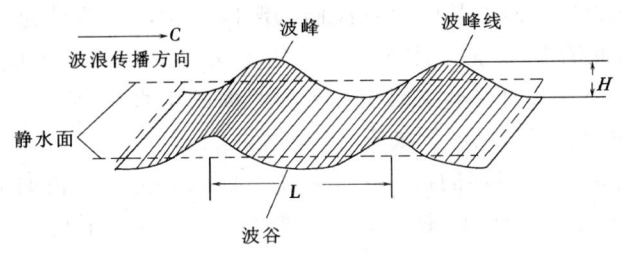

图 3.1.1 规则波浪要素的定义

波峰与波峰顶:波浪剖面高出静水面的部分称为波峰,其最高点称为波峰顶。

波谷与波谷底:波浪剖面低于静水面的部分称为波谷,其最低点称为波谷底。

波峰线:垂直波浪传播方向上波峰顶的连线。

波向线:与波峰线正交的线,即波浪传播方向。

波高:规则波相邻波峰顶和波谷底之间的垂直距离,通常以 H 表示,单位为 m。

波长:规则波相邻波峰顶(或波谷底)之间的水平距离,通常以 L 表示,单位为 m。

周期:波浪起伏一次所需的时间,或相邻两波峰顶通过空间固定点所经历的时间间隔,通常以 T 表示,单位为 s。

波速:波的移动速度,常以 C 表示,大小等于波长与周期之比,即 $C=L/T$,单位为 $m \cdot s^{-1}$。

波陡与波坦:波高与波长之比,常以 δ 表示,即 $\delta=H/L$。海洋上常见的波陡范围为 $1/10 \sim 1/30$。波陡的倒数称为波坦。

根据线性波理论,规则深水波的波速、波长和周期的相互关系如下:

$$C_0 = L_0/T_0 = \sqrt{gL_0/2\pi} \quad \text{或} \quad L_0 = gT_0^2/2\pi \tag{3.1.1}$$

规则浅水波的波速、波长和周期的相互关系为

$$C = \sqrt{\frac{gL}{2\pi}\tanh\frac{2\pi d}{L}} \quad \text{或} \quad L = \frac{gT^2}{2\pi}\tanh\frac{2\pi d}{L} \tag{3.1.2}$$

式中,g 为重力加速度($m \cdot s^{-2}$);d 为水深(m);$2\pi d/L$ 为浅水因子。式中凡带脚标"$_0$"者表示深水波要素,不带者表示浅水波要素。观测表明,波浪由深水传入浅水后,周期不变,即

$$T = T_0 \tag{3.1.3}$$

2. 不规则波

根据波浪观测,海面上某固定点波面随时间变化的过程线是一个复杂的不规则波波列,因此需要另外给出波浪要素的定义。图 3.1.2 中横轴表示时间,同时也代表静水面,纵轴表示波面相对于静水面的垂直位移。波面自下而上跨过横轴的交点称为上跨零点(例如点 0,9),而自上而下跨过横轴的交点称为下跨零点(例如点 3,6)。相邻的两个上跨零点(或下跨零点)间的时间间隔称为周期。由观测记录可知,依次读取的各个周期是不等的,其平均值称为平均周期 $\bar{T}$。在一个周期内取波面的最高点作为波峰顶(例如点 4),同样,波面的最低点作为波谷底(例如点 7),峰顶与谷底之间的垂直距离定义为波高,显然图中的各个波高也是不等的,其平均值称为平均波高 $\bar{H}$。统计表明,无论采用上跨零点或下跨零点定义波高和周期,其平均值是基本相同的。

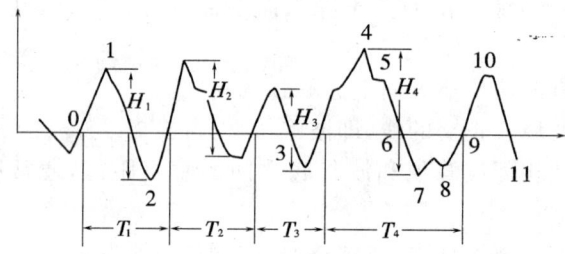

图 3.1.2 不规则波浪要素定义

如在某一固定时刻,沿波浪传播方向(波向线)取波面的垂直剖面,得波面随位置变化的曲线。用上跨零点法可依次读取波长,并计算出平均波长 $\bar{L}$。实测分析表明,不规则波的平均周期 $\bar{T}$ 与平均波长 $\bar{L}$ 的关系已不同于规则波的式(3.1.1)和(3.1.2),它们之间的关系可近似用下式表示:

$$\bar{L} = k \left(\frac{g \bar{T}^2}{2\pi} \right) \tag{3.1.4}$$

式中,k 为待定系数,根据充分成长的 Neumann 谱可推得 $k = 2/3$。

§3.2 海浪观测与资料整理

3.2.1 海浪的观测

为了获知工程地点的波浪状况,最好进行波浪的现场观测。目前,我国沿海波浪观测大多使用岸用光学测波仪。

1. 波浪观测的项目

我国国家海洋局颁布的《海滨观测规范》规定:海浪观测的项目有海况、波形、波向、波高和周期,同时观测风速、风向和水深。海况是指在风力作用下海面外貌特征,共分为10级,可参照表3.2.1确定。

表 3.2.1 海况等级表

海况等级	海面征状
0	海面光滑如镜,或仅有涌浪存在
1	波纹或涌浪和波纹同时存在
2	波浪很小,波峰开始破裂,浪花不呈白色而呈玻璃色
3	波浪不大,但很触目,波峰破裂,其中有些形成白色浪花——白浪
4	波浪具有明显的形状,到处形成白浪
5	出现高大的波峰,浪花占了波峰上很大的面积,风开始削去波峰上的浪花
6	波峰上被风削去的浪花,开始沿着波浪斜面伸长成带状,有时波峰出现风暴波的长波形状
7	风削去的浪花带布满了波浪斜面,并且有些地方达到波谷,波峰上布满了浪花层
8	稠密的浪花布满了波浪斜面,海面变成白色,只有波谷内某些地方没有浪花
9	整个海面布满了稠密的浪花,空气中布满了水滴和飞沫,能见度显著降低

波形分为风浪、涌浪和混合浪三类。在记录表中风浪记为 F,涌浪记为 U,混合浪以风浪为主时记为 F/U,以涌浪为主时记为 U/F,风、涌浪并存,相差不大时记为 FU,无浪时记为 C 或空白。

波向是指波浪的来向,用 16 个方向记录。当海面有浪,但浪向难以辨别时,记为×。风浪和涌浪并存时,需对两者的波向分别观测记录。

2. 波浪观测的要求

采用岸用光学测波仪对波浪进行连续观测记录时,必须遵守观测程序。首先分3次连续进行波浪周期的观测,每次用秒表测出10个连续波经过测波浮筒顶端的时间,将3次观测得到的时间之和除以30,得到平均周期,单位为s,精确到0.1 s。取平均周期的100倍,作为该次波高的观测时间长度,在此时间段内,记录下15~20 min的大波波高,从大到小排列,取前1/10加以平均,得到平均波高,记作$H_{1/10}$,单位为m,精确到0.1 m,最后从这10个波中选出最大值记录下来。观测记录填入日报表中,经统计计算填入月报表中,再经分析汇总至年报表中。工程设计中常需查阅的是月报表。

3. 观测方法

架设在岸坡上的岸用光学测波仪由配有透视网格的单筒望远镜和带有水准仪的分度盘组成,透视网格见图3.2.1。透视网格正中垂线为测距标尺,以km表示;B为波高标尺,$B=0.5$指每格代表0.5 m;$H=10$ m指要求仪器的光学轴高离海平面的设置高度为10 m;上端横线为海天分界线;F为物镜焦距;斜线供测漂流速用。

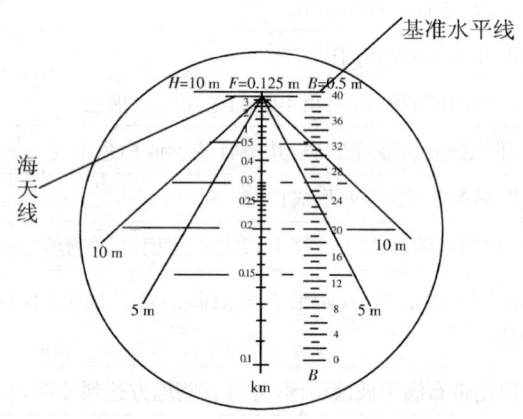

图3.2.1 岸用测波仪透视网格

测波浮筒设置在水深足够且海面开阔的海滨水域。浮筒与岸用光学测波仪的水平距离一般应为仪器要求的设置高度的20倍左右。我国生产的岸用光学测波仪有3种,其设置高度分别为10 m,20 m和40 m。有的浮筒顶上装有照明灯,可定时点亮供晚间观测。

观测时,浮筒跳动一次的时间间隔为一个周期;浮筒杆顶端在波高标尺上的跳动格数乘以波高标尺B值就是波高;使视线平行于波峰线,转动90°,即为波向线,由罗盘读取波向。

岸用光学测波仪每天定时观测4次(北京时间08,11,14,17时)。由于该类仪器结构简单、操作方便、价格低廉,我国沿岸台站30余年的波浪资料基本上都是用它观测得到的。缺点在于不能实行自动记录,如大浪出现在夜间或雾天就有可能漏测;其次,表层海流和风都能使测波浮筒发生偏移,从而影响测量精度。

4. 其他类型的测波仪

测波仪的种类很多,除了岸用光学测波仪,下面简介技术先进、能够连续自记的遥测重力测波仪以及压力式测波仪。

遥测重力测波仪分为船用和浮标用2类,它由海上、陆上两大部分组成。海上部分主要是浮标主体和锚系系统,包括浮标体、加速度计、闪光灯、电子线路、组合电池、发射天线及锚系等,统称为发射系统。陆上部分由接收天线、主机箱、记录仪、调制解调器、磁带式磁盘记录器及附属的后处理系统,如计算机等组成。其工作原理是利用测量波面水质点运动的加速度的办法来实现测量波高的,它利用安装在浮标内或浮标下的重力加速度计来反映海面水质点的运动。浮标在不同的时刻具有不同的重力加速度,为此只需把测得的反映重力加速度大小的频率信号经过二次电路积分,就可获得相应的波浪高度信号。将积分器输出的相应于波高的电压信号,输入到压控振荡器,从而得到相应于波高的频率输出,并作为调制信号来调制发射机载波,再通过发射天线把信号发到岸站。陆上接收机收到波浪信号后,把频率信号转换回到电压值,由记录仪描绘出波浪曲线图形,波浪信号同时输给收录机的磁盘或磁带上。通过回放,经解调和模数转换后成为数字量输入到计算机里进行处理,也可以事后对磁盘磁带进行回放处理。遥测重力测波仪由时钟控制定时记录,如每3 h,4 h或6 h记录一次,每次15~30 min,亦可根据需要,启动机器进行连续记录。它测量的最大波高可达20~30 m,遥控距离为10~50 km不等,是光学测波仪无法比拟的。浮标内蓄电池工作寿命可达6~10个月。优点是自动化程度高、适应性强、不受天气影响,可获得大风浪时的资料。缺点是成本高、维修费用大、浮标易丢失或受损、有些仪器还不能给出波向。典型产品有荷兰的"波浪骑士"测波浮标、美国恩迪科956型遥控测波仪以及我国SBF1-1型近海遥测波浪仪。

压力式测波仪则是利用海面波动时所形成的水柱压力差来测定波高的。这类仪器的特点是采用差动式压力变换器。在它的一侧感受总的静力,其时各种周期性的波动由低通过滤器滤去,而另一侧则感受总的水柱压力加上波浪压力,两者之差即为波浪信息,该信息与由潮汐变化、大气压力变化等所引起的水柱变化无关。仪器采用硅半导体应变计式传感器,电子设备中采用集成电路,压力传感器由一个充满油的膜盒与水隔离,故不受阻塞、生物污损及泥沙淤积的影响。压力传感器可装在海底以上 0~60 m 不同水深处，可嵌装在结构物上，也可系于缆绳上，但波浪感应压力随水深增加而衰减，故仪器最大安置水深不宜过深，以不超过 15 m 为宜。该仪器的平均无故障工作时间比其他仪器高。不足之处在于无法记录波向，而且波浪中的高频短波会随着传感器设置水深的增加而更多地被滤掉。代表性产品有美国 Inter Ocean 公司的 S4ADW 型系列产品。

5. 我国主要的海洋水文站

20 世纪 60 年代以来，国家海洋局在沿海各地陆续建立了一系列海洋水文气象观测台、站，进行系统的观测以积累资料，图 3.2.2 即为我国沿海海洋水文站的分布图。

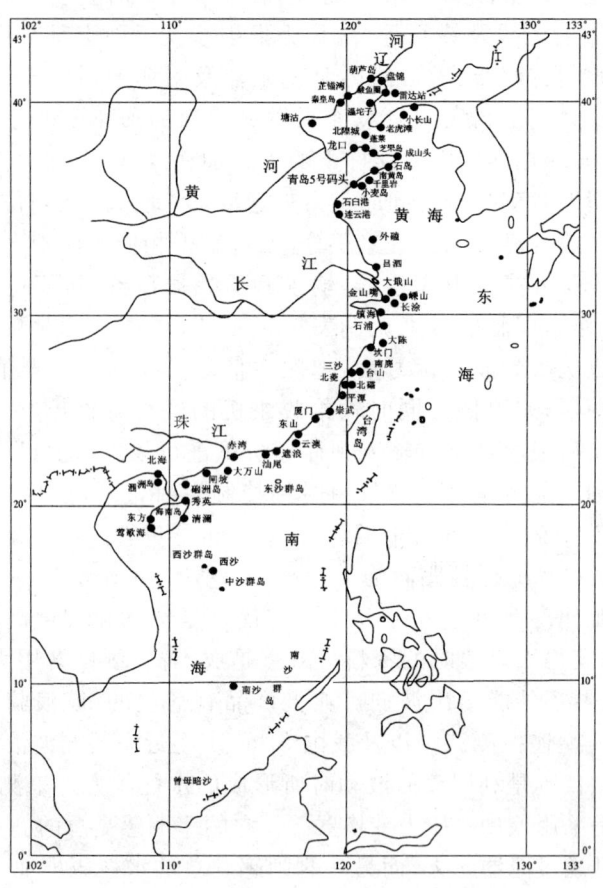

图 3.2.2　我国沿海海洋水文站分布图

6. 其他波浪观测方式

为弥补沿岸台站的不足，海浪观测还有其他方式。如在筑港地区的现场，根据需要设立了不少临时观测站；在沿海航行的我国船舶每天 4 次定时将所在水域的水文气象资料向岸台发报，称为船舶报。船舶报的内容包括：观测时船舶所在海域的经度、纬度、风速、风向、波高、周期和波向。如船上备有测波仪，则能分别给出风浪波高、涌浪波高和各自的波向；如无测波仪器，则采用目测，即按海面征象，根据风力等级表，按波级记录。各个波级的波高范围见表 3.2.2。船舶报资料的优点是地域范围广泛；缺点是观测不定点、不连续、不定期。

表 3.2.2 波级表

波级	波高范围/m		波浪名称
0	0	0	无浪
1	$H_{1/3}<0.1$	$H_{1/10}<0.1$	微浪
2	$0.1 \leqslant H_{1/3}<0.5$	$0.1 \leqslant H_{1/10}<0.5$	小浪
3	$0.5 \leqslant H_{1/3}<1.25$	$0.5 \leqslant H_{1/10}<1.5$	轻浪
4	$1.25 \leqslant H_{1/3}<2.5$	$1.5 \leqslant H_{1/10}<3.0$	中浪
5	$2.5 \leqslant H_{1/3}<4.0$	$3.0 \leqslant H_{1/10}<5.0$	大浪
6	$4.0 \leqslant H_{1/3}<6.0$	$5.0 \leqslant H_{1/10}<7.5$	巨浪
7	$6.0 \leqslant H_{1/3}<9.0$	$7.5 \leqslant H_{1/10}<11.5$	狂浪
8	$9.0 \leqslant H_{1/3}<14.0$	$11.5 \leqslant H_{1/10}<18.0$	狂涛
9	$H_{1/3} \geqslant 14.0$	$H_{1/10} \geqslant 18.0$	怒涛

3.2.2 波浪玫瑰图

与风玫瑰图相似，用于表示某海区各向各级波浪出现频率及其大小的图称为波浪玫瑰图。其绘制方法为：先将波高或周期分级，一般可每间隔 0.5～1.0 m 为一级，周期每间隔 1 s 为一级，从月报表中统计各向各级波高或周期的波浪出现次数，利用公式 $p=m/n \times 100\%$ 来计算各向各级波浪出现的频率，其中 n 为所有方向的各级波浪在统计期间出现的总次数，m 为某一方向某一级波浪在该期间出现的次数。

根据我国的波浪观测方法,常常选取有代表性的年份来进行统计分析,以减少计算量。为了得到比较可靠的结果,一般需要1~3年的观测资料。

表3.2.3为某观测站近2年的各向波高出现频率统计。表中C表示海面上无海浪或有海浪但测不出波高、周期;×表示能测出波高、周期但测不出波向。依据表3.2.3,可以绘制波高玫瑰图。波浪玫瑰图有多种绘制方法,图3.2.3为其中1种。

波浪玫瑰图也可以根据工程施工、营运等需要,按月或季节绘制。

表3.2.3 某观测站各向波高出现频率统计

波向	≤0.8 m		0.8~1.0 m		1.1~1.2 m		1.3~1.5 m	
	m	$p/\%$	m	$p/\%$	m	$p/\%$	m	$p/\%$
N	154	5.58	4	0.14	4	0.14		
NNE	138	5.00	9	0.33	6	0.22	6	0.22
NE	440	15.93	4	0.14	2	0.07		
ENE	45	1.63						
E	61	2.21	2	0.07				
ESE	63	2.28	1	0.04				
SE	145	5.25			1	0.04		
SSE	66	2.39						
S	366	13.25						
SSW	172	6.34						
SW	121	4.38						
WSW	10	0.36						
W	16	0.58						
WNW	72	2.61	7	0.25	3	0.11	1	0.04
NW	263	9.52	20	0.72	4	0.14	4	0.14
NNW	195	7.06	6	0.22			4	0.14
×	311	11.26						
C	33	1.19						
∑	2 674	96.81	53	1.92	20	0.72	15	0.54
观测总数	2 762							

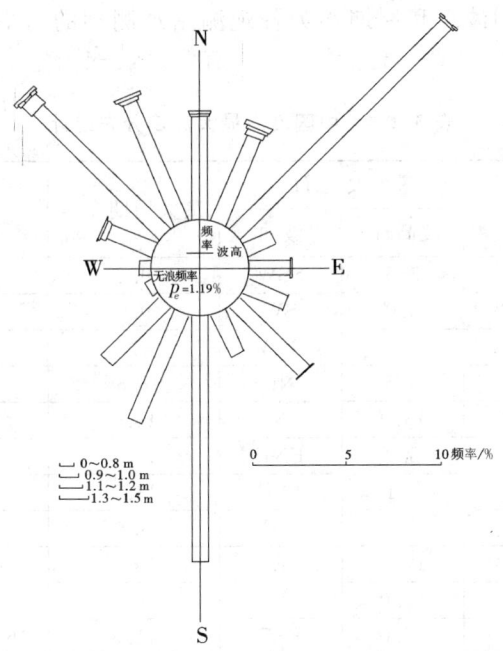

图 3.2.3 波高玫瑰图

3.2.3 我国沿岸海域波况的特点

我国沿海的波浪大多以风浪为主,惟独黄海沿岸的成山头至日照一带以涌浪为主。根据海洋观测站资料的统计,我国沿岸海域,除南沙群岛以外,年平均波高($H_{1/10}$)总的趋势是由北向南递增。渤海沿岸为 0.3~1.2 m;两广沿岸约为1.0 m;海南岛和北部湾北部沿岸为 0.6~0.8 m;西沙海域约为1.4 m。

各海域各季节波浪的大小分布也是不同的。北方海域冬季波浪较大,如渤海海峡冬季平均波高可达1.7 m,居全国各海域同期之首。春季各海域平均波高都较小。夏、秋季南方海域平均波高较北方大,西沙海域约为1.4 m,两广、福建、浙江沿岸为 1.0~1.3 m,其他海域为 0.6~0.9 m。

我国沿海最大波浪的时空分布受季风影响明显。冬季在寒潮大风作用下,北方沿海波浪较大,如塘沽最大波高6.5 m(6月)、成山头8.0 m(5月);夏、秋季受台风影响,南方沿海波浪较大,如遮浪最大波高9.5 m(7908台风)、莺歌海9 m(7914号台风);沿海最大波高多出现在开敞的东海,如1986年8月27日用海洋遥测浮标测得我国近海最大波高达18.2 m的巨浪,其次浙江嵊山海洋站曾观测到最大波高 17 m 和周期 19.8 s 的大浪。表 3.2.4 为中国沿海最大波浪的分布统计,其中所列波高和周期均为各观测站观测到的历史最大值,并非同一场波浪的对应值。

表 3.2.4　中国沿海最大波浪分布统计

海区	测站	最大波高 H_{max}		最大周期 T/s	备注
		波高/m	波向		
黄、渤海	小长山	5.5	SSW	9.7	
	老虎滩	8.0	SW	9.0	7416 号台风
	葫芦岛	4.6	SSW	8.2	
	塘沽	6.5	NE	7.3	
	北隍城	13.9	N	13.5	6208 号台风
	成山头	8.0	ENE	13.3	1973 年 5 月 1 日
	小麦岛	6.1	ESE	14.7	
	连云港	5.0	NE	8.3	
东海	嵊山	17.0	E	19.8	8114 号台风
	南麂	10.0	E	14.8	6007 号台风
	北礵	15.0	ESE	11.3	6014 和 7123 号台风
	平潭	16.0	ESE	10.1	
	崇武	6.9	SE	10.1	
南海	云澳	6.5	SW,WSW	11.5	
	遮浪	9.5	ESE	10.1	7908 号台风
	东方	6.0	NNW	9.5	
	莺歌海	9.0	ESE	9.1	7914 号台风
	涠洲岛	5.0	SE	8.8	
	西沙	11.0	SSW	18.8	

§3.3　固定点海浪要素统计规律

我国沿海某站波浪观测的实例见表 3.3.1,按照上跨零点法取值得到了连续 100 个波的波浪系列。从中可以看出,在一个波浪系列中,各个波浪不仅大小各不相同,而且出现次序也是随机的。如果在这场风浪(风浪处于定常稳定状态)中再连续读取 100 个波,则这个波列波高和周期的次序和大小与上一个波列会有所不同,反映了波浪要素的偶然性,由于它们所反映的是同一海浪状态,当我们对这次风浪中的整个波系进行长时间连续观测时,整个波系中的各波高值的出现几率将趋向一个稳定数值,呈现出一定的统计规律。

表 3.3.1 我国沿海某测站波浪观测序列

H/m	T/s	H/m	T/s	H/m	T/s	H/m	T/s	H/m	T/s
2.0	9.2	1.3	5.3	0.8	4.5	0.6	11.4	2.1	9.2
3.0	6.6	3.2	7.3	2.5	6.6	1.4	6.6	2.7	9.8
2.5	6.6	5.3	6.8	4.1	7.3	1.6	6.5	3.2	8.6
3.1	6.9	3.3	6.9	3.8	7.9	1.1	5.3	1.9	5.6
1.6	8.6	1.5	8.3	1.7	6.9	1.6	8.3	0.2	4.1
1.9	7.1	1.2	8.6	1.0	5.3	2.1	6.0	1.4	7.9
2.2	5.4	1.9	6.6	2.0	5.8	1.1	23.0	2.1	5.6
3.3	7.1	1.5	5.6	1.8	5.8	3.0	6.9	3.3	6.6
3.0	6.6	3.1	6.6	2.0	9.4	2.6	6.9	2.2	7.9
4.9	7.5	1.8	6.4	1.8	8.3	1.7	8.8	2.1	6.4
1.6	8.1	1.4	4.5	1.3	9.6	1.5	4.5	1.6	7.5
1.5	8.1	1.8	5.8	1.3	6.8	3.9	7.1	1.3	8.3
0.9	4.3	1.8	6.2	1.5	5.4	3.0	8.1	2.4	7.5
1.1	5.4	1.5	4.3	1.0	4.1	2.4	16.1	3.7	7.3
3.1	7.5	4.3	6.6	2.0	5.8	3.3	6.2	3.8	6.4
3.2	6.8	4.8	7.1	1.4	7.5	2.0	6.4	2.4	6.2
2.3	6.6	4.1	6.9	0.3	3.6	1.1	6.2	2.6	7.3
1.2	4.5	3.9	6.6	1.3	10.5	2.5	5.8	1.3	4.3
1.5	4.9	2.9	6.4	2.0	8.4	2.1	5.3	2.2	6.8
2.7	6.2	0.7	4.1	2.0	8.1	3.5	7.1	3.3	8.1

3.3.1 波高的经验与理论分布

波列中各个大小不同的波高或周期可看做随机事件中的随机变量,而风浪处于稳定状态过程中所有的波高或周期是总体,从中任意取出的连续 100 个波是样本。通过对样本的研究可以估计总体的变化规律。

1. 特征波高

海面上的波浪状态通常用波浪要素作为特征量来描述。在波浪要素中波高是最重要的,但是如上所述,海面上的波浪,其波高是大小不等的,因此当我们说某场海浪的波高是多少时,应指明该波高的统计意义,即所谓的特征波高。

(1) 平均波高

将观测到的所有波高值累加,除以波高的总个数,得到的值称为平均波高,它反映了波列总体的大小。若样本总个数为 N,则平均波高为

$$\overline{H} = \frac{1}{N}\sum_{i=1}^{N} H_i \tag{3.3.1}$$

(2) 累积频率波高

在波列中选取某一累积频率对应的波高作为特征波高,即 H_F,如 $H_{1\%}$、$H_{5\%}$ 等。这种特征波高反映出某给定波高值在波列中出现的可能性,如 $H_{1\%}$ 表示在波列中大于等于该波高的出现概率为 1%,依此类推。

(3) 部分大波的平均波高

将波列中的波高由大到小依次排列,其中最大的 P 部分波高的平均值就称为 P 部分大波的平均波高,记为 H_P。其计算公式如下:

$$H_P = \frac{1}{NP}\sum_{i=1}^{NP} H_i \tag{3.3.2}$$

工程设计中常用的有:连续 100 个波中最大的 10 个波的平均值称为 1/10 大波的平均波高,记为 $H_{1/10}$,又称为显著波高;波列中最大的 1/3 个大波的平均值,记为 $H_{1/3}$,又称为有效波高。

(4) 均方根波高

将波列中的所有波高的平方和,求平均值后再开方,得到的值称为均方根波高,记为 H_{rms}。其计算公式如下:

$$H_{rms} = \left(\frac{1}{N}\sum_{i=1}^{N} H_i^2\right)^{\frac{1}{2}} \tag{3.3.3}$$

由于波浪的能量正比于波高的平方,故均方根波高反映了波能量的平均状态。

2. 波高的经验概率分布

为了探求波高的分布规律,必须绘制频率直方图。以表 3.3.1 所示的波浪观测序列为例简述其绘制方法。

(1) 模比系数

计算表 3.3.1 所示波浪序列的平均波高 $\overline{H}$ 为 2.2 m,定义波高的模比系数 K_i,即

$$K_i = H_i/\overline{H} \tag{3.3.4}$$

(2) 波高分组

第三章 海浪

按照适当的组距 $\Delta H/\overline{H}$,本例中取组距为 0.2,将波列分成若干组,计算出各间距上、下限对应的波高,列入表 3.3.2 第 1,2 栏。

表 3.3.2 某测站波浪观测序列统计

波高模比系数 K_i	波高分组 H_i/m	出现次数 n_i	区间频率 f_i	平均频率 $f_i/\dfrac{\Delta H}{\overline{H}}$	累积次数 $\sum n_i$	累积频率 $F/\%$
1	2	3	4	5	6	7
2.4~2.2	5.3≥H>4.8	2	0.02	0.10	2	2
2.2~2.0	4.8≥H>4.4	1	0.01	0.05	3	3
2.0~1.8	4.4≥H>4.0	3	0.03	0.15	6	6
1.8~1.6	4.0≥H>3.5	5	0.05	0.25	11	11
1.6~1.4	3.5≥H>3.1	9	0.09	0.45	20	20
1.4~1.2	3.1≥H>2.6	10	0.10	0.50	30	30
1.2~1.0	2.6≥H>2.2	9	0.09	0.45	39	39
1.0~0.8	2.2≥H>1.8	18	0.18	0.90	57	57
0.8~0.6	1.8≥H>1.3	23	0.23	1.15	80	80
0.6~0.4	1.3≥H>0.9	14	0.14	0.70	94	94
0.4~0.2	0.9≥H>0.4	4	0.04	0.20	98	98
0.2~0.0	0.4≥H>0.0	2	0.02	0.10	100	100
		100	1.0			

(3)区间频率

统计各组波高的出现次数,见表中第 3 栏,除以总次数 N,得各组波高出现的区间频率

$$f_i = n_i/N \tag{3.3.5}$$

结果见表中第 4 栏。由此可见,各组波高出现的频率不同,在模比系数等于 1.0,即平均波高附近出现的波高次数多,而在两端出现频率较小。

为求各组距内任何一个波高可能出现的频率,即平均频率,假定组距内任一波高出现的机会均等,且组距内所有波高出现的总频率应等于区间频率。于是平均频率就是区间频率除以组距,即 $f_i \dfrac{\Delta H}{\overline{H}}$,见表中第 5 栏。

(4) 频率直方图

以模比系数为纵坐标,平均频率为横坐标,绘制波高平均频率直方图(见图 3.3.1)。图上各个矩形的面积正是各组的区间频率 f_i,其面积之和为 1.0。当组距趋于无限小时,直方图趋于曲线,该曲线与纵轴包围的面积就是 1.0,此时横坐标转化为频率密度,而曲线即频率密度曲线。该曲线的特点是"中间大、两头小",即平均值附近的波高出现机会最多。

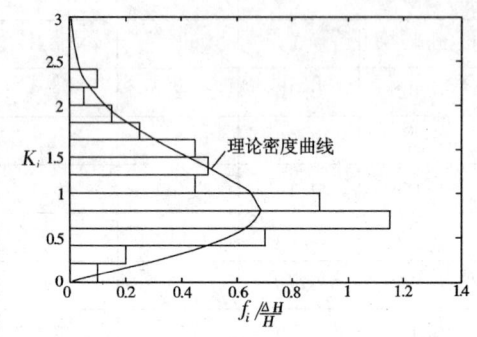
图 3.3.1 波高平均频率直方图

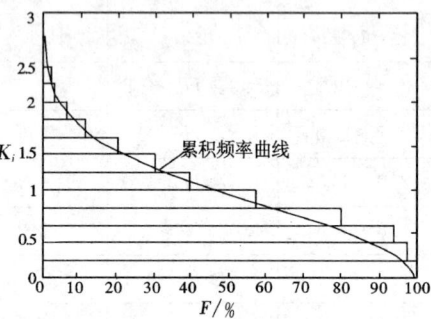
图 3.3.2 波高累积频率图

(5) 累积频率图

工程设计通常要求知道波列中某一波高的累积频率,或要求知道给定某一累积频率的波高值。可按表 3.1.4 中第 6 栏求出累积频率

$$F_i = \frac{\sum n_i}{N} \times 100\% \tag{3.3.6}$$

按表中第 1 及第 7 栏则可绘出波高的经验累积频率图,当组距趋于无限小时,得累积频率曲线,见图 3.3.2。

经验表明,取用连续的 100～150 个波进行统计,已能充分准确地反映波浪的统计特征,这些波经历的时间为 10～20 min。如果取的波数太少,则不能保证样本的代表性,使统计结果不稳定;反之,波数取得太多,又不能保证波浪处于稳定的定常状态,难以保证采样的一致性,使成果的可靠性受到影响。

3. 波高的理论分布函数

研究表明,复杂的海浪可以假定是由很多个振幅不等、频率不同、位相不一的简谐波叠加而成。基于上述假定,海上某固定点的波面方程可写为

$$\zeta(t) = \sum_{n=1}^{\infty} \zeta_n = \sum_{n=1}^{\infty} a_n \cos(\omega_n t + \varepsilon_n) \tag{3.3.7}$$

式中,ζ 为波面在静水面上的高度;t 表示时间;a_n 为第 n 个组成波的振幅;ε_n 为

第 n 个组成波的初相位；ω_n 为第 n 个组成波的圆频率，$\omega_n = 2\pi/T_n$，其中 T_n 为第 n 个组成波的周期。

各组成波的初相位是随机的，其余弦函数值也是一个随机量，因而波面 ζ 就是无数个随机量之和，根据概率论中的李雅普诺夫定理，波面 ζ 服从正态分布，其概率密度函数为

$$f(\zeta) = \frac{1}{\sigma\sqrt{2\pi}} \exp\left(-\frac{\zeta^2}{2\sigma^2}\right) \qquad (3.3.8)$$

式中，σ 为波面高度的均方差。由于波面的平均位置就是静水面，对于标准化正态分布，平均值 $\overline{\zeta} = 0$。实测资料表明，经验概率密度曲线与式(3.3.8)确定的理论概率密度曲线极为相似。

在式(3.3.8)的基础上，Longuet-Higgins 利用包络线理论推导出波面振幅 a 的概率密度函数为

$$f(a) = \frac{a}{\sigma^2} \exp\left(-\frac{a^2}{2\sigma^2}\right) \qquad (3.3.9)$$

进而可得平均振幅 $\overline{a}$ 与波面高度均方差 σ 的关系：

$$\overline{a} = \int_0^\infty a f(a) \mathrm{d}a = \sqrt{\frac{\pi}{2}}\sigma \quad \text{或} \quad \sigma = \sqrt{\frac{2}{\pi}}\overline{a} \qquad (3.3.10)$$

将 $H = 2a$ 代入式(3.3.9)，得到波高理论分布的概率密度函数式

$$f(H) = \frac{\pi}{2}\frac{H}{\overline{H}^2} \exp\left[-\frac{\pi}{4}\left(\frac{H}{\overline{H}}\right)^2\right] \qquad (3.3.11)$$

式中，$\overline{H}$ 为波列的平均波高，其值等于 2 倍的平均振幅 $\overline{a}$。上述分布即为 Rayleigh 分布，其概率密度曲线是单峰的，令 $\mathrm{d}f(H)/\mathrm{d}H = 0$，可得最大概率密度所对应的波高为

$$H_\mathrm{m} = \sqrt{\frac{2}{\pi}}\overline{H} \approx 0.798\overline{H} \qquad (3.3.12)$$

对式(3.3.11)从 H 积分至 ∞，得 Rayleigh 分布的累积频率为

$$F(H) = \int_H^\infty f(H) \mathrm{d}H = \exp\left[-\frac{\pi}{4}\left(\frac{H}{\overline{H}}\right)^2\right] \qquad (3.3.13)$$

变化上式，可得指定累积频率 F 的波高为

$$H_F/\overline{H} = \left(\frac{4}{\pi}\ln\frac{1}{F}\right)^{\frac{1}{2}} \qquad (3.3.13')$$

Rayleigh 分布是在深水条件下推导出来的，格鲁霍夫斯基(Глуховский)给出了适用于浅水区的波高分布。令 $H^* = \overline{H}/d$，波高的累积频率可表示为

$$F(H) = \exp\left[-\frac{\pi}{4(1+H^*/\sqrt{2\pi})} \cdot \left(\frac{H}{\overline{H}}\right)^{\frac{2}{1-H^*}}\right] \qquad (3.3.14)$$

或

$$H_F/\overline{H} = \left[\frac{4}{\pi}\left(1+\frac{H^*}{\sqrt{2\pi}}\right)\ln\frac{1}{F}\right]^{\frac{1-H^*}{2}} \quad (3.3.14')$$

式(3.3.14)对应的分布函数称为格鲁霍夫斯基分布。需要指出的是：式(3.3.14)是经验公式，由于其计算结果与观测资料吻合，而且当水很深时，它可以转化为式(3.3.13)，因而被实际工程所采用。

为了便于工程应用，表3.3.3给出了累积频率波高H_F与平均波高$\overline{H}$的模比系数。

表 3.3.3 $H_F/\overline{H}$ 值

H^* \ $F/\%$	0（深水）	0.1	0.2	0.3	0.4	0.5（破碎）
0.5	2.597	2.403	2.213	2.029	1.854	1.687
1	2.421	2.256	2.092	1.932	1.777	1.628
2	2.232	2.096	1.960	1.825	1.692	1.563
5	1.953	1.859	1.762	1.662	1.562	1.463
10	1.712	1.651	1.586	1.516	1.444	1.369
20	1.432	1.406	1.374	1.337	1.296	1.252
30	1.238	1.233	1.223	1.208	1.188	1.164
40	1.080	1.091	1.097	1.098	1.095	1.088
50	0.939	0.962	0.981	0.996	1.007	1.014
60	0.806	0.839	0.868	0.895	0.919	0.940
70	0.674	0.713	0.752	0.789	0.825	0.859
80	0.533	0.578	0.623	0.670	0.717	0.764
90	0.366	0.412	0.462	0.515	0.572	0.633
95	0.256	0.298	0.346	0.400	0.461	0.529

另外，根据概率论，深水海区连续N个波中最大波高H_{max}的数学期望与波数N的近似关系为

$$H_{\max}/\overline{H} = \frac{2}{\sqrt{\pi}}(\ln N)^{\frac{1}{2}} \tag{3.3.15}$$

在浅水区域，$H_{\max}$ 还受 H^* 的影响，其值可由下式计算：

$$H_{\max}/\overline{H} = \left[1 + \frac{H^*(1-H^*)}{2\sqrt{2\pi}}\right] \cdot \left[\frac{4}{\pi}\ln N\right]^{\frac{1-H^*}{2}} \tag{3.3.16}$$

4. 两种特征波高的关系

若波高服从一定的分布规律，已知波列中任一累积频率的波高，就可换算成所要求的累积频率波高，如表 3.3.3 所示。平均波高是累积频率波高间的换算桥梁，它是一种最常用的特征波高。

部分大波的平均波高与累积频率波高一样，是海洋工程设计中经常使用的特征波高。由于波高服从某种概率分布，因此，二者存在一定的关系。下面以深水波高为例，进行理论关系的推导。

令 $P=F, x=H_F/\overline{H}$，考虑式(3.3.13′)，按部分大波的平均波高的模比系数可写为

$$\frac{H_P}{\overline{H}} = \frac{1}{F}\int_0^F x\,dF = \int_0^F \left(\frac{4}{\pi}\ln\frac{1}{F}\right)^{\frac{1}{2}} dF \tag{3.3.17}$$

利用分部积分原理，并将 F 用式(3.3.13)代入，上式变为

$$\frac{H_P}{\overline{H}} = \frac{H_F}{\overline{H}} + \frac{1}{F}\left[1 - \mathrm{erf}\left(\ln\frac{1}{F}\right)^{\frac{1}{2}}\right] \tag{3.3.18}$$

式中，$\mathrm{erf}(x)$ 表示误差函数，其值变化范围为 $0\sim 1$。

同理，将式(3.3.14′)代入式(3.3.17)，可以推导出浅水海域中部分大波的平均波高与累积频率波高之间的关系，计算结果列入表 3.3.4。

由于式(3.3.18)中的第二项为一个正小数，因此，若 $P=F$，则 $H_P/\overline{H}$ 总是大于 $H_F/\overline{H}$，例如 $H_{1/10} > H_{10\%}$，$H_{1/3} > H_{33\%}$ 等等。

比较表 3.3.3 与表 3.3.4，可以得到如下重要的近似关系：$H_{1/100} \approx H_{0.4\%}$，$H_{1/10} \approx H_{4\%}$，$H_{1/3} \approx H_{13\%}$。

表 3.3.3 与表 3.3.4 都表明了波列中任一特征波高 H_F（或 H_P）与平均波高 $\overline{H}$ 的转换关系。由于观测波高往往不是平均波高 $\overline{H}$，而是 $H_{1/10}$ 或 $H_{1/3}$，因而制作图 3.3.3 和图 3.3.4，以便在已知水深时，进行不同特征波高之间的换算。

表 3.3.4 $H_P/\bar{H}$ 值

P \ H^*	0 (深水)	0.1	0.2	0.3	0.4	0.5 (破碎)
1/100	2.662	2.444	2.239	2.045	1.864	1.693
1/50	2.490	2.301	2.121	1.950	1.789	1.636
1/20	2.241	2.092	1.949	1.811	1.679	1.552
1/10	2.031	1.915	1.801	1.690	1.582	1.477
1/5	1.795	1.713	1.630	1.548	1.467	1.386
3/10	1.641	1.578	1.515	1.452	1.388	1.324
1/3	1.598	1.540	1.483	1.424	1.366	1.306
2/5	1.520	1.473	1.424	1.375	1.323	1.272
1/2	1.418	1.382	1.346	1.307	1.269	1.227
3/5	1.327	1.302	1.274	1.246	1.215	1.184
7/10	1.243	1.226	1.207	1.186	1.165	1.142
4/5	1.163	1.153	1.141	1.129	1.115	1.101
9/10	1.084	1.080	1.075	1.069	1.063	1.056
100/100	1.0	1.0	1.0	1.0	1.0	1.0

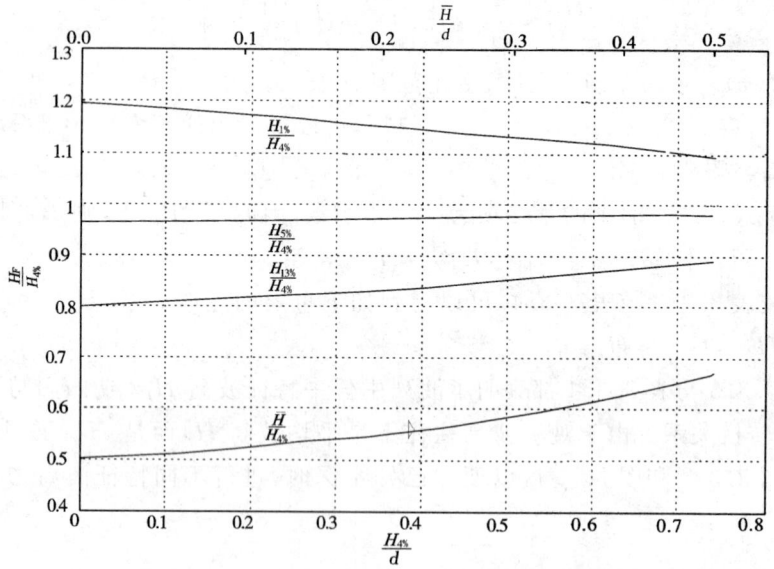

图 3.3.3 $\dfrac{H_F}{H_{4\%}}$ 与 $\dfrac{H_{4\%}}{d}$ 关系图

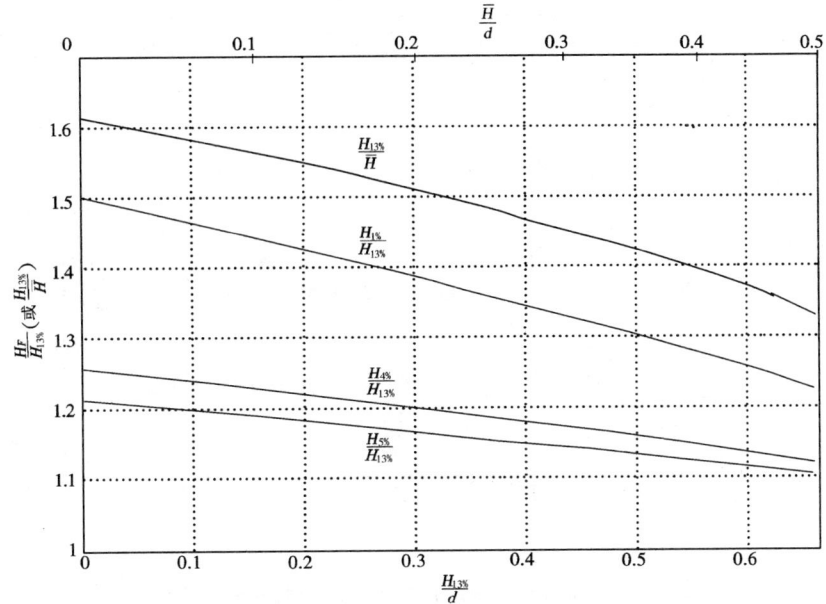

图 3.3.4 $\dfrac{H_F}{H_{13\%}}$ 与 $\dfrac{H_{13\%}}{d}$ 关系图

3.3.2 波长的统计分布

用与深水波高同样的办法可推导出深水波长 L 的分布,其形式与深水波高分布一样,也服从瑞利分布,且与实际观测资料相符,即

$$f(L)=\frac{\pi}{2}\frac{L}{\bar{L}^{2}}\exp\left[-\frac{\pi}{4}\left(\frac{L}{\bar{L}}\right)^{2}\right] \qquad (3.3.19)$$

3.3.3 周期的统计分布

除了波高,反映海浪大小的另一个重要波要素是周期。同样,在表示周期的大小时,也应该指明其统计含义,即特征周期。

平均周期 $\bar{T}$ 按下式定义:

$$\bar{T}=\frac{1}{N}\sum_{i=1}^{N}T_{i} \qquad (3.3.20)$$

表 3.3.1 波列的平均周期 $\bar{T}=7.0$ s。

为了找出周期的统计分布规律,我们绘制了表 3.3.1 波列的周期的平均频率直方图(见图 3.3.5)。

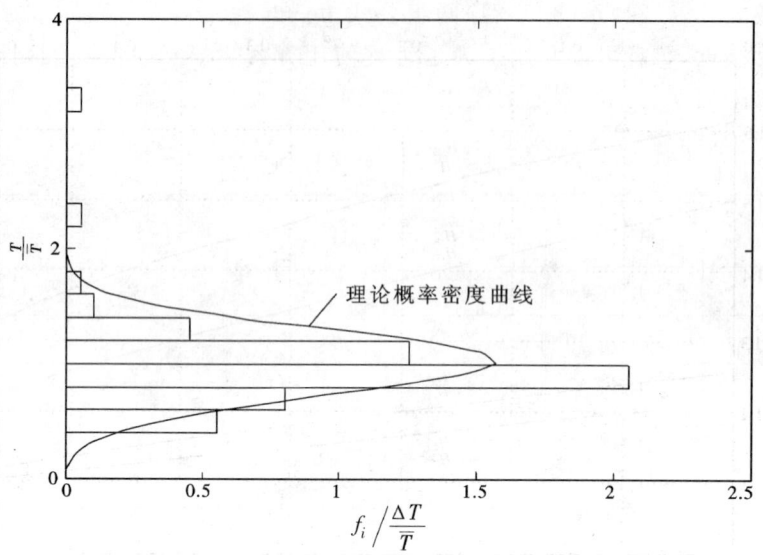

图 3.3.5 周期平均频率直方图与理论概率密度曲线

已知波长的分布,利用微幅波理论中周期与波长的关系式(3.1.1),可导出周期的概率密度函数为

$$f(T) = 4\Gamma^4\left(\frac{5}{4}\right)\frac{T^3}{\overline{T}^4}\exp\left[-\Gamma^4\left(\frac{5}{4}\right)\left(\frac{T}{\overline{T}}\right)^4\right] \quad (3.3.21)$$

式中,$\overline{T}$ 表示平均周期;$\Gamma(x)$ 为伽玛函数,其中 $\Gamma^4\left(\frac{5}{4}\right)=0.675$。

由式(3.3.21)可得周期的分布函数如下:

$$F(T) = \exp\left[-\Gamma^4\left(\frac{5}{4}\right)\left(\frac{T}{\overline{T}}\right)^4\right] \quad (3.3.22)$$

利用 $f(T)$ 的二次及三次中心矩得到周期分布的变差系数 $C_v \approx 0.283$,偏态系数 $C_s \approx 0$。说明周期的分布比波高的分布更集中,且几乎是对称的,因而出现机会最多的周期就是平均周期,即 $T_m \approx \overline{T}$。

实测结果显示,波浪由深水进入浅水后,平均周期几乎不变。浅水波浪周期的分布规律与水深无关,且变化很小,格鲁霍夫斯基提出的概率密度函数为

$$f(T) = \frac{\pi}{1.2}\frac{T^3}{\overline{T}^4}\exp\left[-\frac{\pi}{4.8}\left(\frac{T}{\overline{T}}\right)^4\right] \quad (3.3.23)$$

其相应的累积频率周期为

$$F(T) = \exp\left[-\frac{\pi}{4.8}\left(\frac{T}{\overline{T}}\right)^4\right] \quad (3.3.24)$$

比较式(3.3.21)至(3.3.24)两组公式,可知:深水周期和浅水周期的理论分布极为接近,二者可以互用。为了工程使用方便,按照式(3.3.22)计算出不同累积频率周期与平均周期的模比系数,列入表3.3.5。

表 3.3.5　累积频率周期与平均周期的模比系数

$F/\%$	$T_F/\bar{T}$	$F/\%$	$T_F/\bar{T}$	$F/\%$	$T_F/\bar{T}$
0.5	1.67	20	1.25	70	0.85
1	1.62	30	1.16	80	0.76
2	1.56	40	1.08	90	0.62
5	1.46	50	1.01	95	0.52
10	1.36	60	0.94		

3.3.4　波高与周期的联合分布

对于海洋工程,波高与周期的联合概率分布具有重要意义。波浪对于海洋建筑物的作用力不仅仅取决于波高,周期的影响也是显著的。尤其是波浪的周期与建筑物的自振周期接近时,会产生共振现象,极大地威胁着建筑物的安全。此外,波高与周期的联合分布对于研究波浪破碎、波群、波浪爬高以及越浪等随机现象也是十分重要的。

20 世纪 50 年代,苏联学者假定波高与周期是相互独立的,其联合概率密度函数由各自的概率密度函数相乘而得。由于波高与周期之间存在相关性,计算结果与实测资料相差较大。

Longuet-Higgins 于 1975 年在 Rice 线性噪声理论的基础上,引入窄谱的假设,首次提出了波高与周期的联合分布模式。设平均波高为 $\bar{H}$,平均周期为 $\bar{T}$,取无因次波高 $h=H/\bar{H}$,无因次周期 $t=T/\bar{T}$,则二者的联合概率密度函数为

$$f(h,t)=\frac{\pi h^2}{4\nu}\exp\{-\frac{\pi}{4}h^2[1+\frac{(t-1)^2}{\nu^2}]\} \quad (3.3.25)$$

式中,ν 表示谱宽参数,$\nu=[m_0 m_2/m_1^2-1]^{1/2}$,其中 m_n 为海浪谱的 n 阶矩,按下式计算:

$$m_n=\int_0^\infty \omega^n S(\omega)d\omega \quad (3.3.26)$$

由式(3.3.25)所得波高与周期的联合概率密度等值线图见图 3.3.6($\nu=0.26$)。

从图 3.3.6 可以看到,Longuet-Higgins(1975)所得联合概率密度曲线对于 $t=1$ 对称,且周期 t 取负值时,$f(h,t)$ 不为零。为了克服上述不足,法国国家海

洋开发中心(CNEXO)提出了如下模式：

$$f(\xi,\zeta)=\frac{\alpha\xi^2}{4\sqrt{2\pi\varepsilon(1-\varepsilon^2)}\zeta^5}\exp\{-\frac{\xi^2}{8\varepsilon^2\zeta^4}[(\xi^2-\alpha^2)^2+\alpha^4\beta^2]\} \quad (3.3.27)$$

式中，无因次波高 ξ，无因次周期 ζ,α,β 和谱宽参数 ε 分别由下列各式计算：

$$\xi=H/\sqrt{m_0} \quad (3.3.28)$$

$$\zeta=\bar{\zeta}\cdot\tau=\bar{\zeta}\cdot T/\bar{T} \quad (3.3.29)$$

$$\alpha=\frac{1}{2}(1+\sqrt{1-\varepsilon^2}) \quad (3.3.30)$$

$$\beta=\varepsilon/\sqrt{1-\varepsilon^2} \quad (3.3.31)$$

$$\varepsilon=[1-\frac{m_2^2}{m_0\cdot m_4}]^{1/2}=\varepsilon_s \quad (3.3.32)$$

无因次波浪平均周期 $\bar{\zeta}$ 可由下列波浪周期边缘分布进行数值计算获得：

$$f(\zeta)=\frac{\alpha^3\beta^2\zeta}{[(\zeta^2-\alpha^2)^2+\alpha^4\beta^2]^{3/2}} \quad (3.3.33)$$

实际计算时，CNEXO 建议采用下式估计谱宽参数：

$$\varepsilon=[1-(N_0/N_c)^2]^{1/2}=\varepsilon_t \quad (3.3.34)$$

式中，N_0 和 N_c 分别表示测波记录中上跨零点和波峰最大值个数。

图 3.3.7 为 $\varepsilon=0.865$ 时，CNEXO 模式的联合概率密度图，它克服了 Longuet-Higgins(1975)模式的 2 个缺点，成为接近于实际的不对称图形。

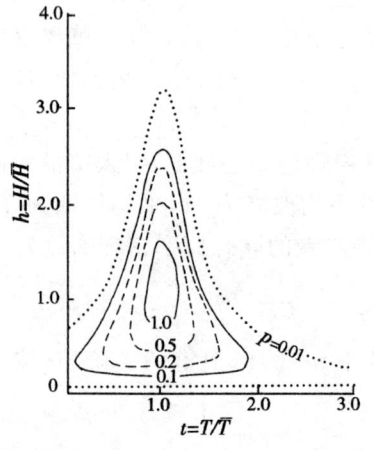

图 3.3.6　Longuet-Higgins 1975 年模式的波高与周期联合概率密度 $\nu=0.26$

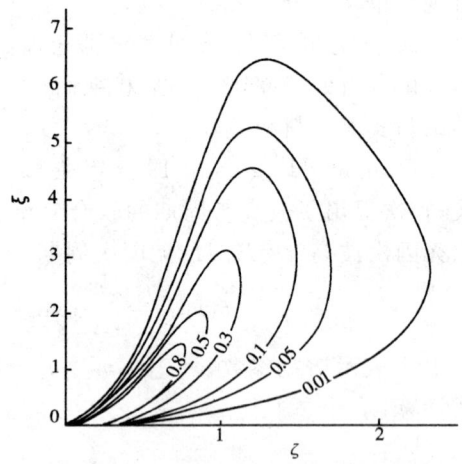

图 3.3.7　CNEXO 模式的波高与周期联合概率密度 $\varepsilon=0.865$

1978 年 Goda 利用日本海沿岸及太平洋日本沿岸若干观测站，包括深、浅水风浪及涌浪在内的 89 组实测资料,按波高与周期的相关系数 $R(H,T)$ 分成 5 组,得到波高与周期的联合概率密度等值线图(图 3.3.8)。其中 $R(H,T)$ 按照下式计算:

$$R(H,T) = \frac{1}{\delta_H \delta_T N} \sum_{i=1}^{N} (H_i - \overline{H})(T_i - \overline{T}) \qquad (3.3.35)$$

式中,δ_H 和 δ_T 分别表示波高与周期的均方差;N 表示上跨零点方式统计的波个数。

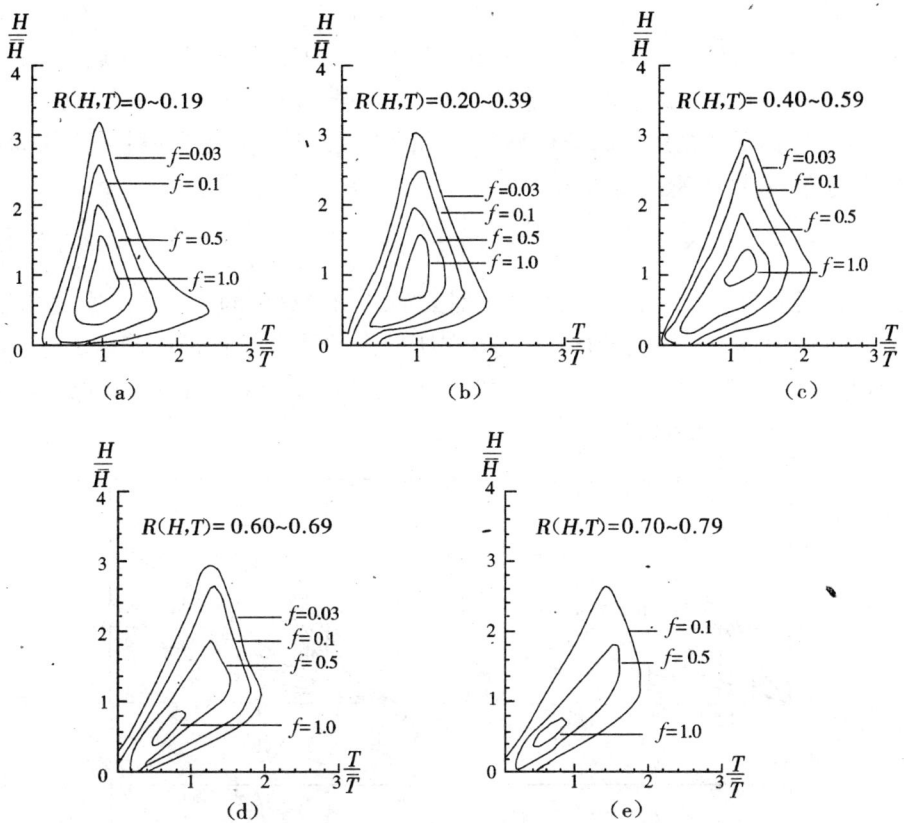

图 3.3.8　日本国沿岸实测波高与周期的联合分布图

通过与 Longuet-Higgins(1975)模式及 CNEXO 模式的比较,Goda 得到如下结论:①超过某一界限的波高,其周期与波高无关,为一常值,它比谱峰周期略小;②随 R 值的增大,联合概率密度曲线向横轴倾斜,对横轴的不对称性越来越明显;③Longuet-Higgins(1975)模式的联合概率密度图仅上面部分(波高较大时)与实测结果尚能吻合,而下面部分(波高较小时)则出入较大。CNEXO 模

式仅能定性预测 ε 对联合概率密度变化的影响。

Longuet-Higgins 于 1983 年提出了改进模式,其无因次波高 $h=H/H_{rms}$,无因次周期 $t=T/\overline{T}$,则二者的联合概率密度函数为

$$f(h,t)=\frac{2h^2}{\pi^{1/2}\nu t^2}\exp\{-h^2[1+(1-\frac{1}{t})^2/\nu^2]\} \cdot L(\nu) \quad (3.3.36)$$

式中,$\overline{T}$ 等于 $2\pi m_0/m_1$;$L(\nu)$ 表示正则因子,按下式计算:

$$L(\nu)=2/[1+(1+\nu^2)^{-\frac{1}{2}}] \quad (3.3.37)$$

当 ν 值很小时,$L(\nu)=1+\nu^2/4$。该模式克服了 1975 年模式的缺点,但由式(3.3.36)推导出的波高分布,已经不再是 Rayleigh 分布,与公认的观点矛盾。

1988 年孙孚依据线性海浪模型和波动的射线理论,导出了一种波高与周期的联合分布,其概率密度函数为

$$f(h,t)=[1+\exp(\frac{-\pi h^2}{\nu^2 t})]\frac{\pi h^2}{4\nu t^2}\exp\{-\frac{\pi}{4}h^2[1+\frac{1}{\nu^2}(\frac{1}{t}-1)^2]\} \quad (3.3.38)$$

图 3.3.9 为 $\nu=0.8,0.4,0.2,0.1$ 时式(3.3.38)绘出的联合概率密度图(图 3.3.9(a)～(d))。该模式的优点在于:它所导出的波高分布仍保持为 Rayleigh 分布,与公认观点一致。1991 年赵锰等在窄谱的假定下,利用 Hilbert 变换,导出了与式(3.3.38)相同的结果。

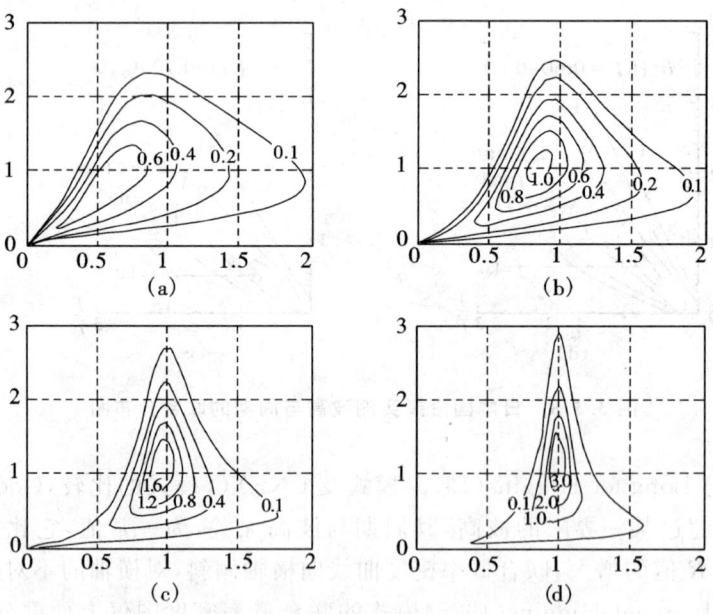

图 3.3.9 式(3.3.38)绘出的联合概率密度等值线
(a)$\nu=0.8$;(b)$\nu=0.4$;(c)$\nu=0.2$;(d)$\nu=0.1$

除了上面介绍的成果,其他学者也对波高与周期联合分布进行了探讨,由于得出的联合概率密度函数都有明显的地区局限性,无法推广使用,因此,推导出普遍适用的联合分布模式,尚待进一步的探索研究。

§3.4 波谱的基础知识

3.4.1 波谱的引入

上节的统计规律反映了海浪的外观特征,本节引入波谱的概念来说明波浪的内部结构,并揭示二者之间的密切联系。

目前的研究成果表明,复杂的波浪可理解为无限多个振幅、频率、初相位不等的简谐波叠加而成。Longuet-Higgins 提出了海面上某一固定点的波面方程为

$$\zeta(t) = \sum_{i=1}^{\infty} a_i \cos(\omega_i + \varepsilon_i) \tag{3.4.1}$$

由于组成波的初相位 ε_i 是随机变量,其变化范围为 $0 \sim 2\pi$,且均匀分布,故其概率密度函数为

$$f(\varepsilon) = \frac{1}{2\pi} \tag{3.4.2}$$

根据微幅波理论的波能公式,每个组成波具有不同的能量,因而单位面积垂直水柱(自波动水面至水底)内不同组成波的能量为

$$E_i = \frac{1}{2}\rho g a_i^2 \tag{3.4.3}$$

式中,ρ 为水的密度;g 为重力加速度。于是任意频率间隔($\omega \sim \omega + \Delta\omega$)内的波能量为 $\frac{1}{2}\rho g \sum_{\omega}^{\omega+\Delta\omega} a_i^2$。此能量显然正比于频率间隔 $\Delta\omega$,并与此间隔内各频率组成波的能量有关,令

$$S(\omega)\Delta\omega = \frac{1}{2}\sum_{\omega}^{\omega+\Delta\omega} a_i^2 \tag{3.4.4}$$

式中,$S(\omega)$ 为频率的某一函数。对式(3.4.4)两端同时乘以 ρg、除以 $\Delta\omega$ 可得

$$S(\omega) \cdot \rho g = \frac{1}{\Delta\omega}\sum_{\omega}^{\omega+\Delta\omega} \frac{1}{2}\rho g a_i^2 \tag{3.4.5}$$

函数 $S(\omega)$ 正比于频率位于间隔($\omega \sim \omega + \Delta\omega$)内各组成波所提供的平均能量,亦即它代表了波浪能量相对于组成波频率的分布。若取 $\Delta\omega = 1$,则 $S(\omega)$ 正比于单位频率间隔内的能量,即能量密度。$S(\omega)$ 被称为波谱,由于它反映能量密度,

又称为能谱;又因为它给出能量相对于频率的分布,亦称为频谱。

将波谱在整个频率范围内积分,其结果就是波浪的总能量,即

$$E = \rho g \int_0^\infty S(\omega) \mathrm{d}\omega \quad (3.4.6)$$

若以频率 ω 为横坐标,$S(\omega)$ 为纵坐标,则可绘得波能量相对于频率的分布图,见图 3.4.1。

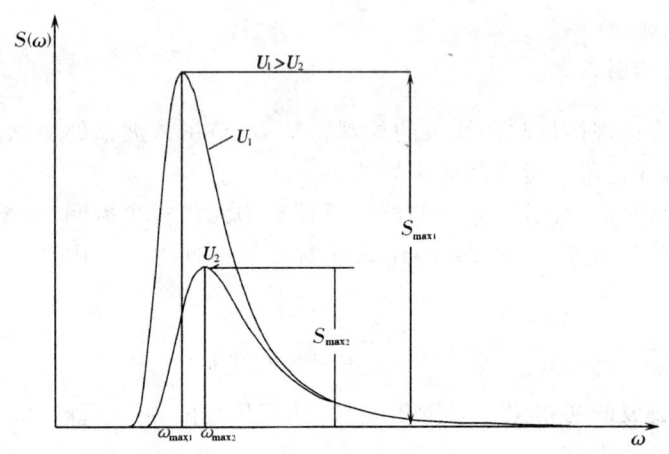

图 3.4.1　波谱示意图

由图 3.4.1 可见,$S(\omega)$ 在整个频率范围内,两端值极小,而集中地分布在较窄的频率带内。其最大值 S_{max} 对应的频率称为波谱的峰频 ω_{max}。由此可见,在构成海浪的组成波中,频率很小及很大者提供的能量很小,能量的主要部分集中在某一频率范围内。

由式(3.4.6)可知,波谱曲线与横坐标所包围的面积正比于波浪的总能量 E。随着风场风速 U 的增大,谱曲线下面的总面积增大,则总能量增大,谱的显著部分涉及的频率范围也扩大。实测表明,随风速增大,谱的显著部分向低频率方向推移,因此风浪中显著部分的波周期随之增大。

有些文献中,波谱表示成频率 f 的函数,即 $S(f)$。设波浪周期为 T,则

$$f = 1/T \quad (3.4.7)$$

而圆频率 $\omega = 2\pi/T = 2\pi f$,故两频率比值 $\omega/f = 2\pi$。设 $\Delta\omega$ 对应的 f 的间隔为 Δf,在两间隔中能量相等,即 $S(f)\Delta f = S(\omega)\Delta\omega$,于是得

$$S(f) = 2\pi S(\omega) \quad (3.4.8)$$

或

$$S(\omega) = S(f)/(2\pi) \quad (3.4.9)$$

3.4.2 几种海浪频谱模式

目前,国内外提出的风浪频谱都以风要素或波浪要素为基本参量,大多为经验的或半经验半理论的,其一般形式为

$$S(\omega)=\frac{A}{\omega^p}\exp\left[-\frac{B}{\omega^q}\right] \tag{3.4.10}$$

式中:A,B 表示包含风要素(如风速和风距等)或波浪要素(如波高和周期等)的参量;p,q 为指数,p 的取值多为 4~6;q 常取 2~4。以下是工程界有代表性的风浪谱。

1. Neumann 谱

Neumann 在 20 世纪 50 年代初最早提出了一种经验风浪频谱,其形式如下:

$$S(\omega)=C\frac{\pi}{2}\frac{1}{\omega^6}\exp\left[-\frac{2g^2}{\omega^2 u^2}\right] \quad (\text{m}^2 \cdot \text{s}) \tag{3.4.11}$$

式中,u 为海面上 7.5 m 高度处的平均风速。Neumann 利用经验公式

$$H_{1/10}=0.9\times10^{-5}u^{5/2} \tag{3.4.12}$$

确定式(3.4.11)中的系数 C 为 3.05 $\text{m}^2 \cdot \text{s}^{-5}$。

Neumann 谱是以风速为参量的适用于风浪充分成长的频谱,由于它所依赖的海上观测数据比较粗糙,在概念上不同于通常定义的波谱,现在已经极少使用。

2. Pierson-Moscowitz 谱

Pierson-Moscowitz 谱简称 P-M 谱,它是利用 20 世纪 50~60 年代在北大西洋观测的几百段波浪资料分析后得到的,其形式如下:

$$S(\omega)=\frac{0.78}{\omega^5}\exp\left[-\frac{1.225}{H_s^2\omega^4}\right]=\frac{0.78}{\omega^5}\exp\left[-\frac{3.11}{H_s^2\omega^4}\right] \quad (\text{m}^2 \cdot \text{s}) \tag{3.4.13}$$

式中,H_s 表示有效波 $H_{1/3}$。

P-M 谱为经验谱,由于所依据的资料比较充分可靠,分析方法比较合理,使用也较方便,故在波浪研究和工程设计中得到广泛应用,它逐渐取代了 Neumann 谱,适用于风浪的充分成长阶段。

3. Bretschneider-光易谱

Bretschneider-光易谱是日本学者光易恒在原有 Bretschneider 谱的基础上修正得到的,其形式如下:

$$S(f)=0.257H_s^2T_s(T_s f)^{-5}\exp[-1.03(T_s f)^{-4}] \quad (\text{m}^2 \cdot \text{s}) \tag{3.4.14}$$

式中,T_s 为有效波周期,统计得到 $T_s=1.11\bar{T}$。

Bretschneider-光易谱适用于风浪成长阶段,在工程上得到了广泛的应用。

4. JONSWAP 谱

英国、荷兰、美国和德国等国家的有关部门于 1968～1969 年进行了"联合北海波浪计划"(Joint North Sea Wave Project,简称 JONSWAP),从丹麦、德国交界处西海岸的 Sylt 岛沿着西偏北方向布置了一个测波断面,伸入北海达 160 km,断面上设置了 13 个测站,最大水深 50 m。分别采用小浮子式、水下压力式、电阻式测波杆、波浪骑士式浮标和纵摇-横摇式浮标等 5 种观测仪器对波浪进行了观测。由测得的 2 500 个谱,导出有效风距的波谱如下:

$$S(\omega)=\frac{0.78}{\omega^5}\exp\left[-\frac{3.11}{H_s^2\omega^4}\right]\cdot\gamma^{\exp\left[\frac{(\omega-\omega_{max})^2}{2\sigma^2\omega_{max}^2}\right]} \quad (m^2 \cdot s) \quad (3.4.15)$$

式中,γ 称为谱峰升高因子,γ 取值范围为 1.5～6,一般取 3.3;ω_{max} 表示谱峰频率;σ 为峰形系数,按下式选取:

$$\left.\begin{array}{l}\sigma=0.07, \quad 当\ \omega\leqslant\omega_{max}\\ \sigma=0.09, \quad 当\ \omega>\omega_{max}\end{array}\right\} \quad (3.4.16)$$

比较式(3.4.15)与式(3.4.13),可见 JONSWAP 谱仅比 P-M 谱多乘了一项谱峰升高因子 γ,其谱形在谱峰附近将比 P-M 谱增大,变得更尖突,说明波浪能量高度集中于谱峰频率附近。

JONSWAP 谱是由迄今最系统的海浪观测得到的,资料又包括了深、浅水充分成长风浪和成长过程风浪,故得到广泛的应用。

5. 文氏谱

1989 年中国海洋大学文圣常教授提出了文氏谱。此谱是由理论导出的,谱中包含的参数很容易求得,精确度高于 JONSWAP 谱,且适用于深、浅水,并通过检验证明与实测资料相符合。该谱已被列入我国《海港水文规范》,作为规范谱使用。谱函数中引入尖度因子 P 和浅水因子 H^*,当已知有效波高 H_s(m)和有效波周期 T_s(s)时,其表达式为:

(1) 对于深水水域,当水域深度 d 满足 $H^*=0.626H_s/d\leqslant 0.1$ 的条件时,令 $y_d=1.522-0.245P+0.00292P^2$,则风浪频谱的形式为

当 $0\leqslant f\leqslant 1.05/T_s$ 时

$$S(f)=0.0687H_s^2T_sP\cdot\exp\left\{-95\left[\ln\frac{P}{y_d}\right]\times(1.1T_sf-1)^{\frac{12}{5}}\right\} \quad (m^2 \cdot s)$$

$$(3.4.17a)$$

当 $f>1.05/T_s$ 时

$$S(f)=0.0824H_s^2T_s^{-3}y_d\cdot f^{-4} \quad (m^2 \cdot s) \quad (3.4.17b)$$

式中,P 表示谱尖度因子,按下式计算:

$$P = 95.3 H_s^{1.35} / T_s^{2.7} \qquad (3.4.18)$$

此外,P 还应满足 $1.54 \leqslant P < 6.77$ 的条件。

(2) 对于浅水水域,当 $0.5 \geqslant H^* > 0.1$ 时,风浪频谱中引入浅水因子 $H^* = \bar{H}/d$,令 $y_s = (6.77 - 1.088P + 0.013P^2)(1.037 - 1.426H^*)/(5.813 - 5.137H^*)$,则频谱的表达式为

当 $0 \leqslant f \leqslant 1.05/T_s$ 时

$$S(f) = 0.068\,7 H_s^2 T_s P \cdot \exp\left\{-95 \left[\ln \frac{P}{y_s}\right] \times (1.1 T_s f - 1)^{\frac{12}{5}}\right\} \quad (\text{m}^2 \cdot \text{s})$$
(3.4.19a)

当 $f > 1.05/T_s$ 时

$$S(f) = 0.068\,7 H_s^2 T_s y_s \left(\frac{1.05}{T_s f}\right)^m \quad (\text{m}^2 \cdot \text{s}) \qquad (3.4.19\text{b})$$

式中,$m = 2(2 - H^*)$;尖度因子 P 仍由式(3.4.18)计算,其值应满足 $1.27 \leqslant P < 6.77$。

应指出的是:当 f 较小时,式(3.4.17a)及式(3.4.19a)中 $(1.1T_s f - 1)$ 的值是负值,此时应先取平方,然后再取 $\frac{6}{5}$ 次方,以保证谱密度不出现负值。

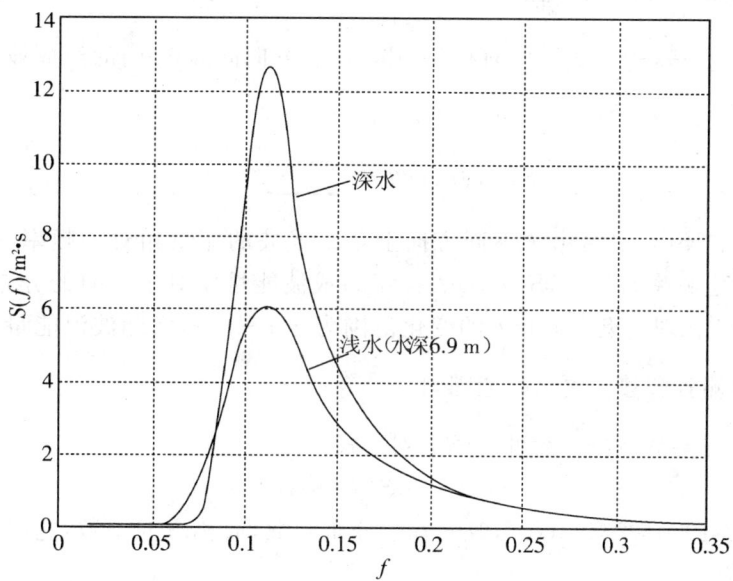

图 3.4.2 文氏谱举例

图 3.4.2 为使用表 3.3.1 中的统计值 $\bar{H}=2.2$ m,$\bar{T}=7.0$ s 绘制深水与浅水情况下的文氏谱密度曲线。由图可见,文氏谱谱形的特点是左侧随 f 的增加,谱密度从 0 迅速增大,而当 f 大于谱峰频后就缓慢衰减至 0。

工程界提出的波浪频谱还有很多,此处不拟再作介绍。获得频谱的途径主要有两种:一是利用固定点观测的波面随时间变化的记录,通过谱分析方法求得;二是利用观测的波高与周期的某些规律进行理论推导得出半理论半经验形式的谱。计算时可参阅相关的文献。

3.4.3 海浪的方向谱

实际海面的波浪场是三维的,波能不但分布在一定的频率范围内,而且分布在不同的传播方向上。在频谱的基础上进一步研究海浪的谱结构时,应将海浪看做由很多振幅为 a_n,频率为 f_n,初相位为 ε_n,并在 xy 平面上沿与 x 轴成 θ_n 角方向传播的简谐波叠加而成的。若在 xy 平面上与轴成斜向的简谐波可写作

$$\zeta(x,y,t)=a\cos[k(x\cos\theta+y\sin\theta)-2\pi ft+\varepsilon]$$

式中,k 表示波数。则多向不规则波可由无限个斜向简谐波组成,即

$$\zeta(x,y,t)=\sum_{n=1}^{\infty}a_n\cos[k_n(x\cos\theta_n+y\sin\theta_n)-2\pi f_nt+\varepsilon_n] \quad (3.4.20)$$

式中,$\theta_n\in[-\pi,\pi]$。如果任何频率间隔 δ_f 和方向间隔 δ_θ 内的组成波能量为 $\frac{1}{2}a_n^2$,则方向谱密度函数 $S(f,\theta)$ 可表示为

$$S(f,\theta)\mathrm{d}f\mathrm{d}\theta=\sum_{\delta_f}\sum_{\delta_\theta}\frac{1}{2}a_n^2 \quad (3.4.21)$$

方向谱 $S(f,\theta)$ 给出了不同方向上各组成波的能量相对于频率的分布,或者说在给定频率条件下,$S(f,\theta)$ 表征了组成波能量相对于方向的分布,见示意图 3.4.3。在理论上方向角 θ 的变化范围为 $-\pi\sim+\pi$,实际波浪能量多分布在主波向两侧各 $\frac{\pi}{2}$ 甚至更窄的范围内。

海浪方向谱函数一般可写成下列形式:

$$S(f,\theta)=S(f)\cdot G(f,\theta) \quad (3.4.22)$$

式中,$S(f,\theta)$ 为频率谱;$G(f,\theta)$ 为方向分布函数,简称方向函数,它必须符合下列条件:

$$\int_{-\pi}^{\pi}G(f,\theta)\mathrm{d}\theta=1.0 \quad (3.4.23)$$

研究方向谱主要是确定方向函数,下面介绍几种常用的方向函数。

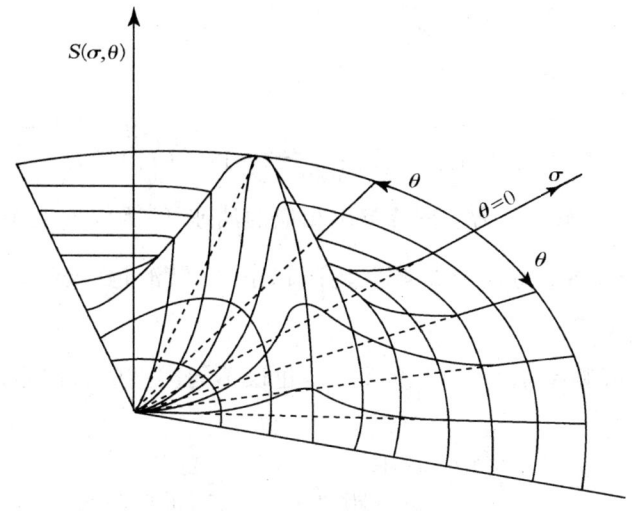

图 3.4.3　海浪方向谱示例

1. 简单的经验公式

假定方向分布与频率无关,即

$$G(f,\theta)=G(\theta)=C(s)\cos^{2s}(\theta-\theta_0), \quad |\theta-\theta_0|<\frac{\pi}{2} \qquad (3.4.24)$$

式中,θ 为组成波的方向;θ_0 为主波向;s 表示波能方向分布的集中程度。

采用不同的 s 值,可由式(3.4.23)推导得相应的 $C(s)$ 值

$$C(s)=\frac{1}{\sqrt{\pi}}\frac{\Gamma(s+1)}{\Gamma(s+1/2)}=\frac{2s!!}{\pi(2s-1)!!} \qquad (3.4.25)$$

式中,Γ 为伽马函数;$2s!!=2s\cdot(2s-2)\cdots 4\times 2$;$(2s-1)!!=(2s-1)\cdot(2s-3)\cdots 3\times 1$。当 $s=1$ 时,$C(1)=2/\pi$;当 $s=2$ 时,$C(2)=8/(3\pi)$;当 $s=3$ 时,$C(3)=16/(5\pi)$;当 $s=4$ 时,$C(4)=128/(35\pi)$。s 的取值范围为 1~10,s 取值愈大,波能的方向分布愈集中。

2. 光易型方向函数

$$G(f,\theta)=G_0(s)\cos^{2s}\frac{\theta}{2} \qquad (3.4.26)$$

由式(3.4.23)推导得相应的 $G_0(s)$ 为

$$G_0(s)=\frac{1}{\pi}2^{2s-1}\frac{\Gamma(s+1)}{\Gamma(2s+1)} \qquad (3.4.27)$$

式中,Γ 为伽马函数;s 为角散系数,表示方向分布的集中程度,与频率和风速有关。

$$\left.\begin{aligned}&S=S_{max}(\frac{f}{f_p})^5, \quad f \leqslant f_p \\ &S=S_{max}(\frac{f}{f_p})^{-2.5}, \quad f > f_p \\ &S_{max}=11.5(2\pi f_p \frac{U}{g})^{-2.5}=11.5(\frac{C_p}{U})^{2.5}\end{aligned}\right\} \quad (3.4.28)$$

式中,f_p 为频谱峰频;C_p 为与谱峰频率相应的波速;U 为海面上 10 m 高处的风速;$f=f_p$ 时,$S=S_{max}$ 方向分布最窄。$\frac{C_p}{U}$ 越小,则风浪越年轻,S_{max} 值越小。光易测得风浪的 S_{max} 约为 10。

合田取谱峰频率 $f_p=1/(1.05 T_{1/3})$,建议不同类型的海浪采用不同的 S_{max} 值,即

$$S_{max}=\begin{cases} 10 & \text{风浪} \\ 25 & \text{衰减距离短的涌浪(波陡较大)} \\ 75 & \text{衰减距离长的涌浪(波陡较小)} \end{cases} \quad (3.4.29)$$

3. Donelan 方向函数

Donelan 等在加拿大 Ontario 湖上和大型波浪水池内采用 14 个测波仪组成的阵列系统地观测了风浪方向谱,所得资料的 $\frac{C_p}{U}=0.83\sim 4.6$,分析得到分布函数为

$$G(f,\theta)=\frac{1}{2}\beta \text{sech}^2(\beta\theta) \quad (3.4.30)$$

其中 β 按下式计算:

$$\beta=\begin{cases} 2.61(f/f_p)^{1.3}, & 0.56 \leqslant f/f_p \leqslant 0.95 \\ 2.28(f/f_p)^{-1.3}, & 0.95 < f/f_p < 1.6 \\ 1.24, & \text{其他 } f/f_p \end{cases} \quad (3.4.31)$$

该分布函数不含有表征风浪成长状况的参量。当 $f/f_p=0.95$ 时,$\beta_{max}=2.44$,方向分布最集中。

4. 文氏方向函数

我国学者文圣常提出的方向函数如下:

$$G(f,\theta)=C(s')\cos^{s'}\theta \quad (3.4.32)$$

其中 $C(s')$ 按下式计算:

$$C(s')=\frac{1}{\sqrt{\pi}}\frac{\Gamma(s'/2+1)}{\Gamma(s'/2+1/2)} \quad (3.4.33)$$

式中,

$$s' = \begin{cases} 9.91(\omega/\omega_p)^{-2}\exp(-0.0757P^{1.95}), & \omega/\omega_p \geqslant 1 \\ 9.91(\omega/\omega_p)^{4.5}\exp(-0.0757P^{1.95}), & \omega/\omega_p \leqslant 1 \end{cases} \quad (3.4.34)$$

P 可由风速 U 表示为

$$P = 1.59U\omega_p/g \quad (3.4.35)$$

或用有效波高和有效周期表示为

$$P = 95.3 \frac{H_{1/3}^{1.35}}{T_{1/3}^{2.7}} \quad (3.4.36)$$

方向分布函数还有其他多种形式，需要时可查阅相关的文献。

海浪由深水传入浅水的过程中，将发生折射、绕射、反射等现象，它们与不同方向的组成波关系明显。此外，近海泥沙的搬运、大型浮体对海浪的响应等皆与波浪的能量方向分布有关，海浪的方向谱是上述课题研究的基础。

3.4.4 频谱与海浪要素的关系

波谱与波浪要素的统计是研究波浪现象的 2 种方法，二者之间存在相互关系。由式(3.3.7)的波面方程

$$\zeta(t) = \sum_{n=1}^{\infty} a_n \cos(\omega_n + \varepsilon_n)$$

及随机初相的概率分布

$$f(\varepsilon) = 1/(2\pi)$$

可得波面 $\zeta(t)$ 的平均值 $\bar{\zeta}$ 等于零，即静水面

$$\bar{\zeta} = \sum_{n=1}^{\infty} \bar{\zeta}_n = \sum_{n=1}^{\infty} \frac{1}{2\pi} \int_0^{2\pi} a_n \cos(\omega_n t + \varepsilon_n) d\varepsilon = 0 \quad (3.4.37)$$

又根据方差的定义，计算波面的方差

$$\sigma^2 = \sum_{n=1}^{\infty} \sigma_n^2 = \sum_{n=1}^{\infty} \frac{1}{2\pi} \int_0^{2\pi} a_n \cos(\omega_n t + \varepsilon_n) d\varepsilon = \sum_{n=1}^{\infty} \frac{1}{2} a_n^2 \quad (3.4.38)$$

可见波面的方差正比于总波能 E。

波谱的零阶矩为

$$m_0 = \int_0^{\infty} S(\omega) d\omega$$

又由式(3.4.6)，波浪的总能量可由波谱计算：

$$E = \rho g \int_0^{\infty} S(\omega) d\omega \quad (3.4.39)$$

可见 m_0 也正比于总波能，于是得

$$\sigma^2 = m_0 \quad (3.4.40)$$

由式(3.3.9)可知，波面振幅 a 的概率密度函数为

$$f(a) = \frac{a}{\sigma^2} \exp\left(-\frac{a^2}{2\sigma^2}\right)$$

将 $a = \frac{H}{2}$ 及式(3.4.40)代入上式,得

$$f\left(\frac{H}{2}\right) = \frac{H}{2m_0} \exp\left(-\frac{H^2}{8m_0}\right)$$

由于 $\int_0^\infty f\left(\frac{H}{2}\right) \mathrm{d}\left(\frac{H}{2}\right) = \int_0^\infty f(H) \mathrm{d}H = 1$,于是得到以 m_0 为参数的波高概率密度函数

$$f(H) = \frac{H}{4m_0} \exp\left(-\frac{H^2}{8m_0}\right) \tag{3.4.41}$$

则

$$\overline{H} = \int_0^\infty H f(H) \mathrm{d}H = \sqrt{2\pi m_0} \tag{3.4.42}$$

由此可将平均波高 $\overline{H}$ 与谱的零阶矩 m_0 相联系,利用波高的分布函数式(3.3.13′)及式(3.3.18)的关系可求得其他特征波高与 m_0 的关系如下:

$$\left.\begin{aligned}
\overline{H} &= 2.506 \sqrt{m_0} \\
H_{\mathrm{rms}} &= 2.828 \sqrt{m_0} \\
H_{1/3} &= 4.004 \sqrt{m_0} \\
H_{1/10} &= 5.091 \sqrt{m_0} \\
H_{1\%} &= 6.069 \sqrt{m_0}
\end{aligned}\right\} \tag{3.4.43}$$

由谱形曲线(见图3.4.1),可计算出波浪的平均频率 $\overline{\omega}$,即谱的重心频率为

$$\overline{\omega} = \frac{\int_0^\infty \omega S(\omega) \mathrm{d}\omega}{\int_0^\infty S(\omega) \mathrm{d}\omega} = \frac{m_1}{m_0}$$

可得由波谱计算出的平均周期为

$$\overline{T} = \frac{2\pi}{\overline{\omega}} = 2\pi \left(\frac{m_0}{m_1}\right) = T_{0.1} \tag{3.4.44}$$

由于该平均周期是通过波谱的零阶矩和一阶矩求得的,故又称为 $T_{0.1}$ 周期,该值与由观测记录以上跨零点法求得的平均周期大致相当。

此外,在一些著作中常出现所谓的 $T_{0.2}$ 周期,它是由理论推导出来,并以谱的零阶矩与二阶矩表示的平均周期,它比 $\overline{T}$ 周期略小:

$$T_{0.2} = 2\pi \left(\frac{m_0}{m_2}\right)^{\frac{1}{2}} \tag{3.4.45}$$

由谱峰频率 ω_{max} 求出的周期称为谱峰周期 T_p，它比 $\bar{T}$ 大。上述特征周期的关系为

$$T_{0.2} < T_{0.1} \approx \bar{T} < T_p$$

至此我们得到谱与特征波要素之间的联系，若某一波谱已知，则计算出谱曲线与 ω 轴包围的面积 m_0，以及 m_1,m_2，就可利用以上公式求得各特征波高及特征周期。

应该指出，由谱曲线计算出来的特征波要素，与由上跨零点法统计出来的，波要素不一定完全一致，其主要原因是式(3.4.43)~(3.4.45)是由理论推导出来的，并且按照波高的深水分布函数计算得到的，未考虑浅水的影响。

波谱的出现为海浪研究开辟了新的途径。根据波谱可以模拟实际的不规则波，给海洋工程设计中有关波浪力的推算带来了巨大的变革，为可靠度研究打下重要基础，改变了过去依据单一理想规则波进行设计的方法，进一步考虑复杂的海浪系列对建筑物所产生的动力作用，达到保证安全、降低造价的目的。此外，波谱的出现为海浪预报工作及海浪本身生成和变化机制的研究提供了有力的手段，将波浪研究工作提高到一个新的水平。

§3.5 基于观测资料的重现期波浪推算

设计波浪是指设计海洋工程建筑物时所选用的波浪要素。其标准包括两个方面：①设计波浪的重现期标准；②设计波浪的波列累积频率标准。本书前面的章节已经讨论了海浪要素在波列中的分布，即海浪要素的短期分布规律。而设计波浪的重现期标准是在海洋工程设计中选择怎样一个波列作为设计依据，只有选定了设计波列后，才能按波列累积频率标准最终确定设计波浪要素。研究海浪的长期分布是本节的主要内容。

根据波浪资料的不同，海岸工程设计中推求重现期设计波浪的基本方法有2种。

(1)海岸地区或其附近的海洋水文观测站积累有超过 20 年的连续波浪观测资料，据此得到以特征波，如 $H_{1/3},H_{1/10}$ 等表示的波列，组成样本，用概率分析法求得分布规律，再计算重现期设计波浪。

(2)海岸地区或其附近没有海洋水文观测站，则可利用当地气象台站的风况观测资料或天气图，依据风要素与波要素的关系后报波浪要素，再用第 1 种方法来推定不同重现期的设计波浪。

由于第 2 种方法利用的是间接得到的波浪系列，误差较大，因此应该在工程所在地区设置临时观测站，收集资料以验证用气象资料推算的设计波浪要

素。

本节主要介绍设计海浪重现值推算的第1种方法。

3.5.1 海岸工程波浪设计标准

我国《海港水文规范》给出的波高设计标准见表3.5.1和表3.5.2。

表3.5.1 波高累积频率标准

建筑物型式	部位	计算内容	波高累积频率 $F/\%$
直墙式和墩柱式	上部结构、墙身或桩基	强度和稳定性	1
	基床和护底块石	稳定性	5
斜坡式	胸墙或堤坝方块	强度和稳定性	1
	护面块石或块体	稳定性	13*
	护底块石	稳定性	13

注:"*"表示当平均波高与水深比值 $\bar{H}/d<0.3$ 时,F 宜采用5%。

表3.5.2 波高重现期标准

建筑物类型	建筑物等级	重现期/a
直墙式	Ⅰ、Ⅱ、Ⅲ	50
墩柱式	Ⅰ、Ⅱ、Ⅲ	50
斜坡式	Ⅰ、Ⅱ	50
	Ⅲ	25

对于重要建筑物,如灯塔等遭到破坏将产生特别严重后果的建筑物,可适当提高设计标准。当历史上观测到的最大波高大于50年一遇的大浪时,可考虑以观测到的最大波高进行校核。对于校核港口水域内泊稳度的设计波高,其重现期可根据使用要求确定,但不宜大于2年一遇。

设计波浪的重现期表示波浪要素的长期统计分布规律,因而重现期标准反映了海洋建筑物的使用年限和重要性。需要指出的是,重现期是一个平均的概念,50年一遇的设计波浪不等于建筑物使用期50年内不会出现大于它的波浪。在此,用概率论的方法推求按某一重现期波浪设计的建筑物在使用期内可能遭遇破坏的概率,称为危险概率,以 q 表示。

假定建筑物设计使用年限为 m 年,设计波浪重现期为 T 年,其累积频率为

$p=1/T$。在此定义 m 年中出现的波浪均小于 H_p 的概率 F 为安全概率,则

$$F=(1-p)^m \tag{3.5.1}$$

由逆事件定理,危险概率应为

$$q=1-(1-p)^m \tag{3.5.2}$$

由上式可见,危险概率 q 与重现期及建筑物使用年限有关。变换上式可得

$$T=\frac{1}{p}=[1-(1-q)^{\frac{1}{m}}]^{-1} \tag{3.5.3}$$

工程使用期内出现某一危险概率所需的波浪重现期见表 3.5.3。

表 3.5.3 工程使用期内波浪重现期与危险概率的对应关系

q /% \ m/a	10	25	50	100
10	95	238	475	950
25	35	87	174	348
50	15	37	73	145
75	8	19	37	73
99	2.7	6	11	22

显然,工程设计时既考虑使用期,又考虑建筑物可能遭受破坏的危险概率是更合理的。实际操作时,应该综合考虑经济效益、破坏损失以及社会发展来确定最优重现期。

3.5.2 基于长期测波资料的设计波高推算

我国《海港水文规范》规定,当工程所在地或其邻近海区有较长期的(连续20年以上)波浪实测资料时,可以利用不同方向的年最大波高(以某一特征波表示)组成系列进行分析,以确定各方向不同重现期的设计波高。无论是采用实测资料还是后报资料,为了拟合经验累积频率点,都要选用理论频率曲线,进而达到外延的目的。

我国《海港水文规范》规定,对于年极值波高及与其对应的周期的理论频率曲线,一般采用 P-Ⅲ 曲线。然而,由于作为样本的实测资料得到的统计参数存在一定的误差,在计算时多由适线法调整参数,存在一定的任意性,特别是当系列中存在少数特大值时,以与实测经验累积频率点拟合最佳为原则,有利于确定合理的重现期设计波高。

1. 几种理论分布模型
(1)海洋工程常用的单因素极值分布

表 3.5.4　几种常用的单因素极值分布模型

分布模型	分布函数	均值	方差	备注
P-Ⅲ	$F(x) = \int_{a_0}^{x} \frac{\beta^\alpha}{\Gamma(\alpha)}(x-a_0)^{\alpha-1}\exp[-\beta(x-a_0)]\mathrm{d}x$	$\dfrac{\alpha}{\beta}+a_0$	$\dfrac{\sqrt{\alpha}}{\beta}$	a_0,α,β 为位置、形状和尺度参数
Gumbel	$F(x)=\exp\{-\exp[-\alpha(x-\beta)]\}$	$\dfrac{0.57722}{\alpha}+\beta$	$\dfrac{1.28255}{\alpha}$	α,β 为尺度和位置参数
Weibull	$F(x) = 1 - \exp[-(\dfrac{x-a}{b})^c]$	$a+b\Gamma(1+\dfrac{1}{c})$	$b^2[\Gamma(1+\dfrac{2}{c})-\Gamma^2(1+\dfrac{1}{c})]$	a,b,c 为位置、尺度和形状参数
Log-normal	$F(x)=\int_{0_+}^{x}\dfrac{1}{x\sigma\sqrt{2\pi}}\exp[-\dfrac{(\ln x-\mu)^2}{2\sigma^2}]\mathrm{d}x$	$e^{\mu+\frac{\sigma^2}{2}}$	$e^{\mu+\frac{\sigma^2}{2}}\cdot\sqrt{e^{\sigma^2}-1}$	μ 与 σ 分别为 x 序列取对数后的均值与方差

(2)复合极值分布

我国东南部海域的大浪通常是由台风引起的,且每年都出现几次台风,从而产生多次大浪。由于每年台风的路径和次数不同,影响到某海域或海岸附近某点的台风次数,每年也就不同,它构成一种离散性分布。而在台风影响下的波高,又可构成一种连续性分布。在此记台风出现次数为 n,台风波高的极大值为 x,其分布函数为 $G(x)$。若 n 为泊松分布,即

$$P_n=\frac{\lambda^n}{n!}e^{-\lambda}, n=0,1,\cdots \tag{3.5.4}$$

$G(x)$ 符合 Gumbel 分布(有关内容见本书第四章),即

$$G(x)=\exp\{-\exp[-\alpha(x-\beta)]\} \tag{3.5.5}$$

式中,α,β 为参数;x 为极值波高观测值。则波高的复合极值分布为

$$F(x)=e^{-\lambda[1-G(x)]} \tag{3.5.6}$$

将式(3.5.5)代入式(3.5.6),并考虑 $p=1-F$,则

$$x_p = -\ln\{-\ln[1+\frac{\ln(1-p)}{\lambda}]\} \cdot \frac{1}{\alpha} + \beta \qquad (3.5.7)$$

将式(4.3.6)代入上式,得

$$x_p = \bar{x} + \gamma \cdot S_x \qquad (3.5.8)$$

式中,$\bar{x}$ 和 S_x 按照式(4.3.7)计算;γ 按下式计算:

$$\gamma = -\frac{1}{\sigma_n}\{\bar{y}_n + \ln[-\ln(1+\frac{\ln(1-p)}{\lambda})]\} \qquad (3.5.9)$$

式中,σ_n 和 $\bar{y}_n$ 按照式(4.3.7)计算。为了方便工程应用,将 γ 制成附表3。

2. 定位公式

定位公式用于估计极值系列中观测值的发生频率,其通式为

$$\hat{F}_i = 1 - \frac{i-A}{N+B} \quad i=1,2,\cdots,N \qquad (3.5.10)$$

式中,$\hat{F}_i$ 为由大到小排列的第 i 个观测值的经验累积频率;N 为系列中观测值总数;A,B 为无偏估计参数,其值因理论分布不同而异,具体值见表3.5.5。

表 3.5.5 经验频率公式中的无偏估计参数

分布	A	B	备注
Gumbel	0.44	0.12	
Weibull	$0.20+0.27/\sqrt{c}$	$0.20+0.23/\sqrt{c}$	c 为分布的形状参数
Normal	0.375	0.25	
Log-normal	0.375	0.25	

3. 分布模型的拟合方法

为了估计各种气象水文要素的重现期,要选用不同的理论分布函数来拟合观测系列。工程设计中常用的适线方法有4种:①图解法;②矩法;③最大似然法;④最小二乘法。

图解法过去广泛用于洪水频率分析中。以前由于没有计算机,手工计算标准差是一项十分繁琐的工作,工程师们更多地用图解法来求解理论分布,为了减少绘制分布曲线的任意性,针对不同的分布函数,设计出具有不同坐标轴的专用概率格纸(如 Normal 分布概率格纸,Powell 分布概率格纸,Weibull 分布概率格纸等),将分布曲线在其上转换成直线。

矩法则利用系列资料的均值、方差和偏态系数,建立联立方程组来求解未知参数。由于用样本来估计总体的方差与偏态系数都存在一定偏差,因而拟合

出的参数欠佳。

最大似然法则对理论分布函数的数值取似然的最大值来估计未知参数,列出似然方程,通过数值计算求得最佳参数值。由于数值分析的复杂性,目前它在工程设计中的应用还不普遍。

线性最小二乘法在两参数极值分布中应用广泛。对于有3个可调参数的 Weibull 分布,陈上及采用分步最小二乘法求解,即先设定位置参数 a,再用最小二乘法推求尺度参数 b 和形状参数 c,这种方法收敛的快慢取决于 a 的初始值离精确解的远近。若采用非线性最小二乘法,则可以实现 Weibull 分布3个参数的一举寻优,计算表明,拟合精度较分步最小二乘法高,且易于编程计算,便于成批资料的自动化处理。

4. 分布的假设检验

单因素的极值分布的假设检验可采用 K-S 检验。而复合极值分布包含了2种单一变量的分布形式,如果每种分布检验都获得通过,则认为复合分布原假设成立。

(1) Poisson 分布的 χ^2 检验

已知总体 $F(x)$ 的 n 个实测值 $x_1, x_2, \cdots, x_n$。$F_0(x)$ 为某一理论分布函数,设原假设 $H_0: F(x) = F_0(x)$,备选假设 $H_1: F(x) \neq F_0(x)$。将样本值从小到大分成 k 组,每组内期望频数不宜少于5,特别是在两端的组,若频数太小,应与相邻的组进行合并。组内 (x_{i-1}, x_i) 的样本个数记为 ν_i。计算期望频数 nP_i,设给定分布函数 $F_0(x) = \sum_{x=0}^{k} \frac{\lambda^x}{x!} e^{-\lambda}$,则

$$P_i = F_0(x_i) - F_0(x_{i-1}) \quad i = 1, 2, \cdots, k \tag{3.5.11}$$

其中 $0 < P_i < 1, \sum_{i=1}^{k} P_i = 1$。计算实测样本值的统计量:

$$\hat{\chi}^2 = \sum_{i=1}^{k} \left(\frac{\nu_i^2}{nP_i} \right) - n \tag{3.5.12}$$

Poisson 分布待估计的参数个数为1,给定显著性水平 α,自由度为 $(k-1-1)$,当 $\hat{\chi}^2 < \chi^2_{k-1-1}(\alpha)$ 时,则在显著性水平 α 下接受 H_0;反之,否定原假设。

(2) 极值分布的 K-S 检验

设 $F(x)$ 为总体分布函数,$F_0(x)$ 为已知的理论分布函数,则原假设 H_0 可表示为:$F(x) = F_0(x)$;备选假设 $H_1: F(x) \neq F_0(x)$ 取统计量:

$$\hat{D}_n = \sup_{-\infty < x < +\infty} |F_n(x) - F_0(x)| \tag{3.5.13}$$

如果显著水平 $\alpha = 0.05$,对不同的样本容量 n,可查得不同的柯氏检验临界值 $D_n(0.05)$。若 $\hat{D}_n < D_n(0.05)$,则接受原假设 H_0,拒绝被选假设 H_1;否则拒

绝原假设 H_0。

5. 长期分布拟合中应注意的问题

利用长期的波浪观测资料进行统计分析时,应注意如下问题:

(1)波浪观测资料的代表性

在收集邻近海洋水文观测站的波浪资料时,首先应注意观测站的地理环境,并与工程地点的地理环境作比较,即分方向检验观测站资料的适用程度。

(2)波高的采样

我国沿岸各观测站的测波资料基本上是使用岸用光学测波仪观测记录的。在报表中,每场波浪的波高仅列出"波高"($H_{1/10}$)及"最大波高"(H_{max})两个特征波。由于观测方法的限制,$H_{1/10}$的准确性比H_{max}高,后者带有更大的偶然性,进行频率分析时应选取$H_{1/10}$组成的系列。

(3)波向的划分

波浪观测是按 16 个方位记录波向的。当需要统计分析某一个方向的波浪时,可将此方向左右各一个方位(即 22.5°)内的波浪均视为该方向的波浪来统计,原因在于波向的观测不是很准确。若需每隔 45°方位角进行统计分析时,则对某一个波向,根据地理位置的特点均只能归并入一个相隔的方位中,不能重复。

(4)每日 4 次定时观测

受所用仪器的限制,目前海洋水文观测仅在白天定时进行 4 次,有可能出现对夜间大浪的漏测,应对列出的年极值进行检验,必要时适当进行调整,以弥补因漏测而造成的误差。例如:当年最大波高出现在某日 11 时或 14 时,则一般不必作任何调整,因为在相隔的 3 h 内,波浪变化不会很大。若最大值出现在 8 时或 17 时,就应分析该日 11 时或 14 时及上一日 17 时或下一日 8 时的风的记录及波浪记录,根据风和浪的增长和衰减情况来判断是否在 8 时以前和 17 时以后曾出现过更大的波浪。如果有可能出现过更大的波浪,则应根据天气资料进行适当调整。如因出现过风暴产生灾害性大浪,导致浮筒断缆而漏测,应使用气象资料进行后报,弥补漏测的大浪。

(5)样本的独立性

如某一场大浪始于 12 月底,延续到第 2 年 1 月初,则在此场大浪中只能取出其中最大的一个波高,作为当年的一个极值样本,而不能取另一个作为另一年的样本,因为它们是属于同一场大浪的,互相之间有联系,而不是独立的。

(6)资料的一致性

要注意形成统计资料的自然条件有无发生变化,例如在观测年份中,测波浮筒附近有无兴建人工建筑物;这些资料是否用同一种仪器、同一种方法在同一地点测得的;观测规范有无变更;浮筒位置有无挪动等等。如上述某一条件有明显变化,又无法修正或换算时,则不能将它们笼统组合成一个系列,此时应分段或删去某些年份后组成频率分析系列。

(7) 工程所在地点与测波浮筒的水深差异

已知测波浮筒位于-30 m等深线处而工程所在地位于-10 m等深线处,利用测波浮筒处的实测资料推算出来的波浪只能代表港址外-30 m水深处的波浪,必须经过浅水变形计算,才能得到工程地点-10 m处的波浪。

总之,波浪的频率分析是一项细致复杂的工作,当观测年限较短时,拟合结果往往存在出入,应尽可能用多种线型进行计算比较,择优适用。特别要留意实测资料的逐年积累,对频率分析的成果不断地进行订正。

例 已知某海域连续21年的极大值波高序列,按照降序列于表3.5.6,要求对不同重现值波高进行计算。

表 3.5.6 年极值波高观测值

序号	1	2	3	4	5	6	7	8	9	10	11
极值波高/m	4.35	4.29	4.03	4.02	3.96	3.88	3.87	3.73	3.64	3.60	3.57
序号	12	13	14	15	16	17	18	19	20	21	
极值波高/m	3.54	3.50	3.42	3.36	3.28	3.21	3.21	2.99	2.92	2.69	

解 对表3.5.6所示极值波高序列进行Weibull,Gumbel,P-Ⅲ,Log-normal分布拟和,所得理论分布曲线分别绘在Weibull概率纸,Powell概率纸,Normal概率纸,Log-normal概率纸上(见图3.5.1)。为了使图3.5.1a呈一直线,对波高x作如下变换:$t=x-a_0$,式中a_0为Weibull分布的位置参数。

对极值波高序列求得Weibull,Gumbel,P-Ⅲ,Log-normal等4种理论线型各自的分布参数后,进行拟合优度检验。

当显著水平α为0.05,本例中4种分布的柯氏检验统计量皆小于临界值,因此,波高序列的4种分布均不拒绝原假设,都可用于重现值计算。

将4种分布所得重现值作成图3.5.2。对于同一观测序列,不同理论分布所得重现值不同。由图可见,Gumbel分布的小概率设计值最高,Weibull分布的值偏小,Log-normal分布的相同重现期的设计波高与Gumbel分布接近,P-Ⅲ分布的结果稍大于Weibull分布的值。计算4种分布的理论频率与经验频率的离差平方和Σ。其中Weibull分布的Σ值最小,则Weibull分布为最佳线型,工程设计中可以据此理论分布计算重现值。

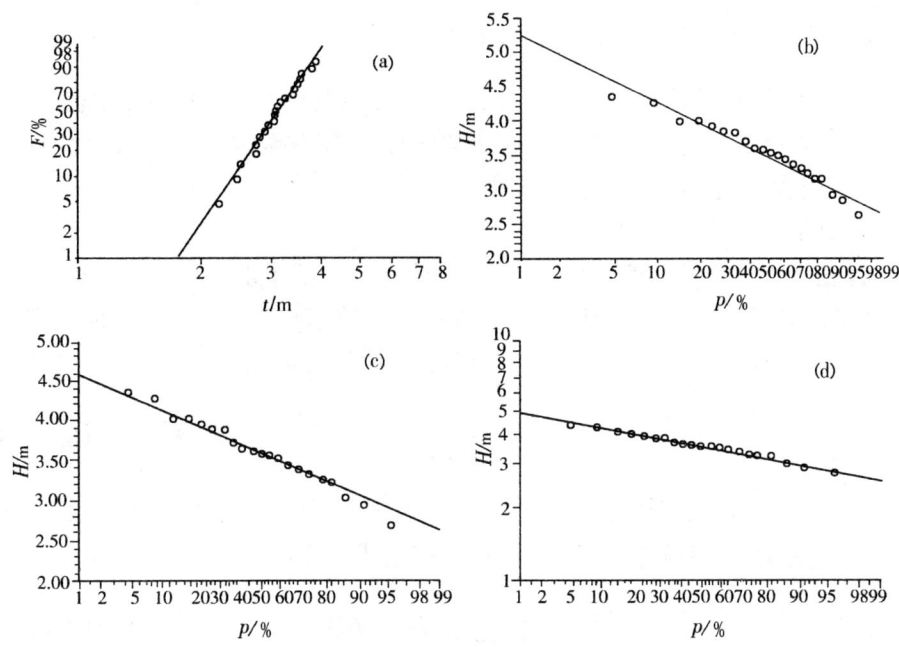

图 3.5.1 年极值波高的 Weibull(a), Gumbel(b), P-Ⅲ(c) 和 Log-normal(d) 分布
○为观测值； —为理论分布曲线

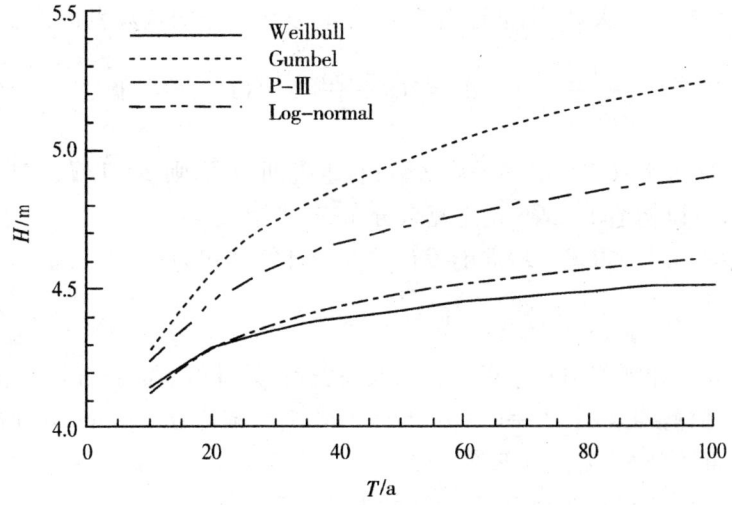

图 3.5.2 几种极值分布模式的重现期波高曲线

3.5.3 利用短期测波资料的设计波高推算

当工程地点或其邻近海域没有实测资料可以利用时,往往在工程地点设立临时性的观测站进行波浪观测,待资料积累到几年或至少一整年后,就可以对短期的波浪资料进行频率分析。

1. 理论分布

首先介绍一种具有理论基础的二项-对数正态复合分布。对于短期波高资料,经过试算,可以找到一个计算起始波高 H_0,使不小于 H_0 的日极值波高 H_i ($i=1,2,\cdots,n$) 的分布符合对数正态分布。设中间变量

$$x=\frac{\ln(H-b_0)-\alpha}{\sigma} \qquad (3.5.14)$$

式中,b_0 为使经验点符合对数正态分布,经过试算,从波高中减去的常数;α 与 σ 是随机变量经过转换后的均值与均方差,按下式计算:

$$\alpha=\frac{1}{N}\sum_{i=1}^{N}\ln(H_i-b_0) \qquad (3.5.15)$$

$$\sigma=\sqrt{\frac{1}{N}\sum_{i=1}^{N}[\ln(H_i-b_0)-\alpha]^2} \qquad (3.5.16)$$

式中,N 表示从选定的起始波高算起的日最大波高总数。

若每年按 365 天计,则推导出二项-正态复合分布的函数表达式如下:

$$\frac{1}{\sqrt{2\pi}}\int_{-\infty}^{x}e^{-\frac{t^2}{2}}dt=1-\frac{365}{\bar{n}}[1-(1-p)^{\frac{1}{365}}] \qquad (3.5.17)$$

式中,$\bar{n}$ 为每年所取波高值的平均次数;若重现期为 T,则 $p=1/T$。对于不同的 $\bar{n}$ 和 p 值,可以构造出二项-正态复合分布表,见附表4。

由式(3.5.14)得多年一遇的设计波高的计算公式为

$$H_p=b_0+e^{\alpha+\sigma\cdot x_p} \qquad (3.5.18)$$

例 某海洋观测站有一年的实测波高资料,其日最大波高统计于表 3.5.7。经过试算,当采用 $H_0=0.4$ m,$b_0=0$ 时,各经验点在 Log-normal 概率格纸上基本呈直线分布,见图 3.5.3。按式(3.5.15)与(3.5.16)得 $\alpha=-0.2811$,$\sigma=0.3847$。100 年一遇和 50 年一遇的设计波高分别为 3.5 m 和 3.3 m。

表 3.5.7　某观测站一年日极值波高的理论分布参数计算

H_i/m	Δm	$\sum \Delta m$	$p/\%$	$\ln(H_i-b_0)$	$[\ln(H_i-b_0)-\alpha]^2$
2.8	1	1	0.33	1.030	1.718 0
2.0	1	2	0.66	0.693	0.949 2
1.9	1	3	0.98	0.642	0.851 8
1.6	2	5	1.64	0.470	0.564 2
1.5	6	11	3.61	0.405	0.471 4
1.4	13	24	7.87	0.336	0.381 4
1.3	12	36	11.80	0.262	0.295 4
1.2	9	45	14.75	0.182	0.214 8
1.1	18	63	20.66	0.095	0.141 7
1.0	25	88	28.85	0.000	0.079 02
0.9	27	115	37.70	−0.105	0.030 88
0.8	36	151	49.51	−0.223	0.003 359
0.7	45	196	64.26	−0.357	0.005 712
0.6	40	236	77.38	−0.511	0.052 77
0.5	34	270	88.52	−0.693	0.169 8
0.4	34	304	99.67	−0.916	0.403 5
$\sum$	304			−85.466	44.998 5
	$b_0=0$		$\alpha=-0.281\ 1$		$\sigma=0.384\ 7$

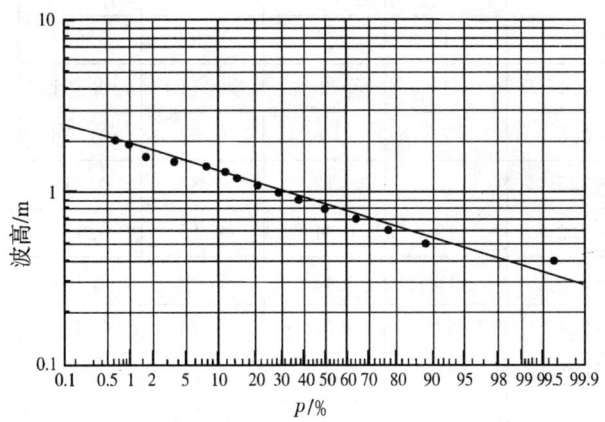

图 3.5.3　某观测站一年日极值波高的频率分布

2. 经验分布

用短期测波资料进行频率分析时，一般采用全部或日最大波高值作为样本，利用不同的坐标转换，使经验频率点在专用坐标纸上近似呈直线分布，然后用最小二乘法求出直线方程，就可利用外延法估计多年一遇的设计波高。下面介绍 2 种工程实用线型：

(1) 波高以均匀坐标表示，大于或等于某波高的累积频率 p 以对数坐标表示。

(2) 波高以对数坐标表示，横坐标采用 $1/p$ 的二次对数表示。

用短期测波资料推求设计波高时，多年一遇的波高的累积频率可计算如下：若在 a 年中观测波浪共 n 次，则 a 年中最大值的累积频率为 $p_a = \frac{1}{n}$，由此推断 b 年中期望出现的波高次数将为 $b \cdot \frac{n}{a}$ 次，则 b 年中最大值的累积频率为

$$p_b = \frac{a}{b \cdot n} = \frac{a}{b} p_a \qquad (3.5.19)$$

式中，p_a 表示 a 年观测中最大波高的累积频率；p_b 表示 b 年一遇设计波高的累积频率。

例 在某海域用测波仪记录下每日 4 次波高，对一整年测波资料统计后列入表 3.5.8，试求设计波高。

表 3.5.8 某海域一年测波资料统计

$H_{1/10}/\text{m}$	Δm	$\sum \Delta m$	$p/\%$	$\lg H$	$\lg\lg \frac{1}{p}$
≥4.2	1	1	0.069	0.623	0.500
3.9~4.1	1	2	0.14	0.591	0.456
3.6~3.8	7	9	0.62	0.556	0.344
3.3~3.5	3	12	0.83	0.519	0.318
3.0~3.2	19	31	2.15	0.477	0.222
2.7~2.9	12	43	2.98	0.431	0.184
2.4~2.6	34	77	5.33	0.380	0.105
2.1~2.3	50	127	8.79	0.322	0.024
1.8~2.0	67	194	13.43	0.255	−0.059
1.5~1.7	121	315	21.80	0.176	−0.179

(续表)

1.2～1.4	192	507	35.10	0.079	−0.342
0.9～1.1	284	791	54.74	−0.046	−0.582
0.6～0.8	325	1 116	77.23	−0.222	−0.950
0.3～0.5	174	1 290	89.27	−0.523	−1.307
0.0～0.2	154	1 444	99.93	—	—
平均				0.258 4	−0.090 4

将 $\lg H_{1/10}$ 与 $\lg\lg\dfrac{1}{p}$ 绘于普通坐标纸上，见图 3.5.4，可见经验累积频率点的分布近似呈直线分布，进一步用最小二乘法拟合得 50 年一遇设计波高为 5.37 m。

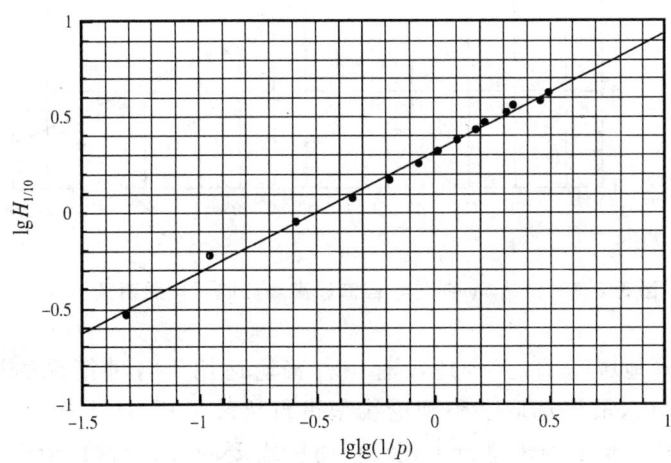

图 3.5.4 某海域一年全部 $H_{1/10}$ 波高的频率分析

3.5.4 与设计波高相对应的设计周期的推算方法

设计波高和设计周期是海洋工程设计波浪的 2 个要素。目前波高与周期的联合分布只有在深水海域、波浪谱为窄带谱的条件下才能确定，因此实际工程中常常对波高和周期分别进行频率分析，以确定设计波浪要素。

波高与周期并非按大小顺序一一对应，即年极大值波高对应的平均周期未必是当年的极值。因此，不能选取某波向平均周期的年极大值作为样本，而应该取与波高年最大值 H 相对应的平均周期 $\overline{T}$ 所组成的由大到小排列的系列进行频率分析,其分析方法与波高的频率分析相同。此时,理论频率曲线仍采用 P-Ⅲ 型曲线或其他线型,以与经验累积频率点拟合最佳作为选定线型的标准。应该说明,此法一般适用于当地大的波浪且主要为涌浪和混合浪时,若主要为风浪,则结果明显偏大。

图 3.5.5 为某观测站 SE 向 26 年资料中,与年极值波高 $H_{1/10}$ 对应的平均周期 $\overline{T}$ 所组成系列的 P-Ⅲ 型分布拟合结果。通过计算得到与设计波高对应的 100 年一遇和 50 年一遇的平均周期分别为 11.1 s 和 10.7 s。

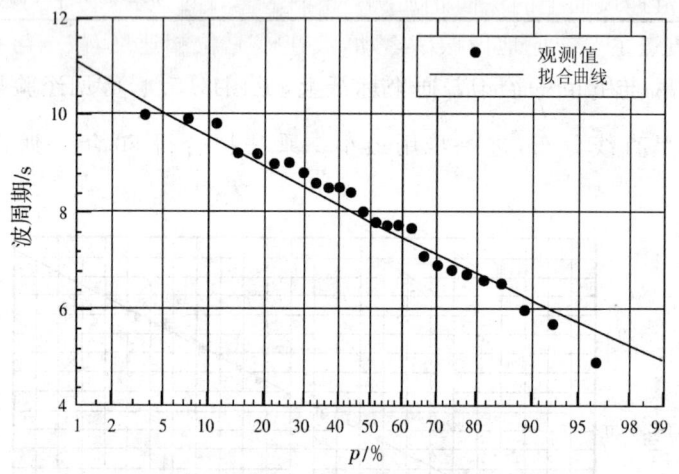

图 3.5.5　某站 SE 向与年极值波高对应的平均周期频率分析

由于我国地域辽阔,至今还没有一种普遍适用于各种情况的概率分布模型,工程实践中,最好选取多种理论线型进行比较分析,从中选优。目前,虽然频率分析法在定量上给出进行工程设计时所需要的设计参数,但仍存在一些问题,如有些测站波浪观测年限短,序列的代表性不足,当观测资料中有几年的年极值数值相等时,经验点与理论分布曲线间配合较差。有鉴于此,历史上出现过的特大波浪是宝贵的验证资料,它在直观概念上明确,应仔细加以研究,通过综合分析来确定设计波浪要素。

§3.6　根据气象资料推算风浪尺度

虽然利用长期实测资料来推算设计波浪是比较理想的,但是当工程地点或其邻近海域没有海洋水文观测站时,则必须根据当地的历史气象资料来推算风浪尺度。

3.6.1 风浪的生成、发展和衰减的机理

1. 风浪的形成

根据流体力学的观点,空气和海水互相接触并发生相对运动时,在其分界面上形成界面波,即风浪。20 世纪中叶,学者们提出了风浪成长的共振理论和剪流理论,逐步发展成为现代波浪形成理论的基础。

波浪形成理论将风对水面的作用力分为两部分:风与水面间的切应力 τ 和风作用在波浪迎风面上的法向正压力 N(图 3.6.1)。切应力 τ 与风速 U 成正比,因为水质点主要在原地做振荡运动,波速 C 是位相速度,故 τ 与 C 无关。N 使波浪的迎风面和背风面形成压力差,故其大小与 $(U-C)$ 成正比。

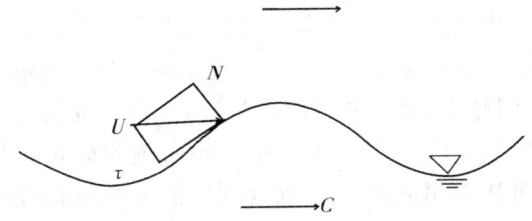

图 3.6.1 风对水面的作用力

在 $U>C$ 的整个期间,由于 τ 和 N 的作用,风将能量不断传给水体,使波浪不断发展,波高和波长不断增大。随着波浪尺度的增大,C 也相应加大,致使水体内的摩擦也不断加大。当 C 接近 U 时,风仅在 τ 的作用下继续将能量传给水体,已不通过 N 传给海水能量,而当 $C>U$ 时,空气将阻碍波形前进,反而要消耗波浪的能量,故总的输入能量是随 C 的逐步增大而逐渐减小的。当能量的输入等于能量的消耗时,波浪不再发展而趋于稳定,形成在某风速条件下所能形成的最大波浪。

风停止后,海水无新能量输入,一部分波能向四周传播扩散,另一部分波能不断消耗于水体内部的分子黏滞性和紊动黏滞性。此外,空气阻力、海底摩擦和渗透也消耗波浪的部分能量,促使波浪逐渐衰减,直至最后消亡。

上述风浪成长过程的解释是比较粗略的,例如 τ 与 U 的关系在开始阶段(水面保持平静时)和风浪产生后(水面微波动时)并不相同,同样,N 与 $(U-C)$ 的关系在不同波浪尺度时也有变化。此外,这种解释忽略了波动水体对气流的反作用等,但由于这种解释较为简便,目前仍被广泛应用。

总之,波浪的生成、发展和衰减取决于水体能量的摄取和消耗之间的数量

关系,当能量输入大于输出时,风浪将成长发展;反之,波浪将趋于衰减直至消亡。

2. 影响风浪成长的因素

风浪的发生、发展和衰减与下列因素有关:①风速 U;②风作用于水面的持续时间 t,简称风时;③风对波浪发展有影响的作用域长度 F,简称风距;④风浪传播过程中所遇到的地形、水深条件;⑤海流。上述因素中,前 3 个的影响最大,被称为风场 3 要素。下面分述它们与风浪的关系。

(1) 风速 风速的大小对风浪成长的影响最为明显。由于 τ 正比于 U,N 正比于 $(U-C)$,所以,一般地说,风场风速越大,所产生的波浪也越大。确定风速、风向时,应尽量依据岸站测风资料和船舶报资料,并注意其观测特点和当时天气形势。缺乏实测资料时,可根据地面天气图上等压线的分布进行计算。

(2) 风时 风时指风速、风向基本不变的情况下,风连续作用在海面上的时间。风将能量输入海水形成风浪,所以,一般地说,在风速不变的条件下,风对水面作用的持续时间越大,水体获得的能量越大,波浪也就越大。

(3) 风距 风距指风的吹程。为确定风距必须先确定风场或风区,风区是指海面上风速、风向基本相同的一水域范围。而风距是指在一定风况作用下,对某特定点形成波浪有实际作用的风区范围及其水域长度。由于风浪的发展需要一定范围的水域,一般地说,在风速不变的条件下,风距越大,波浪也越大。小水库中无论如何也掀不起如大海中那样的大浪,原因在于风距太小。

风区分为固定风区和移动风区。所谓固定风区,是指引起风浪的某一场风暴,从它发生到消亡的时间内,整个风区在平面上的位置基本不变。而移动风区是指在台风情况下,其风区在平面上的位置是随着台风中心移动而变化的。

从深水的风区到风区外浅水岸边工程所在地,波浪的传播和变化过程可分为 3 个阶段:①风区中风浪的发生和发展;②风区外风浪(深水波)转变成涌浪继续传播,波浪将逐渐衰减;③涌浪进入近岸浅水区发生波浪变形。在许多情况下,往往难以明显地区分出波浪衰减阶段。

3. 风浪发展的三种状态

在风速一定的条件下,风浪发生后,其波高与波长将随风时或风距增长而增大,称为风浪的成长。风浪往往只受制于风时,或只受制于风距,两者并非同时起着控制作用,由此形成不同的风浪状态。

(1) 风浪的过渡状态 风速很大而且风场宽阔,风浪的成长取决于风时的长短,这种风浪处于过渡状态。

(2) 风浪的定常状态 风速很大但风场范围很小,一定时间后,海域范围内波浪要素趋于定常,不再随时间变化。但海域各点的波浪要素并不相同,而取决于各点的位置或风距,风距越大,风浪也越大,这种风浪处于定常状态。

(3)风浪的充分成长状态　如果风时和风距都足够大,在一定的风速条件下,风浪不再增大而达到该风速条件下的极限状态,常称为风浪的充分成长状态。按海域水深条件,充分成长状态的风浪又可分为深水充分成长状态和浅水充分成长状态,后者是风浪的充分成长受制于水深而达到的极限状态。

4. 判断风浪状态的标准

如何判断风区内某点某时的风浪所处状态呢？在此引进最小风时 t_{min} 和最小风距 F_{min} 的概念。

(1)最小风时　在一定风速 U 下,在给定的风区长度 F 处出现最大波浪,即达到定常状态,所需的最短时间称为最小风时,记为 t_{min}。若实际风时 $t < t_{min}$,则风浪随风时变化处于过渡状态,在风浪推算时取实际风时 t 作为计算风时。若 $t > t_{min}$,由于风距的限制,风浪不能继续增大而处于定常状态,风浪推算时取 t_{min} 作为计算风时。

(2)最小风距　在一定风速 U 下,在给定的风时 t 时产生最大波浪所需的最短风距,记为 F_{min}。当实际风距 $F < F_{min}$ 时,风浪受制于风距,处于定常状态,风浪推算时取 F 作为计算风距。当 $F > F_{min}$ 时,则风浪受制于风时而处于过渡状态,风浪推算时取 F_{min} 作为计算风距。

显然最小风时 t_{min} 和最小风距 F_{min} 取决于风速 U 的大小,U 越大,其相应的 t_{min} 和 F_{min} 也越大。

综上所述,如风区足够大,在给定时刻,风区内可能有两种风浪状态同时存在。在 $F > F_{min}$ 的位置,风浪处于过渡状态,在 $F < F_{min}$ 的位置,风浪处于定常状态。显然,随着时间的推移,定常状态的范围将逐渐扩大。对于指定的位置,风浪总是先处于过渡状态,而后过渡到定常状态。

当风区内水深大于波浪的半波长时,海底对波浪的影响可以忽略不计,反之,当波浪增大,深度相对地变小时,水深将影响风浪的成长,此时影响风浪成长的因素除 U、t 和 F 外,还应包括水深 d。在风速很小或风浪处于初始阶段的情况下,由于风浪尺度小,浅水中风浪的成长和深水中几乎没有差别,波浪要素取决于 U、t 和 F。如风速增大,风时和风距也较大,风浪成长到足够大后,水深 d 将限制风浪继续增大而达到浅水充分成长状态,此时波浪要素取决于 U 和 d。

3.6.2　风场要素的确定

利用气象资料推算风浪时,首先需要确定风场要素(风速、风时和风距)和水域的深度,根据风场要素与波浪要素之间的关系,进行风浪预报(或后报)。下面论述风场要素和水域深度的确定方法。

工程设计中,确定风场要素的方法一般有 2 种。其一是采用工程地点附近岸上气象台站的长期风况观测资料或海域上较可靠的船舶报送的海上测风资料作为依据来分析海上的风速、风向和风时。此方法适用于风区靠近岸边或水域较小的情况。其二是利用地面天气图来确定风场的位置和风场要素。此方法适用于推算离岸较远的海域风浪和由台风引起的风浪。

1. 风速的确定

风速对风浪要素的影响最大,根据资料的不同,风速的选取和计算按下述方法进行。

(1) 利用实测资料确定风速

如果风区内的气象台站具有多年的实测风速资料,即以风速记录进行风浪的推算。如果风区内建有多个观测站,则以平均值作为风区的平均风速。

(2) 利用地面天气图计算地转风速

具体方法见本书第二章。需要注意的是:根据天气图确定某一时刻海域风速时,应对风区附近的等压线进行检查,作必要的修正。确定风区所在地的平均纬度 φ,在风区内有代表性的位置处量取相邻两等压线间的间隔 Δn,若有数条等压线且分布不均匀,可取其平均值,以当地纬距(°)表示。确定当时海水与空气间的温度差 ΔT,最后确定海面风速。

(3) 计算时段内的平均风速

在气象记录中所查取的某一场大风的资料,在一定的风时内,风速可能是变化的。由于风浪要素尺度与风速的关系是非线性的,而与风速的数次方成正比,不能取时段两端风速的平均值来计算风浪要素。设该时段开始和终了时的风速分别为 U_1 和 U_2;则在风速由小到大上升和由大到小降低两种情况下,平均风速分别按照以下公式计算:

$$U = 0.3U_1 + 0.7U_2 \qquad (3.6.1a)$$
$$U = 0.2U_1 + 0.8U_2 \qquad (3.6.1b)$$

以上 2 式表明,平均风速都着重考虑后一时刻的风速值,这与实际情况相符。以上两式的适用范围为 6~12 h。若在很长时间(如几十小时)内风速不断变化时,应将整个时程划分为若干时段,每段历时不超过 12 h,再分别计算各段的计算风速,按分段逐步推算风浪要素。

(4) 风速的高度修正

关于风速选取标准,如用船舶测风资料,可以不作风速修正。如用气象台站的观测资料,必须按本书第二章的方法,将风速修正为海面上 10 m 高度处的平均风速。如利用地面天气图,可根据等压线的间隔,由求解地转风速的方法直接求得海面上10 m高度处的风速。

2. 风距的确定

风浪要素推算时选取的风场,其方向和风速发生明显改变之处,或位于水域的边界处,可作为风区的边界。

在推算较小水域的风浪时,例如工程地点位于海湾之内,风区的范围包括整个水域,可简单地取某方位的对岸距离作为计算风距。图 3.6.2 所示为我国渤海内,某工程所在地点不同风向的风距选取。

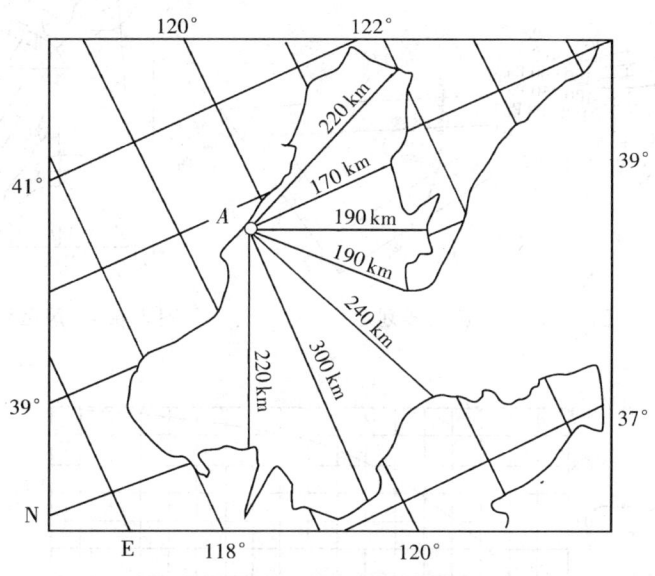

图 3.6.2　海湾的风距确定

如果水域开阔,则需要根据所选取的风场对应的天气图来确定风区。具体操作时,一般是忽略风向与等压线的夹角,近似地认为只要某点的等压线方向(即该点的切线)同该点与港址计算点连线的夹角不超过 30°(等压线较平直时)或 45°(等压线曲率较大时),即可将该点划入风区内,并认为等压线的切线方向就代表该点的风向。如图 3.6.3 所示,对较平直或弯曲的等压线用一个 30°或 45°的三角板,令其一边通过港址,移动三角板,将其 30°或 45°的另一边恰好切在等压线上,此点即待定风区边界上的一点,连接各条等压线上的点,可得划定风区的边界。

在开敞海面或大洋中,可以认为该风区的宽度与长度相等,从而忽略风区宽度对风浪成长的影响。而在近海或河口、海湾,甚至湖泊、水库中,风区长度

往往远大于其宽度。此时,风区宽度将对风浪成长产生限制性影响,风区长度须改用有效风距 F_E。其确定方法如下:

(1)风区接近矩形,其宽度能明确地量出,如图 3.6.4 所示时,此时有效风距 F_E 可按塞维里(Saville)1954 年提出的曲线确定(图 3.6.5)。图中横坐标为风区的宽长比(W/F),纵坐标为有效风距与风距之比(F_e/F)。风浪推算时应以 F_e 代替 F 作为计算风距。

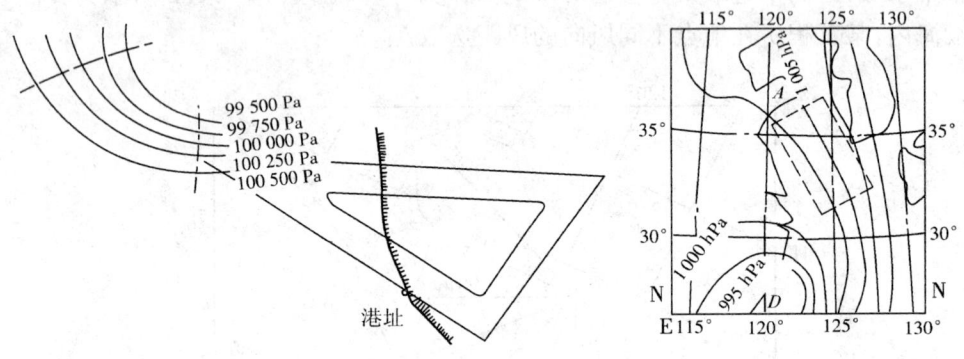

图 3.6.3 风区边界划定   图 3.6.4 风区划定示意图

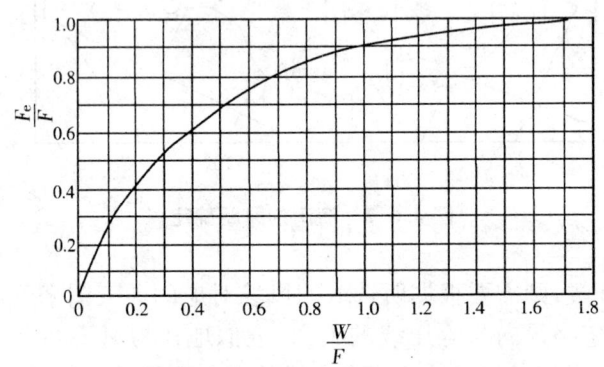

图 3.6.5 矩形风区情况下,有效风距的确定

(2)水域较狭窄、形状不规则或有岛屿等阻碍物时,有效风距可按下式计算:

$$F_e = \frac{\sum_{i=1}^{n} F_i \cos^2 \alpha_i}{\sum_{i=1}^{n} \cos \alpha_i} \quad (i = 0, \pm 1, \pm 2, \cdots) \quad (3.6.2)$$

式中,F_i 用图解法确定:从港址沿主风向作一直线为主射线,此线的 $i=0$,$\alpha_0=0°$,风距 F_0 为沿主风向的风距;从预报点在主射线两侧 45°范围内,每隔 7.5°作一射线,它们与主射线的夹角为 $\alpha_i = i \times 7.5°$,沿各射线的对岸距离即为 F_i(图 3.6.6)。可见在这种情况下,有效风距 F_e 指在范围内各风距在主风向上投影的加权平均值。

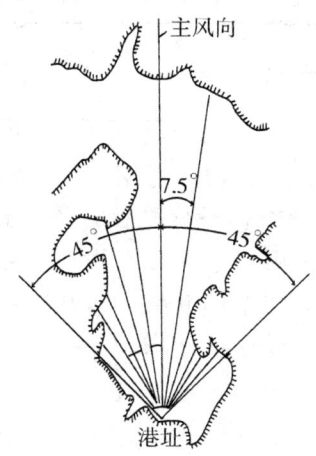

图 3.6.6 不规则水域情况下,有效风距的确定

3. 风时的确定

在风区靠近岸边或水域较小时,风浪多处于由风距控制的定常状态,而风距为港址沿风向到对岸距离,风浪的成长与风时无关,无须确定风时。

当风区较长时,须取与所采用的风速相对应的实际风时作为计算风时。采用天气图确定风场要素,可将两张天气图的时间间隔 Δt 取为风时。

相对于某一选定的风区,如某时刻 t_1 以前风速小于 $5\ \text{m}\cdot\text{s}^{-1}$,而 $t_1 \sim t_2$ 时间内风向大致相同,风速增大,则在计算 t_2 时刻的风浪时,取 $t_2 - t_1$ 的时间间隔 Δt 作为计算风时。

如果 $t_1 \sim t_2$ 风向不变,在 t_1 时刻风区内已存在波高为 H_1 的风浪,此时应先计算在 $t_1 \sim t_2$ 时间内的平均风速作用下产生波高为 H_1 的风浪所需的等效风时 t_e,然后取 $t = t_e + \Delta t$ 作为等效风时计算 t_2 时刻的风浪要素。如果实际风时很大,风浪的成长受制于风距,就无须考虑等效风时的作用。

4. 水域平均深度的确定

风区内水深均匀,无明显突变存在,则取其平均水深供推算风浪时使用;风区内的水深沿风向有较大的变化,则须将水域分成数段,取各分段的平均水深作为计算水深。

将水域按深度分段时,段数选取应适中,不宜过多或过少。对水深逐渐变化和风速 $U \geqslant 15 \text{ m} \cdot \text{s}^{-1}$ 时,每一段水域两端的深度差 $\Delta d(\text{m})$ 可参考表 3.6.1 确定。

表 3.6.1 风浪推算时的水域深度分段

水深范围/m	>30	30~20	20~10	<10
Δd/m	10	5	3	2

按水深分段计算风浪要素的方法,适用于风浪要素受制于风距 F 的情况,此时需使用等效风距 F_e 的概念。设分段后的平均水深分别为 $d_1, d_2, \cdots$,分段长度分别为 $l_1, l_2, \cdots$。首先,用整个风区的平均风速 U、第一段水深 d_1 及第一段风距 $F_1 = l_1$,计算出第一段下端的波高 H_1;其次,计算同一风速 U 作用于水深 d_2 时,为产生波高 H_1 所需的等效风距 F_{e2},然后,取 $F_2 = F_{e2} + l_2$ 来计算第二段下端的风浪要素;依此类推。

应用上述方法计算风浪要素时,尚应符合条件 $H < (H_2)_{\max}$。$(H_2)_{\max}$ 为风速 U 在水深 d_2 中可能产生的最大波高,即浅水充分成长的波高。

风浪自外海向近岸浅水域传播时,随着水深变浅,水底坡度增大,波浪的变形和折射影响常超过风的影响。因此,风浪要素的推算应限于某一最小水深处,即波浪折射计算的起始水深处。

3.6.3 外海风浪要素的确定

风场要素求得后,即可利用风场要素与波浪要素之间的关系,确定波浪要素随时间或位置的变化。

国内外提出了许多波浪预报的方法,其中经验性的方法限于实测资料的范围和不同现场的条件,应用上存在局限性,已逐渐被淘汰。目前,应用广泛的是半理论半经验的方法,它根据实测资料,找到某些经验关系,再进行相应的理论概括,或从研究风浪形成过程中能量的传递和消耗过程,获得能量法;或从研究已形成风浪中能量的分布规律,获得波谱法;或能量法与波谱法相结合去推求风浪要素等,经过简化,提出有关计算公式和图解供工程中使用,并不断地通过实测资料加以验证与修正。本书着重介绍我国《海港水文规范》推荐使用的方法。

中国海洋大学等自 20 世纪 60 年代起,研究国外已有的风浪预报方法时,不断积累我国沿海的实测资料,于 1973 年提出了风浪预报方法,即所谓"会战法"。该法通过长期的实践检验,逐步成为规范推荐使用的新方法。

"会战法"的基本原理是:将能量法与波谱法结合,对海面上出现的不规则波动,利用海浪要素的概率密度函数,建立平均能量平衡微分方程,与海浪谱结合,研究了深、浅水中海浪的成长与传播,绘制了海浪要素的计算图解。《海港水文规范》中推荐基本计算公式如下:

在 $d/U^2>0.2$ 的深水条件下

$$\frac{gH_{1/3}}{U^2}=5.5\times10^{-3}\left(\frac{gF}{U^2}\right)^{0.35} \tag{3.6.3}$$

$$\frac{gT_{1/3}}{U}=0.55\left(\frac{gF}{U^2}\right)^{0.233} \tag{3.6.4}$$

$$\frac{gF_{\min}}{U^2}=0.012\left(\frac{gt}{U}\right)^{1.3} \tag{3.6.5}$$

式中,$H_{1/3}$ 和 $T_{1/3}$ 分别表示有效波高(m)与有效周期(s);U 表示海面上 10 m 高度处的风速(m·s^{-1});F 为风距(m);t 为风时(s);g 为重力加速度(m·s^{-2})。

在 $d/U^2\leqslant0.2$ 的浅水条件下

$$\frac{gH_{1/3}}{U^2}=5.5\times10^{-3}\left(\frac{gF}{U^2}\right)^{0.35}\tanh\left[30\frac{\left(\frac{gd}{U^2}\right)^{0.8}}{\left(\frac{gF}{U^2}\right)^{0.35}}\right] \tag{3.6.6}$$

$$\frac{gT_{1/3}}{U}=0.55\left(\frac{gF}{U^2}\right)^{0.233}\tanh^{\frac{2}{3}}\left[30\frac{\left(\frac{gd}{U^2}\right)^{0.8}}{\left(\frac{gF}{U^2}\right)^{0.35}}\right] \tag{3.6.7}$$

$$\frac{gF_{\min}}{U^2}=0.012\left(\frac{gt}{U}\right)^{1.3}\tanh^{1.3}(1.4kd) \tag{3.6.8}$$

式中,k 为波数,其他符号意义同前。

在上述深水公式的基础上建立了深水风浪的计算图解,见图 3.6.7。图中有三簇曲线,分别表示有效波高 $H_{1/3}$、风速 U 和风距 F,纵坐标为有效周期 $T_{1/3}$,横坐标为风时 t。

查图方法如下:于横坐标上自给定的风时 t 向上引垂线与相应的 U 线相交,读取风距值,此值即为与上述 U 和 t 相对应的最小风距 $F_{\min}$。如实际风距 $F>F_{\min}$,风浪处于过渡状态,则由上述交点处读取 $H_{1/3}$,并自此点向左引水平线与左侧纵坐标相交,读取 $T_{1/3}$;如 $F<F_{\min}$,风浪处于定常状态,则由给定的 U 和 F 相对应的交点读取 $H_{1/3}$,然后自此点向左引水平线与纵轴相交,读取 $T_{1/3}$。

对于深水充分成长的波浪,规范给出以下关系式:

$$H_{1/3}=0.021\ 8U^2$$

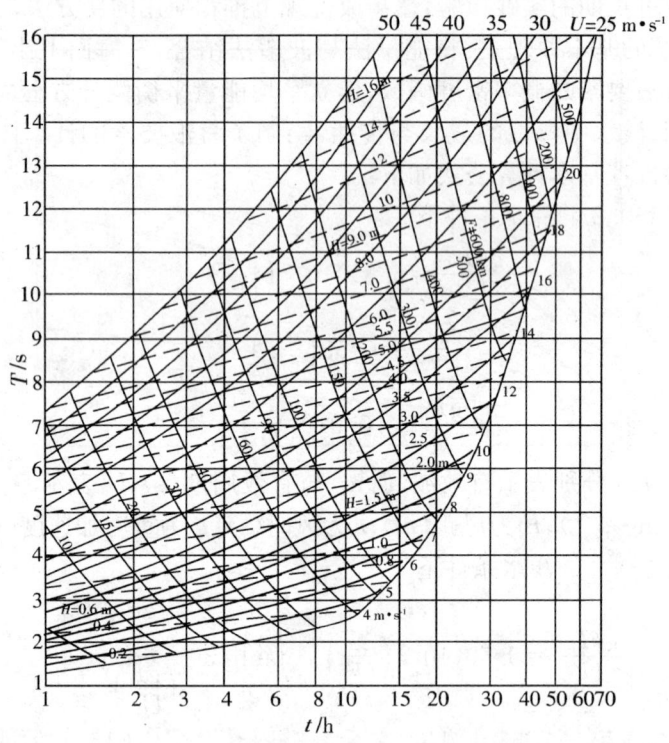

图 3.6.7　深水风浪因素计算图解

该式在图 3.6.7 中以右侧外包络线表示。波浪要达到充分成长，F 与 t 应分别大于 F_{min} 及 t_{min}。

推算浅水风浪要素时，规范给出了受水深 d 影响的波高折减系数图解，见图 3.6.8。图中 K_F（实曲线）为波浪处于定常状态时，波高的折减系数，由图 3.6.7 得深水波高 $H_{1/3}$ 后，再乘以 K_F，即得已知 U, F, d 情况下的浅水波高 $(H_{1/3})_s$；K_t（虚曲线）为波浪处于过渡状态时，波高的折减系数，由图3.6.7 求得深水波高后，再乘以 K_t，即得已知 U, t, d 情况下的浅水波高 $(H_{1/3})_s$。有了浅水波高 $(H_{1/3})_s$，再回到图 3.6.7，由 $(H_{1/3})_s$ 及 U 读取周期。

为使用方便，在图 3.6.8 中无因次量 $\dfrac{gd}{U^2}, \dfrac{gF}{U^2}$ 及 $\dfrac{gt}{U}$ 被转换成有因次量 d/U^2，F/U^2 及 t/U，其量纲分别为 m·(m·s^{-1})$^{-2}$，km·(m·s^{-1})$^{-2}$ 及 h·(m·s^{-1})$^{-1}$，使用时应特别注意。

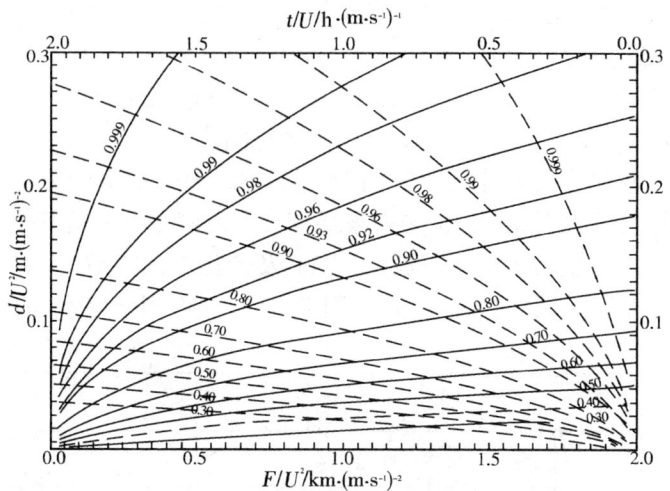

图 3.6.8 波高折减系数 K_F 与 K_t 图解

3.6.4 涌浪要素的推算

风浪离开风区后,如果离岸边工程地点还有一定距离,则以涌浪的形式继续传播。随着时间的增加,涌浪的波高逐渐降低,而波周期逐渐增大。

涌浪波高衰减的原因有两个:一是海浪内外摩擦引起的部分能量消耗;二是由于波浪的散射作用致使能量扩散到更大的水域,波谱面积逐渐变小所致。而涌浪周期不断增大的原因是由于能量的消耗,导致涌浪的谱结构与风浪谱有所不同。在所有组成波中,周期小的组成波比周期大的组成波消失得快,故涌浪谱中频率小(周期大)的部分较频率大(周期小)的部分消亡得慢。由此,波谱的显著部分,即谱的重心位置,随着传播距离的增加,逐渐向低频风向推移,导致在传播过程中涌浪的波高逐渐减小,而平均周期逐渐增大。

涌浪要素除取决于风区下界的风浪要素外,显然还与传播距离 D 和传播角 θ 有关,见图 3.6.9。

图中 AB 表示风区下界,风向与距离坐标 x 重合,P 点代表岸边某港址,则自风区下沿中点 O 至港址的距离即传播距离 D,此连线与风向(横坐标 x)的夹角即传播角 θ。

迄今提出的涌浪要素推算方法

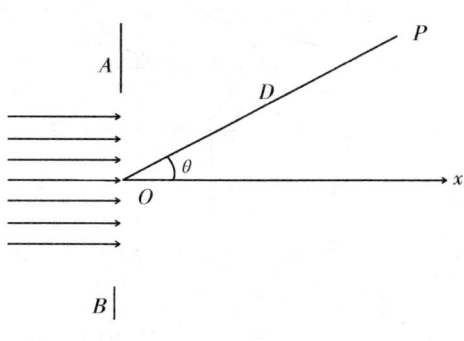

图 3.6.9 涌浪的传播

较少,本节仅介绍我国《海港水文规范》建议的方法。其基本原理是假定风浪谱中每一个组成波离开风区后,在涡动和散射的影响下,独立地向静水区传播,由于振幅不断衰减,在风区外构成涌浪谱,依据涌浪谱就可计算出涌浪波高和周期,并由周期和涌浪的传播距离 D 计算传播时间。

基于上述原理绘制的计算图解见图 3.6.10。图中横坐标为传播距离 D,以 km 计,纵坐标为风区下界风浪的有效波周期 $T_{1/3}$。图中有三簇等值线:一组为涌浪有效波高 H_D,一组为涌浪有效波周期 T_D 及传播时间 $t_D(\text{h})$。查图方法:于左侧纵坐标上,按风区下沿的风浪有效波周期 $T_{1/3}$,向右引水平线与横坐标上从给

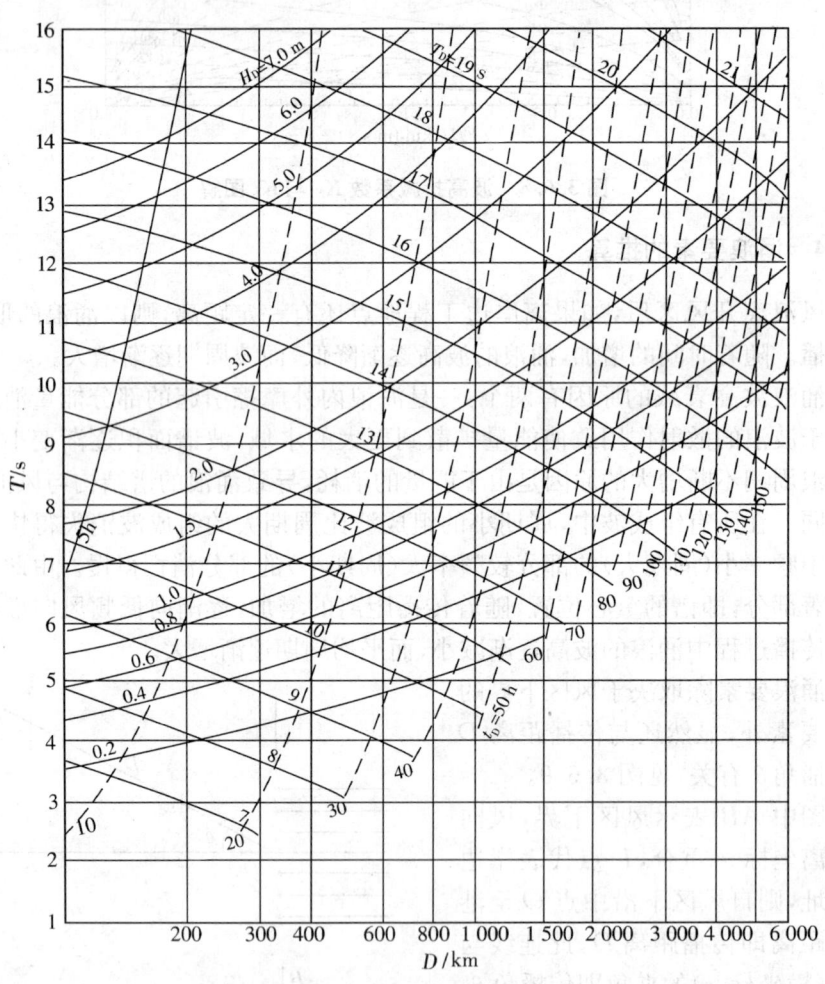

图 3.6.10 涌浪计算图解

定的传播距离 D 向上引的垂线相交,由通过交点的 H_D 线、T_D 线及 t_D 线或它们的内插值读取涌浪有效波高 $H_{1/3}$、涌浪有效波周期 $T_{1/3}$ 及传播时间 t_D。

鉴于目前涌浪要素计算方法尚不完善,为安全计,《海港水文规范》的涌浪计算图解中没有考虑传播角 θ 对涌浪要素的影响。

例 已知风区下沿 $H_{1/3}=3.0$ m,$T_{1/3}=7.0$ s,求 $D=400$ km处的涌浪要素。

解 由 $T_{1/3}=7.0$ s 及 $D=500$ km 的交点直接读取涌浪要素如下:

$$H_{1/3}=0.91 \text{ m}, T_{1/3}=11.0 \text{ s}, t_D=17 \text{ h}$$

需要注意的是,如果风区在深水区,预报点在岸边浅水区,则涌浪要素推算时的传播距离 D 不应包括岸边浅水区域的长度,应限于水深等于 $1/4\sim1/2$ 波长处。如果风区延伸到岸边,虽然不存在涌浪推算问题,但仍应进行波浪的浅水变形计算。

当岸边的工程地点出现两列波浪(风浪与涌浪或涌浪与涌浪)相遇而形成混合浪时,可以近似地利用波浪能量迭加的原理 $E=E_1+E_2$,以及波浪能量正比于波高平方的关系,得混合浪的波高为

$$H_{混}=\sqrt{H_1^2+H_2^2} \tag{3.6.9}$$

式中,H_1 和 H_2 分别为风浪和涌浪的波高,或两列涌浪的波高。

3.6.5 台风波浪的估算方法

台风是影响我国的主要灾害性天气。由于其风区是移动的,故台风波浪的推算更加复杂。

台风在移动过程中,因风速、风向不断变化以及台风本身的移动速度和路径的不规则性,加上台风现场险恶,台风浪实测资料难以获得,使得台风海浪的计算十分困难。研究成果表明,台风海浪的特性主要受以下参数的影响:①台风中心气压 P_0 与外围正常气压 P_∞ 之差值 ΔP,该差值越大,台风强度也越大;②最大风速半径 R,R 值越大,台风范围越大;③台风中心移动速度。目前台风海浪数值计算模式尚处于发展阶段,本节仅介绍 Bretschneider 飓风浪的推算方法。

美国学者 Bretschneider 利用实测资料,总结出一套半经验公式,最早提出了墨西哥湾飓风浪的计算方法。经多次修改,现已纳入美国《海岸防护手册》。此公式适用于缓慢移动的飓风。由于飓风与东亚台风都属热带气旋,经验证,飓风浪推算方法也可用于台风浪的计算。

在最大风速半径 R 处的最大深水波浪要素的表达式如下:

$$\left.\begin{array}{l}(H_{1/3})_{\max}=5.03\exp\left(\dfrac{R\Delta P}{4\ 700}\right)\left[1+\dfrac{0.29\alpha V_F}{\sqrt{U_R}}\right]\\[2mm] (T_{1/3})_{\max}=8.6\exp\left(\dfrac{R\Delta P}{9\ 400}\right)\left[1+\dfrac{0.145\alpha V_F}{\sqrt{U_R}}\right]\end{array}\right\} \quad (3.6.10)$$

式中,$(H_{1/3})_{\max}$表示深水有效波高(m);$(T_{1/3})_{\max}$表示深水有效波周期(s);R为飓风中心至最大风速处的距离(km);$\Delta P=P_\infty-P_0$,即正常气压(P_∞)与飓风中心气压(P_0)之差,以 mmHg(毫米水银柱高度)计,1 mmHg=133.32 Pa;V_F表示飓风中心移动速度(m·s^{-1});ω表示地球自转角速度;α表示因飓风移动而取决于飓风前进速度和有效风距增长的系数,对移动缓慢的飓风建议$\alpha=1.0$;U_R表示在半径R处的平均海平面上10 m高度处的最大持续风速(m·s^{-1}),可按下式计算:

$$U_R=0.865U_{\max} \quad \text{(静止飓风)} \quad (3.6.11a)$$

$$U_R=0.865U_{\max}+0.5V_F \quad \text{(移动飓风)} \quad (3.6.11b)$$

$U_{\max}$表示海面上10 m高度处最大梯度风速(m·s^{-1}),即

$$U_{\max}=0.447[14.5\Delta P^{\frac{1}{2}}-R(0.31f)] \quad (3.6.12)$$

式中,ΔP的单位为 mmHg;科氏力参数$f=2\omega\sin\varphi$,可由表3.6.2查出。

表3.6.2 科氏力参数

纬度 $\varphi/°$	25	30	35	40
f/rad·h^{-1}	0.221	0.262	0.300	0.337

Bretschneider 还给出飓风场内各处的波高等值线图(图3.6.11)。原点为飓风中心,粗箭头表示飓风中心移动方向,细箭头表示各处的近似波向。

根据式(3.6.10)和图3.6.11可以计算出离台风中心径向距离为r处的近似深水有效波高$H_{1/3}$,与$H_{1/3}$对应的波周期可按下式计算:

$$T_{1/3}=12.1\sqrt{\dfrac{H_{1/3}}{g}} \quad (3.6.13)$$

式中,$H_{1/3}$以 m 计;g为重力加速度。

由于台风场的复杂性,台风浪计算的研究仍在不断完善,上述方法仅供参考,实际应用时应注意尽量收集台风浪的实测资料,对计算结果加以验证。

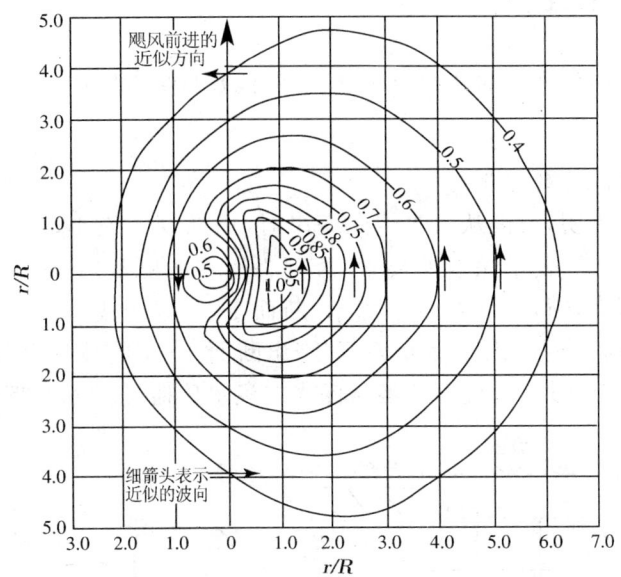

图 3.6.11　缓慢移动飓风的相对有效波高(m)等值线图
注：R 为至最大有效波的径向距离；r 为至计算点的径向距离

§3.7　近岸波浪传播的变形

根据气象条件推算的波浪要素，或由测波浮筒观测到的波浪要素，一般属于深水波浪。对于海岸工程，当工程地点水深较浅时，必须进行波浪的浅水变形计算。

波浪从深水进入浅水的过程中，由于水深变浅、海底摩擦、水流作用以及障碍物（岛屿、建筑物等）的影响，无论波高、波长、波速以及波浪的剖面形状都会不断发生变化。波浪由此出现的浅水变形，以及折射、绕射、反射、破碎等现象是近岸浅水波的重要特征。

本节在分析波浪浅水变形时，主要采用规则波法，以特征波（相应的波高和周期）来代替实际的海浪，用能量法来分析波浪在水深变浅情况下的变形。同时介绍部分不规则波法的研究成果。

按照实际应用，规则波法又可分为基于线性和非线性波浪理论的两种计算方法。尽管后者更符合近岸浅水区的实际海浪，但由于其计算复杂，故本节仅介绍前者。

3.7.1 波浪的浅水变化

深水波正向传入相对水深 $d/L_0 < \frac{1}{2}$ 的浅水区时,由于水深变浅,波要素相应地发生变化。

1. 波长与波速的变化

海浪观测表明,波浪从深水传向海岸时,周期变化极小,可认为 $T \approx T_0$(波要素带脚注"$_0$"者,表示深水波要素;否则为浅水波要素)。图 3.7.1 沿波向线方向有两个断面,断面 0—0 位于深水,断面 1—1 位于浅水。当波浪处于稳定状态时,单位时间内跨入断面 0—0 和跨出断面 1—1 的波峰个数应相等,否则两断面间波浪不连续,这说明波浪从深水向浅水传播过程中周期不变化。

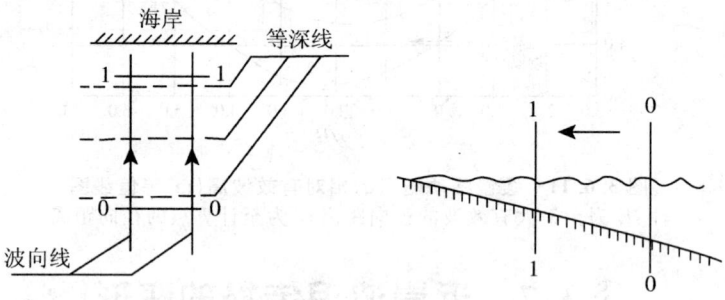

图 3.7.1 深水波浪正向传入浅水区

波周期不变化的情况下,根据线性波浪理论得

$$\left.\begin{aligned} L/L_0 &= \tanh \frac{2\pi d}{L} \leqslant 1.0 \\ C/C_0 &= \frac{L/T}{L_0/T_0} = L/L_0 = \tanh \frac{2\pi d}{L} \end{aligned}\right\} \quad (3.7.1)$$

上式为隐函数表达式,需迭代求解。为了使用方便,将上式绘成曲线,见图 3.7.2。可见随水深变浅,波长和波速迅速减小。

2. 波高的变化

深水波正向传入浅水区时,波向线保持平行。假定两条波向线之间的能量基本不变,波能量无横向交换穿越波向线。略去海底摩擦和渗透等波能损耗,由两波向线间的波能流守恒可得

$$EnCb = E_0 n_0 C_0 b_0 \quad (3.7.2)$$

式中,E_0 和 E 分别为深、浅水中单位面积水柱的波动能量;C_0 和 C 分别为深、

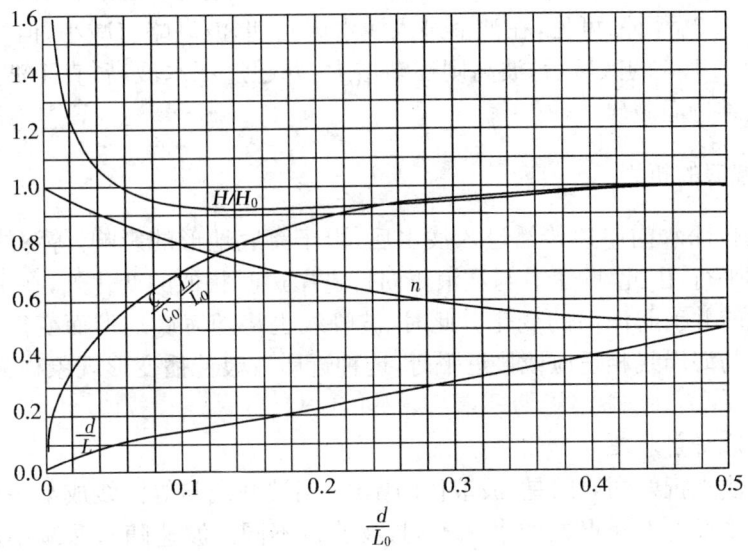

图 3.7.2 波浪要素因水深变浅的变形曲线

浅水中的波速;b_0 和 b 分别为深、浅水中两波向线间隔,两波向线平行时,二者相等;n_0 和 n 分别为深、浅水中波能传递率。

波能传递率 n 表示一个周期内波浪向前传播的部分能量 E_n 与全部能量 E 之比,即 $n=E_n/E$。按线性波浪理论,深、浅水中波能量传递率的表达式分别为

$$\left.\begin{array}{l} n_0 = \dfrac{1}{2} \\ n = \dfrac{1}{2}\left[1 + \dfrac{\dfrac{4\pi d}{L}}{\tanh \dfrac{4\pi d}{L}}\right] \end{array}\right\} \tag{3.7.3}$$

按线性波浪理论,单位面积水柱的波能量正比于波高的平方,即

$$\left.\begin{array}{l} E_0 = \dfrac{1}{8}\gamma H_0^2 \\ E = \dfrac{1}{8}\gamma H^2 \end{array}\right\} \tag{3.7.4}$$

式中,γ 为水的容重。由式(3.7.2)和(3.7.4)得

$$\frac{H}{H_0} = \sqrt{\frac{n_0 C_0}{nC}} = \sqrt{\frac{n_0 L_0}{nL}} = K_s \tag{3.7.5}$$

式中,K_s 为浅水系数。

由式(3.7.5)可知,浅水系数仅与波长和水深有关,其随相对水深变化的曲线见图 3.7.2。由图可见,在波浪进入浅水区初期,波高略有减小,但当波浪进入 $d/L_0<0.163$ 的区域后,波高则逐渐增大,并超过深水波高,直至波陡太大,波形无法维持而破碎。

3.7.2 波浪的折射

波浪自深水向岸边传播进入浅水后,由于海底地形的影响,等深线往往与波峰线不平行,因此,除了有与波浪正向行进岸边时相似的变化外,在平面上波向线将偏转并引起波高的变化。此时,波峰线也将随海底地形而变得弯曲,最终趋向于与海岸线相适应或接近平行,这种近岸波浪传播变形现象称为波浪折射。

1. 波浪折射原理

波浪浅水折射的原因是:波浪传向岸边,当波峰线与等深线成某一角度,由于同一波峰线上不同点处的水深不同,波速也不同。波速随水深减小而降低,水较深处,波速较大,波浪传播较快;水较浅处,波速较小,波浪传播较慢,致使水深处的波峰传播快于水浅处的波峰,使波峰线与等深线间的夹角减小,即波峰线逐渐趋于与等深线平行,见图 3.7.3。

波峰线与等深线间夹角的变化,与光波折射相似,也服从于光波折射定律,如图 3.7.4 所示。设 PN 为一根平均等深线,其两侧的水深分别为 d_1 与 d_2,如波浪由深水传入浅水,则 $d_1>d_2$。在水深 d_1 时,波峰线与等深线的夹角为 α_1,波速为 C_1。取两根相距很近的波向线,其间一段波峰线的 N 端传至平均等深线时,M 端至平均等深线的距离为 MP,经历时间 Δt 后,M 端才传至 P 点,而此时 N 端已在 d_2 深度区域内,以 C_2 的速度传播了 $C_2\Delta t$ 的距离至 Q 点。在 $\triangle PNM$ 与 $\triangle PMQ$ 中有

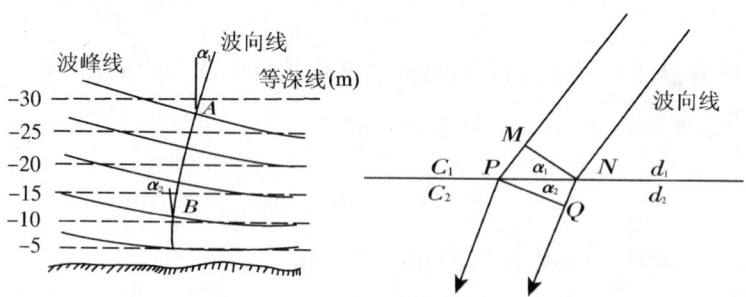

图 3.7.3 波浪的折射　　　　图 3.7.4 Shell 定律推导示意图

$$\frac{MP}{\sin\alpha_1} = \frac{NQ}{\sin\alpha_2} \quad 或 \quad \frac{C_1 \Delta t}{\sin\alpha_1} = \frac{C_2 \Delta t}{\sin\alpha_2}$$

由此得

$$\frac{\sin\alpha_1}{C_1} = \frac{\sin\alpha_2}{C_2} \tag{3.7.6}$$

式中,α_2 为折射后波峰线与平均等深线间的夹角。此即光波的折射定理,又称 Snell 定律。由于折射,波向线进入浅水后常不再保持平行,根据波能流守恒得

$$\frac{H}{H_0} = \sqrt{\frac{n_0 L_0}{nL}} \cdot \sqrt{\frac{b_0}{b}} = K_s K_r \quad 或 \quad H = H_0 K_s K_r \tag{3.7.7}$$

式中,K_s 为浅水系数;K_r 为折射系数,$K_r = \sqrt{b_0/b}$;b_0 和 b 分别为两波向线在深水和浅水处的间距。

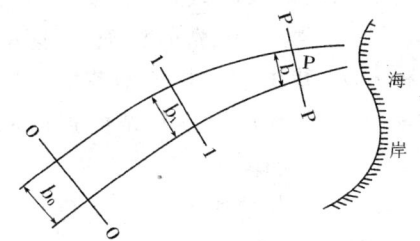

图 3.7.5　波向线折射变形　　　图 3.7.6　沿岸浅水区波向线折射变形

假如波浪折射图从深水区作起,已知深水波高,在确定工程地点 P 的波高时(图 3.7.5),量取 P 点处和深水区两波向线间相应的宽度 b 和 b_0,计算 K_r 值,用 P 点的相对水深 d/L_0 查附表 5 得 K_s,再按式(3.7.7)求得 P 点的波高。

若波浪折射图自浅水区的某处 d_1(如测波浮筒所处水深)作起,已知该处波高 H_1(可能属于浅水波高),如图 3.7.5 所示,则 P 点的波高应由下式计算:

$$H = \sqrt{\frac{b_1}{b}} \cdot \frac{K_{sp}}{K_{s1}} \cdot H_1 \tag{3.7.8}$$

式中,b_1 为两波向线在水深 d_1 处的宽度;K_{sp} 为 P 点的浅水系数,按 d_p/L_0 查附表 5 得;K_{s1} 为水深 d_1 处的浅水系数,按 d_1/L_0 查附表 5。此式揭示了由深水至水深 d_1 处的折射影响,由于水深相对比较深而忽略不计。

波浪折射的波向,可从折射图上直接量读。而按照式(3.7.7)或(3.7.8)计算折射时,一般采用平均波高 $\overline{H}$。若已知的深水波高为其他累积频率波高时,如 $H_{1/10}$,可按本书图 3.3.3 或图 3.3.4 换算成平均波高 $\overline{H}$。周期仍取平均周期 $\overline{T}$。

在浅水区若波向线辐散,即 $b>b_0$,$K_r<1$,波高将因折射而减小;若波向线辐聚,即 $b<b_0$,$K_r>1$,波高将因折射而增大;$K_r=1$,则无折射影响,相当于波浪正向行进。因此,折射致使沿岸波浪的波向线不再平行,将随海底地形发生变化,图 3.7.6 显示沿岸浅水区域波浪折射引起的辐聚和辐散现象。

2. 折射图的绘制

要计算近岸波高,须先绘制波浪折射图。计算波浪折射的方法有 2 种:一种是规则波计算法,另一种是不规则计算法,后者显然比较合理,但很复杂,本节不拟介绍。

规则波的折射计算方法主要分为 3 种:①解析法,利用 Snell 定律和波高变化公式直接计算波高和波向。此法仅适用于海滩平缓、等深线平直的情况。②图解法,又分为波峰线法和波向线法。波峰线法先绘制波峰线,然后按变形后的波峰再绘制波向线,因此绘制过程中的误差逐步积累,工作费时繁琐,已逐渐淘汰。波向线法是先绘制波向线,有多种绘制方法,我国技术规范推荐的方法是,直接由 Snell 定律推出波向线变化,该法适用于海底地形不复杂的近岸海区。③数值计算方法,又分 2 种方法:一种是以 Snell 定律为基础的方法,另一种是基于流体力学的运动方程和连续方程的方法,后者常用于相当复杂的地形。本节简单介绍基于 Snell 定律的数值计算方法。

在地形复杂的情况下图解法不再适用,大多采用数值计算方法来绘制折射图。下面简介微幅波折射的数值方法。

(1) 基本方程组

如图 3.7.7 所示,波浪以波速 $C(x,y)$ 传播,任意点的水深为 $d(x,y)$,设 AB

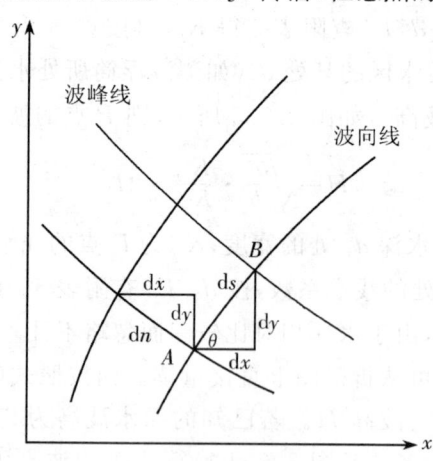

图 3.7.7 波浪折射的数值计算

为某一波向线,线上任一点的切线与 x 轴的夹角为 $\theta(x,y)$。波峰从 A 点传到 B 点所需的时间为

$$t = \int_A^B \frac{\mathrm{d}s}{C} = \int_A^B \frac{1}{C}\sqrt{\mathrm{d}x^2 + \mathrm{d}y^2} \tag{3.7.9}$$

式中,s 为波向线弧长。为推导方便,取弧长 s 作为参变量,上式可写为

$$t = \int_A^B \frac{1}{C(x,y)}[1+(y'/x')^2]^{\frac{1}{2}}x'\mathrm{d}s = \int_A^B f(x,y,x',y')\mathrm{d}s \tag{3.7.10}$$

式中,$x' = \mathrm{d}x/\mathrm{d}s = \cos\theta$;$y' = \mathrm{d}y/\mathrm{d}s = \sin\theta$。

利用光学中的费马(Fermat)原理,波从 A 点传播到 B 点总是沿着需时最小的路径。根据变分原理,式(3.7.10)取极小值的必要条件是,被积函数 $f(x,y,x',y')$ 应满足如下尤拉方程:

$$\left.\begin{aligned}\frac{\partial f}{\partial x} - \frac{\mathrm{d}}{\mathrm{d}s}\left(\frac{\partial f}{\partial x'}\right) &= 0 \\ \frac{\partial f}{\partial y} - \frac{\mathrm{d}}{\mathrm{d}s}\left(\frac{\partial f}{\partial y'}\right) &= 0\end{aligned}\right\} \tag{3.7.11}$$

按式(3.7.10)求出式(3.7.11)中各项偏导数如下:

$$\left.\begin{aligned}\frac{\partial f}{\partial x} &= \frac{1}{C^2}\frac{\partial C}{\partial x} \\ \frac{\partial f}{\partial y} &= -\frac{1}{C^2}\frac{\partial C}{\partial y} \\ \frac{\mathrm{d}}{\mathrm{d}s}\left(\frac{\partial f}{\partial x'}\right) &= -\frac{\cos\theta}{C^2}\frac{\mathrm{d}C}{\mathrm{d}s} - \frac{\sin\theta}{C}\frac{\mathrm{d}\theta}{\mathrm{d}s} \\ \frac{\mathrm{d}}{\mathrm{d}s}\left(\frac{\partial f}{\partial y'}\right) &= -\frac{\sin\theta}{C^2}\frac{\mathrm{d}C}{\mathrm{d}s} + \frac{\cos\theta}{C}\frac{\mathrm{d}\theta}{\mathrm{d}s}\end{aligned}\right\} \tag{3.7.12}$$

将式(3.7.12)代入式(3.7.11),利用交叉相乘法消去 $\mathrm{d}C/\mathrm{d}s$ 项得

$$\frac{\mathrm{d}\theta}{\mathrm{d}s} = -\frac{1}{C}\left(-\sin\theta\frac{\partial C}{\partial x} + \cos\theta\frac{\partial C}{\partial y}\right) \tag{3.7.13}$$

(2)数值计算方法简介

设波向线的方程为 $x = x(y)$ 或 $y = y(x)$,显然 $\frac{\mathrm{d}x}{\mathrm{d}y} = \cot\theta$。由于 $\frac{\mathrm{d}\theta}{\mathrm{d}s} = \frac{\mathrm{d}\theta}{\mathrm{d}y} \cdot \frac{\mathrm{d}y}{\mathrm{d}s} = \sin\theta\frac{\mathrm{d}\theta}{\mathrm{d}y}$,移项得

$$\frac{\mathrm{d}\theta}{\mathrm{d}y} = \frac{1}{\sin\theta}\frac{\mathrm{d}\theta}{\mathrm{d}s}$$

将式(3.7.13)代入上式,则

$$\frac{\mathrm{d}\theta}{\mathrm{d}y} = \frac{1}{C}\left(\frac{\partial C}{\partial x} - \cot\theta\frac{\partial C}{\partial y}\right)$$

从而波向线特征方程转化为常微分方程组

$$\left.\begin{array}{l}\dfrac{\mathrm{d}x}{\mathrm{d}y}=\cot\theta \\ \dfrac{\mathrm{d}\theta}{\mathrm{d}y}=\dfrac{1}{C}\left(\dfrac{\partial C}{\partial x}-\cot\theta\dfrac{\partial C}{\partial y}\right)\end{array}\right\} \qquad (3.7.14)$$

此方程组即进行波浪折射的数值计算模式,其解可给出波向线 $y=y(x)$ 以及波向线上的波向角 θ,求解此常微分方程组可采用龙格-库塔(Runge-Kutta)法。图 3.7.8 给出某海岸浅水区域的波浪折射图。

已知海域的水深条件,用平行于坐标轴的直线将海域划分为矩形网格,x 和 y 方向的网格步长分别为 Δx 和 Δy。海岸线用通过网格点的折线表示。

式(3.7.1)可化为显函数形式

$$\frac{d}{L}=\frac{1}{4\pi}\cdot\frac{C}{C_0}\ln\left(\frac{1+C/C_0}{1-C/C_0}\right) \qquad (3.7.15)$$

根据水深资料给出网格点处的水深,利用式(3.7.15)通过插值就可计算出网格各点上的波速值。网格中任意点的波速可用邻近 4 个网格点上的波速值插值而得。计算时,式(3.7.14)中的偏导数可用差商近似式代替。初始值在 $y=40$ 上给出,见图 3.7.8。即当 $y=40$ 时,已知 $x=x_0$,$\theta=\theta_0$,沿波浪折射方向,要求 $y=y_{n+1}=y_n+\Delta y$ 时的函数值 $x=x_{n+1}$,$\theta=\theta_{n+1}$。以所得值为初始值,重复上述计算,直至波向线延伸到岸边。

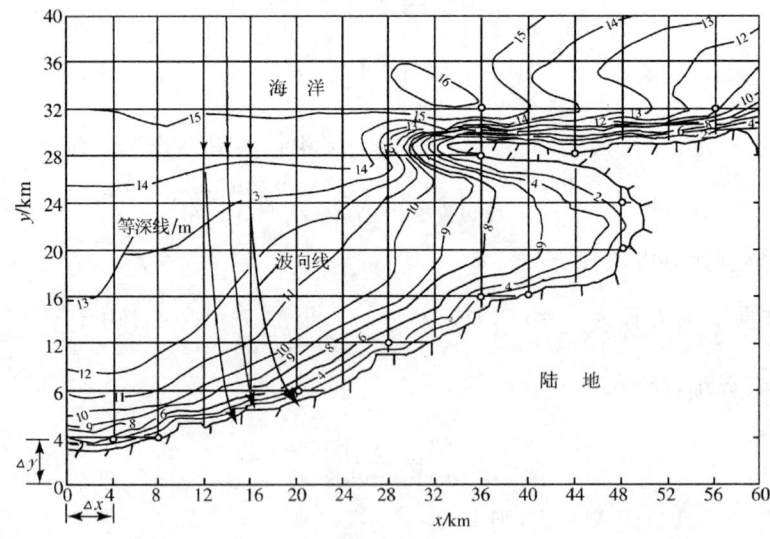

图 3.7.8 折射的数值计算网格

3.7.3 波浪的绕射

波浪绕射是波浪在传播过程中遇到岛屿或海洋建筑物(如防波堤)等障碍物,部分波浪绕过其后扩散传播,使受掩护的水域出现波动的现象。波浪绕射对防波堤合理布置以减少港口水域内波浪、保证船舶航行靠泊与装卸安全作业等十分重要。

波浪绕射时,波能沿波峰线发生横向传递,从能量高的区域向能量低的区域转移。因此,绕射后同一波峰线上的波高不等,而波长和周期不变。如图3.7.9所示,经过防波堤堤头的入射波向线称为几何阴影线,若波浪不绕射,则在该线右侧受防波堤掩护的区域,水面保持平静。实际上由于波浪有绕射作用,入射波的波峰线从几何阴影线上以堤头为中心以弧线形式向堤后旋转延伸,伸得愈远即愈向里面,波高愈小。几何阴影线左侧的入射波,由于部分能量向堤后扩散,波高也将降低。

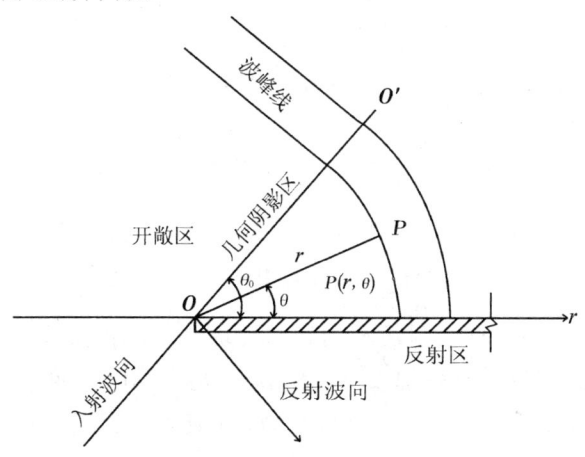

图 3.7.9 波浪的绕射

波浪绕射问题的研究一般借鉴于光学原理,即刚性薄壁半无限屏后光波的绕射问题导出绕射的理论解,这是目前波浪绕射计算的理论基础。防波堤后某点的绕射波高 H_d 可按下式计算:

$$H_d = K_d \cdot H \tag{3.7.16}$$

式中,K_d 为防波堤后某点的绕射系数,即某点波高与入射波高之比;H 为防波堤口门处入射波的波高。

绕射波高的波列累积频率与入射波高的累积频率相同。绕射区的波周期与口门处入射波周期相同,波长则由平均周期和水深计算。

下面介绍我国《海港水文规范》推荐使用的 2 种波浪绕射的计算方法。

1. 规则波的绕射计算

在概括分析国内外以往理论计算方法和经验计算方法的基础上,结合大量模型试验成果进行深入研究,我国提出了规则波经过单突堤和双堤口门的波浪绕射计算经验公式。

(1) 单突堤　又分为斜坡堤与直墙堤两类。

① 斜坡堤

$$\left.\begin{array}{l}K_{d_1} = \dfrac{1}{2}\left\{\exp\left[-\dfrac{3}{4}\sqrt[3]{\dfrac{r}{L}}(\theta_0-\theta)\right]+\exp\left[-3\sqrt[3]{\dfrac{r}{L}}(\theta_0+\theta)\right]\right\} \\ K_{d_2} = 1-\dfrac{1}{2}\left\{\exp\left[-3\sqrt[3]{\dfrac{r}{L}}(\theta-\theta_0)\right]-\exp\left[-3\sqrt[3]{\dfrac{r}{L}}(\theta+\theta_0)\right]\right\}\end{array}\right\} \quad (3.7.17)$$

② 直墙堤

$$\left.\begin{array}{l}K_{d_1} = \dfrac{1}{2}\left\{\exp\left[-\dfrac{1}{2}\left(\dfrac{r}{L}\right)^{\frac{m}{2}}(\theta_0-\theta)\right]+\exp\left[-1.9\left(\dfrac{r}{L}\right)^{\frac{1}{6}}(1+\theta_0-\theta)\theta_0^{\frac{1}{4}}\right]\right\} \\ K_{d_2} = 1-\dfrac{n}{2}\left\{1-\exp\left[-1.9\left(\dfrac{r}{L}\right)^{\frac{1}{6}}\theta_0^{\frac{1}{4}}\right]\right\}\end{array}\right\} \quad (3.7.18)$$

$$\left.\begin{array}{l}m=1-\dfrac{7}{50}(\theta_0-\theta) \\ n=\exp\left[-15\left(\dfrac{r}{L}\right)^{\frac{1}{2}}(\theta-\theta_0)^2\right]\end{array}\right\} \quad (3.7.19)$$

式中,θ_0 为波浪入射角,即入射波波向线与突堤轴线间的夹角 (rad);r,θ 分别为计算点的极坐标,坐标原点在堤头,r 以 m 计,θ 以 rad 计,见图 3.7.9;K_{d_1},K_{d_2} 分别为掩护区(或绕射区,即 $\theta \leqslant \theta_0$)与开敞区(或入射区,即 $\theta \geqslant \theta_0$),某点的波浪绕射系数;$L$ 为波长。

以上各式均满足下列条件:

$\theta < \theta_0$,$r \to \infty$ 时,$K_d \to 0$;

$\theta > \theta_0$,$r \to \infty$ 时,$K_d \to 1$;

$\theta_0 = 0$ 时,$K_d = 1$;

$\theta = \theta_0$ 时,$K_{d_1} = K_{d_2}$;

$r \to 0$ 时,$K_d \to 1$。

(2) 双堤口门　双堤口门后波浪的绕射系数是在电磁波比拟分析法绕射理论基础上,根据实际观测和模型试验数据加以改进得出的(图 3.7.10),其绕射系数 K_d 为

$$K_d = \sqrt{\frac{L}{P}} \cdot f\left(\alpha, \frac{B}{L}\right) \tag{3.7.20}$$

式中，B 为口门宽度(m)，当 $\theta \neq 90°$ 时，采用与波向线垂直方向上的口门投影宽度作为等效口门宽度 B；P 为堤后某点与口门中点的距离(m)；α 为堤后某点与口门中点的连线与通过口门中点的波向线间的夹角(°)；其他符号意义同前。

图 3.7.10 的适用条件为 $K_d \leqslant 1, 45° \leqslant \theta_0 \leqslant 135°, B/L \leqslant 5.0$。计算出 $K_d > 1$ 时，仍取 $K_d = 1$。当 $B/L > 5.0$ 时，可对左右两堤分别按单突堤进行计算。

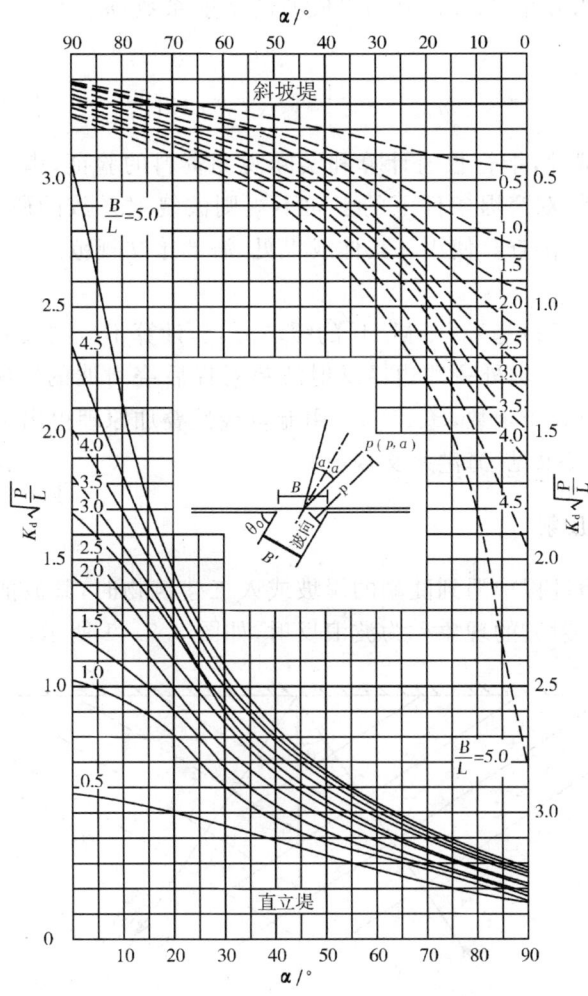

图 3.7.10 双堤口门后规则波绕射系数

2. 不规则波的绕射计算

(1) 单突堤和双突堤

不规则波的绕射系数,在堤后掩护区内一般将大于规则波的绕射系数;而在开敞区则小于规则波的绕射系数。这一结果已为实际观测所证实。多向不规则波的绕射系数为

$$(K_d)_{eff} = \left[\frac{1}{m_0}\int_0^{+\infty}\int_{\theta_{min}}^{\theta_{max}} S(f,\theta) K_d^2(f,\theta) d\theta df\right]^{\frac{1}{2}} \quad (3.7.21)$$

式中,$K_d(f,\theta)$ 为频率 f、波向 θ 的组成波的绕射系数;m_0 为入射方向谱的零阶矩,按下式计算:

$$m_0 = \int_0^{+\infty}\int_{\theta_{min}}^{\theta_{max}} S(f,\theta) d\theta df \quad (3.7.22)$$

通过模型试验,结合数值计算和实际观测资料的验证,南京水利科学研究院提出了单突堤、双突堤条件下的多向不规则波绕射系数的研究成果,并绘制了一整套诺谟图,供查算使用。具体成果见《海港水文规范》。

(2) 岛堤

河海大学(1989)基于 Berkhoff 的缓坡方程,计算不规则波对岛式防波堤的绕射,计算中略去了堤外一侧边界反射波势对堤后绕射波的影响,采用 B-M 频谱和光易型方向分布函数,$S_{max}=25$,用能量线性叠加原理得出了岛堤后不规则波的绕射系数,成果见《海港水文规范》。

3.7.4 波浪的反射

波浪在传播过程中遇到陡峭的岸坡或人工建筑物时,其波能全部或部分将被反射而形成反射波的现象称为波浪反射,如图 3.7.11 所示。

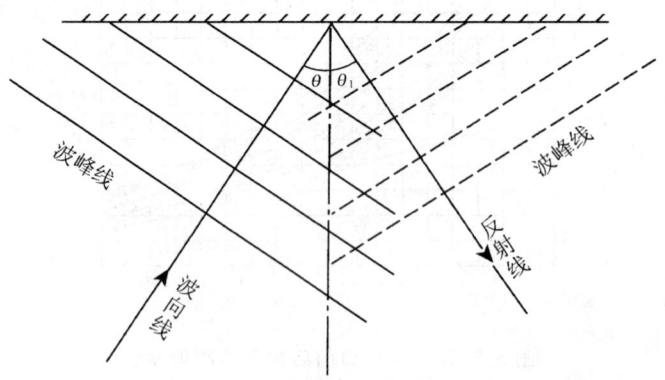

图 3.7.11 波浪的反射

反射波具有和入射波相同的波长和周期,在此定义反射波高与入射波高之比为反射率,又称反射系数,以 K_R 表示。K_R 值变化范围为 0(不反射)~1.0(全反射),其大小与岸坡或人工建筑物的坡度、糙度、空隙率、波浪的陡度以及入射角有关,难以精确计算确定,如对于不透水的直墙式防波堤,正向来波的波能几乎全部被反射,即 $K_R \approx 1.0$。

若已知 K_R 值和入射波高 H_i,则反射波高 H_R 按下式计算:

$$H_R = K_R \cdot H_i \tag{3.7.23}$$

3.7.5 波浪的破碎

1. 近岸波浪破碎机理

近岸波浪的破碎机理如下:波浪进入浅水区域,波长变短,波高开始时稍有减小,之后逐渐增大。当波浪传播到浅水后,波陡就迅速增大。此外,因波谷处的水深比波峰处要小,波谷受海底摩擦影响较大,其传播速度小于波峰的速度,因而波峰向前追赶波谷,波型扭曲前倾,前坡变陡。到达某一水深处后,波浪或因波陡达到极限(理论上极限 $H/L \approx 1/7$)失去稳定而破碎;或因前坡陡峭倾倒或峰顶破碎(理论上极限波峰顶角达 120°),从而产生波浪的破碎现象。

波浪破碎处的水深称为破碎水深,以 d_b 表示;相应的波高称为破碎波高,以 H_b 表示。它是水深 d_b 条件下可能出现的最大波高,又称为极限波高。近岸区波浪自第一次发生破碎的外缘直到岸边的水域称为破波带,在此水域内波浪将多次发生破碎,直到在岸边形成上爬破波水流。在破碎带内大量波浪能量消耗于摩擦、涡动和掀动泥沙,同时形成前进水流。

2. 波浪破碎的形态

波浪破碎的形态主要取决于深水中的波陡和近岸水底的坡度,大致分为 3 种类型。

(1)"崩波"型 波峰开始出现白色浪花,逐渐向波浪的前面扩大至崩碎的破碎波。其剖面形态前后比较对称,波浪破碎是逐渐形成的,且只发生在波峰顶附近的一部分水体。深水中波浪较陡、水底较平坦情况,如图 3.7.12(a)所示。

(2)"卷波"型 波峰前坡逐渐变陡,终于波峰向前倾倒,形成向前方飞溅并伴随着空气的卷入。破碎波是在一瞬间波峰顶部水体发生破碎的。深水中波陡中等、水底坡度较大时常出现此种情况,如图 3.7.12(b)所示。

(3)"激散"型 波的前面逐渐变陡,在行进中从下部开始破碎,但波峰基本上保持不破碎,波前方呈非常杂乱的状态,并沿斜坡上爬。深水中波浪较平缓、水底坡度较大时常出现这种情况,如图 3.7.12(c)所示。

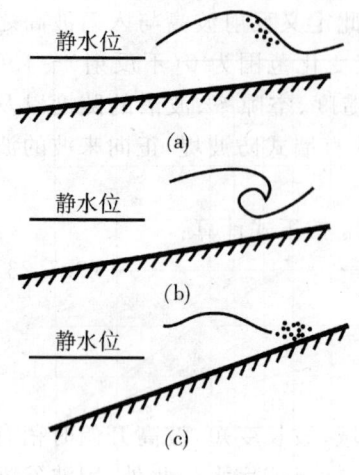

图 3.7.12 波浪破碎形态

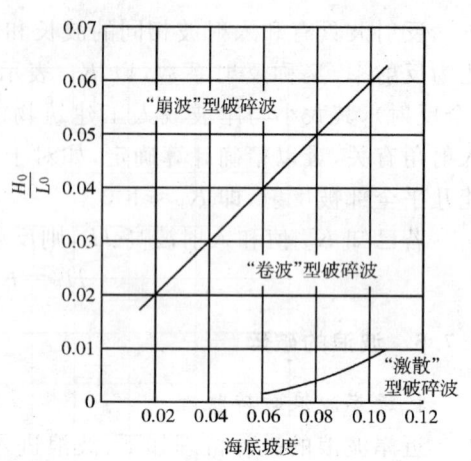

图 3.7.13 各种形态破碎波的界限

上述 3 种型式的破碎波之间并无严格的界限,它们常常交错出现。图 3.7.13 是在实验室里用规则波进行试验得出的 3 种破碎波的大致界限,图中横坐标为水底坡度,纵坐标为深水波陡。深水波陡超过 0.06 的波浪传至浅水时常形成崩波型破碎波。深水波陡为 0.06~0.03 时,较平坦水底上也常形成崩波型破碎波;而底坡较陡时则常形成卷波型破碎波。深水波陡为 0.009~0.03 时,底坡较陡时往往形成卷波型破碎波。当深水波陡小于 0.009,底坡较陡时常出现激散型破碎波;底坡较缓时则常形成卷波型破碎波。

3. 破碎波高和破碎水深的计算

浅水中波浪濒于破碎时的极限波高(破碎波高 H_b)和破碎时水深(破碎水深 d_b)是很重要的海岸工程设计参数。目前在理论上研究破碎波高 H_b 和破碎水深 d_b 之间的关系所采用的方法主要有 2 种:一是能量法,二是根据倾斜海底边界条件解有关的控制方程。无论哪种方法,至今尚不能给出准确解。大量研究成果多数来自实验室模拟和海上现场观测分析的结果。图 3.7.14 是我国《海港水文规范》给出的规则波条件下模型试验的结果。图中横坐标为破碎水深与深水波长之比,纵坐标为破碎波高与破碎水深之比。

表 3.7.1 是给出了海底坡度 i 在 0.001~0.01 范围内,规则波条件下的实验结果。从中可见,平底时,破碎波高和破碎水深之比不会小于 0.55。对于 $1/120 \leqslant i \leqslant 1/50$ 的海域,图、表中都缺少实验结果,此时,按孤立波理论,比值(H_b/d_b)最大可取为 0.78。为安全计,规范将表 3.7.1 中小于 0.78 的值均上调 0.05。

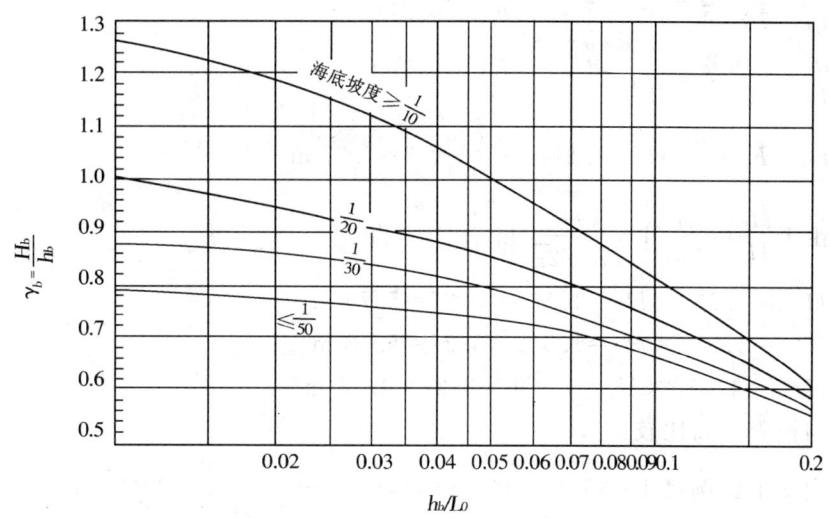

图 3.7.14 破碎波高与破碎水深比值

表 3.7.1 缓坡上破碎波高与破碎水深最大比值

i	0	$\frac{1}{1000}$	$\frac{1}{500}$	$\frac{1}{400}$	$\frac{1}{300}$	$\frac{1}{200}$	$\frac{1}{120}$
$(H_b/d_b)_{max}$	0.55	0.55	0.55	0.56	0.58	0.64	0.78

在不规则波条件下,实验研究表明,波浪由深水传至浅水,只有大波才发生破碎;发生破碎的大波波高 H_b 与其相应的深水波长 L_0 和水深 d 的比值的关系仍符合图 3.7.14 的趋势,但数值仅为规则波的 0.88 倍。

工程设计中推算出的某一重现期的某一累积频率波高大于等于浅水极限波高时,应采用极限波高作为设计波高。

应该指出的是,上述研究成果仅适用于海滩上无建筑物的情况。

例 在 $d=30$ m 处,观测得 $H_0=3$ m,$T=7.0$ s,已经绘出自此处至岸边的折射图,求波浪折射后,在 $d_1=8$ m 处的波高 $H_{1\%}$,$H_{5\%}$,$H_{13\%}$,其中在折射图上量得起始处 $b_0=1.7$ cm,终止处 $b_1=1.3$ cm。

解
$$L_0 = \frac{g\overline{T}_0^2}{2\pi} = \frac{9.8 \times 7^2}{2\pi} = 76.46 \text{ m}, \quad b_0 = 1.7 \text{ cm}, \quad b_1 = 1.3 \text{ cm}$$

$$K_r = \sqrt{\frac{b_0}{b_1}} = \sqrt{\frac{1.7}{1.3}} = 1.144$$

$$\left.\begin{array}{l}\dfrac{d_0}{L_0}=\dfrac{30}{76.46}=0.392\\[6pt]\dfrac{d_1}{L_1}=\dfrac{8}{76.46}=0.105\end{array}\right\}\xrightarrow{\text{附表}5}\left\{\begin{array}{l}K_{s0}=0.974\\K_{s1}=0.929\end{array}\right.$$

$$\overline{H}_1=K_r\cdot\dfrac{K_{s1}}{K_{s0}}\overline{H}_0=1.144\times\dfrac{0.929}{0.974}\times3=3.27\text{ m}$$

由于 $\dfrac{H_F}{\overline{H}}=\left[\dfrac{4}{\pi}\left(1+\dfrac{\overline{H}}{d\sqrt{2\pi}}\right)\ln\dfrac{1}{F}\right]^{\frac{1-\frac{\overline{H}}{2}}{d}}$,得

$$H_{1\%}=1.762\times\overline{H}_1=1.762\times3.27=5.76\text{ m}$$
$$H_{5\%}=1.552\times\overline{H}_1=1.552\times3.27=5.08\text{ m}$$
$$H_{13\%}=1.386\times\overline{H}_1=1.386\times3.27=4.53\text{ m}$$

与极限波高比较:

由图上比例尺 1:35 000,在 8 m 处,$i=\dfrac{1}{35\times10}=\dfrac{1}{350}<\dfrac{1}{50}$

因 $\dfrac{d}{L_0}=\dfrac{8}{76.46}=0.105\xrightarrow{\text{图}3.7.14}\dfrac{H_b}{d_b}=0.67$,$H_b=0.67\times8=5.36$ m,又因 $H_{1\%}>H_b$,$H_{5\%}<H_b$,$H_{13\%}<H_b$,故设计时取 $H_{1\%}=5.36$ m,$H_{5\%}=5.08$ m,$H_{13\%}=4.53$ m。

3.7.6 港内波高的计算

港内水域某点既存在绕射现象,又有反射现象时,可按波能的线性迭加原理近似计算该点的波高:

$$H=\sqrt{H_d^2+H_R^2}\tag{3.7.24}$$

式中,H_d 为计算点的绕射波高;H_R 为计算点的反射波高。

港内水域风区长度超过 1 km 时,有风存在,须考虑港内风成波的影响,可按下式计算港内波高:

$$H=\sqrt{H_1^2+H_2^2}\tag{3.7.25}$$

式中,H_1,H_2 分别为计算点的绕射波高和局部风成波的波高。

当港内水域水深变化较大,且波浪传播距离较远时,需同时考虑港内的波浪绕射和折射影响。研究成果表明,离堤头 3~4 个波长范围内以绕射为主,在此范围以外,港内波浪折射影响则比较明显。基于这个原理,可按下述方法近似计算港内近岸某点的波高。

先绘制港内波峰线图,防波堤掩护区内近似地取同心圆弧,在开敞区为平行直线,见图 3.7.9。但对于 $B/L\leq1$ 的双突堤口门,港内波峰线近似取以口门

中点为圆心的圆弧。

在距堤头 3～4 个波长的波峰线上,按规则波绕射原理确定该波峰线上各点的绕射系数 K_d。在该波峰线以外按波浪折射原理,绘制规则波折射图,于是波浪至近岸某点处的波高变化系数为

$$K' = K_d \sqrt{\frac{b_1 K_{s_2}}{b_2 K_{s_1}}} \qquad (3.7.26)$$

式中,b_1,b_2 分别为相邻两波向线在折射起始线(即距堤头 3～4 个波长距离处)及某点处的间距;K_{s_1},K_{s_2} 分别为 b_1 和 b_2 处的浅水系数。

将防波堤口门处的波高乘以 K',即得港内某点的波高。

事实上,港内波浪往往是绕射、反射、折射、局部风浪以及防波堤越浪等的综合结果,上述计算很难全面精确地给出符合实际的结果。因此,对大型或重要项目,最有效的方法是进行整体模型试验,全面地研究港内波况,得出接近实际的结果。

波浪是海洋工程建筑物遭受的主要荷载。无论是波浪理论,还是波浪对海洋建筑物的作用,已有许多学术成果可供学术研究和工程设计时参考,限于篇幅,本章不再著述。

第四章 潮汐与风暴潮

§4.1 潮汐现象及其成因

4.1.1 潮汐现象

潮汐现象是月球、太阳等天体对地球上各处的吸引力不同所引起的海水运动。其运动形式为波动,其周期比波浪周期长得多。波浪以 s 为单位进行计算,而潮波的周期则以 h 为单位进行计算。海洋潮汐是在天体引潮力作用下形成的长周期波动现象;它在竖直方向上表现为潮位的升降,在水平方向上表现为潮流的进退。

如图 4.1.1 所示,海面上升到最高点时称为高潮,又叫满潮;海面下降至最低点时称为低潮,又叫枯潮。在潮汐升降的一个周期之内,涨落的时间称为历时,可分为涨潮历时和落潮历时。在满潮和枯潮交替之际,潮位短暂的不再升降称为停潮。相邻的高潮与低潮之间的水位差称作落潮潮差,相邻的低潮与高潮之间的水位差称作涨潮潮差。

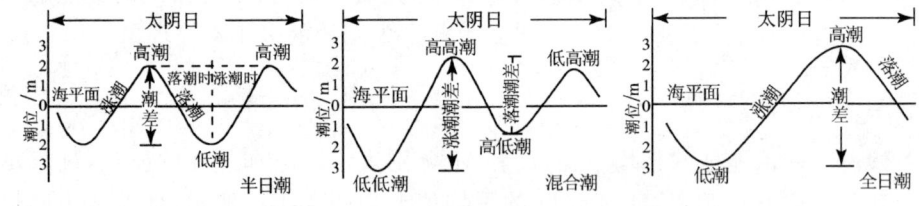

图 4.1.1 潮汐的类型及要素示意图

潮位的时程变化曲线随着时间、地域的不同而显著变化,潮汐现象可以划分为 3 种类型。

(1)半日潮 在一个太阴日内发生两次高潮和两次低潮。两次高低潮位基本相同,涨潮历时与落潮历时也相差不大。

(2) 全日潮　在一个太阴月内多数太阴日只有一次高潮和一次低潮,其余的日子里则为一天两次潮。我国南海有许多地点的潮汐属全日潮类型,其中北部湾是世界上最典型的全日潮海区之一。

(3) 混合潮　混合潮分为不规则半日潮和不规则日潮。不规则半日潮在一个太阴日内虽有两次高潮和低潮,但是相邻的两个高潮或低潮的潮高相差很大,涨潮历时和落潮历时也不相等。不规则日潮指在一个太阴月内的大多数日子为不规则半日潮,但有时也发生一天一次高潮和一次低潮的日潮现象,然而日潮的总天数少于 7 天。

潮汐观测中存在不等现象,现简述如下:

(1) 日不等　指半日潮地区每天出现的第一、二次高潮的潮位不等,涨落潮历时也不相等的现象。这是由于月球的赤纬变化引起的。

(2) 半月不等　由月球引起的潮汐称为太阴潮,由太阳引起的潮汐称为太阳潮。在每月朔(初一)和望(十五)时,太阳、地球、月球处在同一直线上,月球和太阳的作用相互叠加,形成了朔望大潮。而每月的初七、初八(上弦)和二十二、二十三(下弦)时,地球与太阳、地球与月球的中心连线成直角,月球和太阳的作用相互抵消,形成半月中最小的潮差,即方照小潮。由此产生潮汐的半月不等现象。

(3) 月不等　由于月球绕地球做椭圆形轨道公转,当月球位于近地点时潮差较大,位于远地点时潮差较小,产生潮汐的月不等现象。

(4) 年不等　地球绕太阳公转的轨道是椭圆。当地球位于近日点出现的潮差大于地球位于远日点的潮差,形成潮差的年周期变化,称潮汐年不等现象。

(5) 多年不等　月球绕地球运行的椭圆轨道长轴随着天体的运动不断变化,其近地点每年向东移动约 40°,每 8.85 年完成一周;黄道与白道的交点也存在自东向西的移动,周期为 18.61 年。由此产生潮汐的多年不等现象。

4.1.2　引潮力的计算

假设 r 表示地球的平均半径,E 和 M 分别表示地球和月球的质量,D 表示地球和月球中心的距离,$\overline{D}$ 表示 D 的平均值。如图 4.1.2 所示,地球上不同地点受到月球的引力大小不等、方向不同。地球上单位质量的海水受到月球的引力为

$$P = K \frac{1 \times M}{R^2} = K \frac{M}{R^2} \qquad (4.1.1)$$

式中,K 为万有引力常数;R 为地球上任意点至月球中心的距离。

由于地球和月球在运动中保持各自的平衡位置,除了月球对地球的引力,

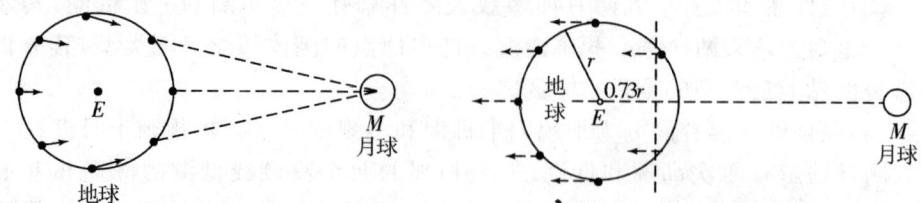

图 4.1.2　月球对地球引力计算示意图　　图 4.1.3　地球绕地球和月球共同重心旋转的离心力计算示意图

还存在一种地球和月球绕其共同重心旋转而产生的离心力,如图 4.1.3 所示。由于 $E=81.53M, \overline{D}=60.26r$,因此地球和月球的共同质心距离地心的距离为 $0.73r$。在地球上不同的地方,这个离心力大小相等、方向相同;其值与月球对地心的引力大小相等、方向相反。整个地球所受的惯性离心力等于月球对整个地球的引力,即

$$EN = K \frac{EM}{D^2} \quad (4.1.2)$$

则

$$N = K \frac{M}{D^2} \quad (4.1.3)$$

式中,N 为地球上单位质量海水所受的离心力。

在地心 E 处,月球引力和离心力方向相反、大小相等,二者抵消,而在地球上的其他地方,引力和离心力不能相互抵消,将产生合力。在此作用下,海水发生运动,形成潮汐。这种合力称为引潮力。

$$F = P + N \quad (4.1.4)$$

由图 4.1.4 可知,地球上不同的地方,引潮力不等,形成的潮汐现象也不相同。在 B 点,引力大于离心力,二者的合力指向月球,引潮力使海水向上运动,

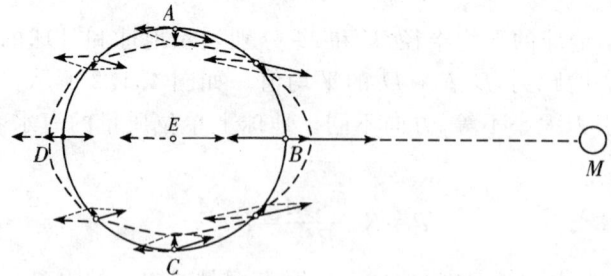

图 4.1.4　引潮力计算示意图

发生高潮；在 D 点，离心力大于引潮力，二者的合力背离月球，引潮力也使海水向上运动，发生高潮。在 A 点和 C 点，引力与离心力的合力指向地心，使海水向下运动，发生低潮。假设地球表面全被海水覆盖，在引潮力的作用下，海水将形成一个椭球体，潮汐学上称为"潮汐椭球体"，如图 4.1.4 虚线所示。

为了推导引潮力的计算公式，将月球的引力以及地球的离心力分解为垂直于地球表面的垂直分力和平行于地球表面的水平分力，如图 4.1.5 所示。其中月球引力的垂直分力为

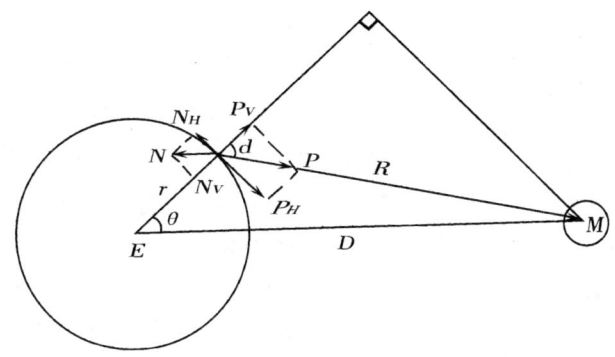

图 4.1.5 引潮力计算公式推导示意图

$$P_V = \frac{KM}{R^2} \cos\alpha \tag{4.1.5}$$

月球引力的水平分力为

$$P_H = \frac{KM}{R^2} \sin\alpha \tag{4.1.6}$$

地球离心力的垂直分力为

$$N_V = \frac{KM}{D^2} \cos\theta \tag{4.1.7}$$

地球离心力的水平分力为

$$N_H = \frac{KM}{D^2} \sin\theta \tag{4.1.8}$$

因而垂直引潮力为

$$F_V = P_V + N_V \tag{4.1.9}$$

水平引潮力为

$$F_H = P_H + N_H \tag{4.1.10}$$

经过数学变换可得月球垂直引潮力为

$$F_V = \frac{KMr}{D^3}(3\cos^2\theta - 1) \tag{4.1.11}$$

而月球水平引潮力为

$$F_H = \frac{3}{2}\frac{KMr}{D^3}\sin(2\theta) \tag{4.1.12}$$

若以太阳的质量 S 代替 M，以 φ 代替 θ，以太阳至地球的距离 D_S 代替 D，那么，根据式(4.1.11)和(4.1.12)可以写出太阳的垂直引潮力和水平引潮力的公式

$$F_{VS} = \frac{KSr}{D_S^3}(3\cos^2\varphi - 1) \tag{4.1.13}$$

和

$$F_{HS} = \frac{3}{2}\frac{KSr}{D_S^3}\sin(2\varphi) \tag{4.1.14}$$

分析以上引潮力公式，可以得到如下结论：

(1) 由于地球的自转，地球上各质点的引潮力将出现周期性的变化，并且，由于天体的不断运动，引潮力具有很复杂的周期性变化。

(2) 引潮力的值与天体的质量成正比，与天体到地球中心距离的三次方成反比。因此，太阳的质量 ($S = 27.1 \times 10^6 M$) 虽然比月球大，但其距离很远 ($D_S = 389D$)，所以月球的引潮力却比太阳的引潮力大，前者约为后者的2.17倍。在潮汐的形成过程中，月球的引潮力是主要的，太阳及其他天体的引潮力是次要的。

(3) 在地球的几个特征点上，如图4.1.4，A,B,C 和 D 点的水平引潮力为0。当 $\theta = 45°, 135°, 225°$ 和 $315°$ 时，水平引潮力达到最大，即 $F_H = \frac{3}{2}\frac{KMr}{D^3}$。

(4) 当 $\theta = 55°$ 时，垂直引潮力为0。

(5) 若将万有引力常数 $K = \frac{gr^2}{E}$ 代入引力潮公式，可得月球最大垂直引潮力约为地心引力的 10^{-7} 倍，因此，垂直引潮力只能使重力发生微小的变化，对海面的升降起不了什么作用。而水平引潮力却没有其他力与之抗衡，尽管它很小（只有垂直引潮力的3/4），却能引起海水的流动，产生海面的涨落现象。

引潮力的计算源于牛顿创立的潮汐静力学理论。这种理论的基本思想是：假设地球表面均匀覆盖着深度相等的海水，因为受到月球和太阳引潮力的作用，海面形成了潮汐椭圆。它是引潮力、地心引力和海面上压力差相互平衡的结果。

潮汐静力学理论解释了潮汐的一般现象，如潮汐的3种基本型式、潮汐的不等现象等。由于没有考虑水陆分布、海底地形对海水运动的影响，忽略了海水运动中的惯性和内摩擦等问题，算出的潮汐变化与实际观测相差较大。

1775年,法国科学家拉普拉斯提出了潮汐动力学理论。该理论指出,引潮力除了使海水发生"潮峰"之外,还生成周期与引潮力相同的水平运动——潮波。海洋的形态、地球的自转和摩擦力等因素都影响潮波的形成和变化。将海水看成沿着纬线的水渠内做潮波运动,因为地形存在的反射或折射而形成节点的振荡。地球的自转造成了偏向力,使一切运动的水质点,在北半球偏于运动方向的右方,在南半球偏于左方。回转效应对于潮波的平面分布起到很大的作用,而海水内部的摩擦力和地形变化,将消耗潮波运动时的能量,从而影响潮波的形态和流动。由于诸多复杂因素的共同作用,在特定的海湾和海岸就有驻波的节点、节线以及无潮点、等潮时线等特定形式的潮波出现。目前,潮汐动力学理论在求解大洋潮汐、对于较小尺度海洋中的潮波传播方面的研究日趋深入。

§4.2 潮汐的观测、分析和预报

4.2.1 潮汐的观测

为了了解我国沿海的潮位变化,各地一般设有验潮站,进行长期的潮位观测。如果工程地点没有这些资料可以利用,则必须进行短期的潮位观测,将其与邻近观测站的长期资料进行对比分析,找出相关关系,进而推断出工程地点的潮位变化。

潮位的观测主要利用自记验潮仪和水尺进行。为了便于校测潮高以及检查井内、外潮位是否一致,必须设立井内、外水尺。

1. 自记验潮仪

在进行长期观测的验潮站,一般采用自记验潮仪(图4.2.1)。在与外海通畅、风浪不直接冲击、最低低潮时有1 m以上水深和底质坚实平坦的地方设置验潮井。验潮井常选在码头、防波堤和栈桥等隐蔽处,自记验潮仪设于其中,以避免风浪对潮位观测值的影响。

验潮仪由浮子、平衡锤、悬索、传动轮组成的浮子系统和记录装置两个基本部分组成。利用放在验潮井内的浮子随水位的升降,通过悬索带动传动轮和记录筒转动,实现潮高的记录;同时,由时钟控制记录笔尖做水平匀速移动,实现潮时记录。

2. 井内水尺

井内水尺通常采用带形玻璃纤维软尺,如图4.2.2所示。潮高 H_1 由井内水尺读取,读数指针到潮高基准面的距离为 H,读数指针到水面的距离为 H_2,

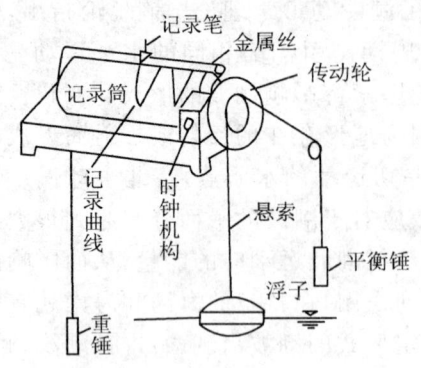
图 4.2.1 验潮仪示意图

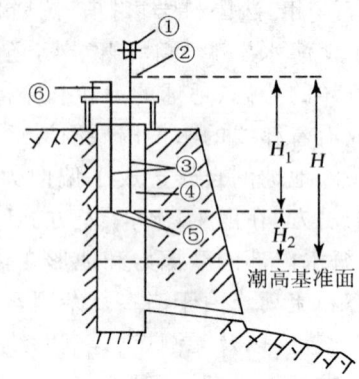
图 4.2.2 井内水尺示意图
①滑轮 ②读数指针 ③平衡锤
④带尺 ⑤浮子 ⑥记录装置

则有

$$H_1 = H - H_2 \tag{4.2.1}$$

井内水尺的浮子系统要避免与验潮仪的浮子系统相碰撞。安装完毕后,按照国家 4 等水准测量要求与校核水准点联测,确定指针的高程,以后每隔半年复测一次。

3. 井外水尺

井外水尺通常分为木质水尺和搪瓷水尺 2 种。木质水尺一般采用形变小、不易伸缩的杉木或其他坚硬木材制成,厚为 5～10 cm,宽为 10～15 cm,尺面涂有白色油漆,其上用红、蓝油漆标有刻度和数值。搪瓷水尺具有刻度清晰、不易附着海洋生物及便于清洗、维护、更换的优点,一般采用木螺丝固定于木质尺桩上。

安装水尺要求垂直、牢固、安全和观测方便。尺顶要高出可能最高潮位 1 m,尺底低于可能最低潮位 0.5～1.0 m。测点若设在有护木的码头上,可将水尺直接固定在护木上,也可在建筑物或岩壁上打眼,再用混凝土将金属构件进行固定,最后用螺丝将水尺装在金属构件上(图 4.2.3)。测点底质松软时,可将尺桩打入海底。若底质坚硬,可打洞固定尺桩或在预制的混凝土墩上留孔将尺桩插入孔内,用铅丝固定,最后将水尺固定在尺桩上。

若潮间带坡度小、宽度大,一根水尺难以观测,应设立水尺组(图 4.2.4)。水尺组相邻的两根水尺刻度交叉重复部分不得小于 0.2 m,并对水尺组中的各水尺统一编号。

水尺安装完毕,应用水准仪根据岸上的水准点测出水尺零点的高程。观测海水面与水尺相交的刻度值——水尺读数,采用下式计算当时的水位。

$$潮位=水尺读数+水尺零点高程 \tag{4.2.2}$$

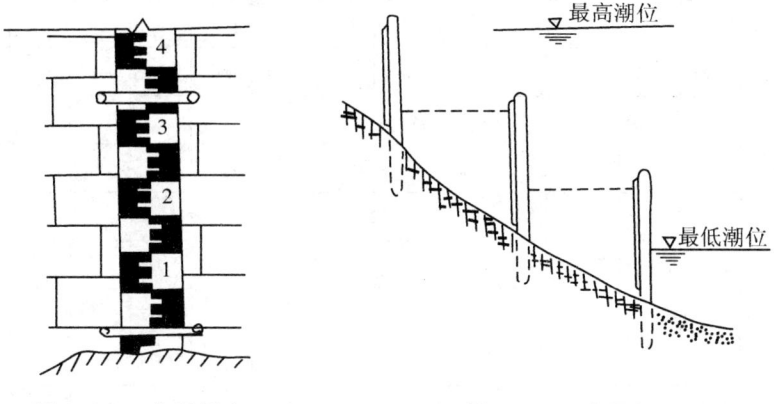

图 4.2.3 水尺固定　　　　图 4.2.4 水尺组

观测时,水尺读数应精确到 1 cm,潮时要精确到 1 min。海面有波动,要连续 3 次读取水尺读数(每次读取海浪经过水尺的最高点和最低点的中间值),取其平均作为观测值。

一般潮位观测应昼夜 24 h 连续进行,每小时观测一次,在接近满潮和枯潮时,观测的时间间隔应缩短,每 10 min 测读一次,以免漏测高、低潮位及其相应的出现时间。

观测到的潮位资料应记入验潮记录簿(见表 4.2.1)之中,并绘制潮位过程线,必要时进行圆滑修正。

表 4.2.1　潮位观测记录表

××年××月××日　　天气:阴

水 位 观 测					平 潮 观 测				
水尺名称至验潮站零点改正	I	II		验潮站零点上水位	水尺名称至验潮站零点改正	I	II		验潮站零点上水位
	0.48	1.92				0.48	1.92		
00 00		1.08		3.00	03 20	0.67			1.15
01 00		0.51		2.43	30	0.65			1.13
02 00	1.34			1.82	40	0.60			1.08
03 00	0.79			1.27	50	0.58			1.06

(续表)

04 00	0.55			1.03	04 00	0.55			1.03
05 00	0.76			1.24	10	0.63			1.11
06 00	1.26			1.74	20	0.63			1.11
07 00		0.46		2.38					
08 00		1.15		3.07					
09 00		1.68		3.60					
10 00		2.00		3.92	10 00		2.00		3.92
11 00		1.94		3.86	10		2.01		3.93
12 00		1.61		3.53	20		2.04		3.96
13 00	2.40			2.88	30		2.08		4.00
14 00	1.65			2.13	40		2.02		3.94
15 00	1.06			1.54	50		1.98		3.90
16 00	0.74			1.22	16 00	0.74			1.22
17 00	0.77			1.25	10	0.70			1.18
18 00	1.01			1.49	20	0.70			1.18
19 00	1.60			2.08	30	0.71			1.19
20 00		0.75		2.67	40	0.74			1.22
21 00		1.46		3.38	50	0.76			1.23
22 00		1.83		3.75					
23 00		1.82		3.74					
验潮站零点上潮位总和				59.02					
验潮站零点上日平均海面				2.46					

气 象 观 测			备 注	
	风 向	风 速	浪	
02 00				北京时间 20 时 00 分
08 00				工作表　19 时 58 分
14 00				表慢　　　　　2 分
20 00				拨快　　　　　2 分

4.2.2 潮汐的调和分析

观测表明,沿海地区某一固定点的潮位变化呈现一定的周期性。不同地点的潮位变化各不相同,原因在于:除太阳、月球等运动具有相同的周期外,各地的气候、水文、地形、水深等条件各不相同。数学分析已经证实,潮位曲线可以用许多余弦曲线迭合而成,即看做由许多振幅、周期、位相不同的分潮所组成。假定几个在天球赤道面上做等速圆周运动的天体代替实际的月球运动,这些天体变化周期综合反映了月球赤纬、月地距离的非均匀的、复杂的变化周期。由于实际上并不存在这些天体,因此称之为假想天体。由各假想天体所引起的潮汐称为分潮。同理,各分潮也可推广到太阳所引起的潮汐。

根据某地点潮位的长期观测资料,将潮位曲线分解为各个分潮的余弦曲线,求出每个分潮的振幅、相位,这种方法称为调和分析。由于每一地点给定的分潮的振幅和相位不随时间而变化,因此称为调和常数。这些常数反映该地点的地理特征对潮汐的影响。这样,只要算出太阳、月球、地球的相对位置,利用该地点的调和常数,就可预报未来任何时刻的潮汐,潮汐表就是根据这个原理推算出来的。

从理论上讲,分潮的数目很多,但大部分影响不大,不必计算。在潮汐预报中,一般采用11个分潮(表4.2.2)或63个分潮进行计算。由于采用计算机进行分潮的分析,其计算速度和预报精度有了显著的提高。

表 4.2.2 11 个分潮的角速度和周期

种类	名称	符号	角速度/$°\cdot h^{-1}$	周期/h
半日分潮	主太阴半日分潮	M_2	28.98	12.42
	主太阴椭圆率半日分潮	N_2	28.44	12.66
	主太阳半日分潮	S_2	30.00	12.00
	太阴太阳赤纬半日分潮	K_2	30.82	14.96
日分潮	主太阴日分潮	O_1	13.94	25.82
	主太阴椭圆率日分潮	Q_1	13.40	26.87
	主太阳日分潮	P_1	14.96	24.07
	太阴太阳赤纬日分潮	K_1	15.04	23.93
浅海分潮	太阴浅海分潮	M_4	57.96	6.21
	太阴太阳浅海分潮	MS_4	58.98	6.10
	太阳浅海分潮	M_6	86.94	4.14

由实测潮汐分解出来的分潮的一般形式为 $fR'\cos(qt+V_0+u-K)$,任一地点的潮高可表示为

$$h = A_0 + \sum fR'\cos(qt + V_0 + u - K) \qquad (4.2.3)$$

式中,A_0 表示平均海平面高程;t 为平均地方时;q 为分潮的角速度;f 为分潮的交点因子;(V_0+u) 表示分潮的临时天文相角;R' 为分潮平均半潮差(振幅);K 为分潮迟角(相位)。

通常可以用 3 个主要分潮振幅 $R'_{K_1}, R'_{O_1}, R'_{M_2}$ 来组合潮汐类型。我国目前以 $\dfrac{R'_{K_1}+R'_{O_1}}{R'_{M_2}}$ 值作为划分潮汐类型的依据,取以下标准:

规则半日潮 $\qquad 0 < \dfrac{R'_{K_1}+R'_{O_1}}{R'_{M_2}} \leqslant 0.5$

不规则半日潮 $\qquad 0.5 < \dfrac{R'_{K_1}+R'_{O_1}}{R'_{M_2}} \leqslant 2.0$

不规则日潮 $\qquad 2.0 < \dfrac{R'_{K_1}+R'_{O_1}}{R'_{M_2}} \leqslant 4.0$

规则日潮 $\qquad 4.0 < \dfrac{R'_{K_1}+R'_{O_1}}{R'_{M_2}}$

如图 4.2.5 所示,我国沿岸潮汐类型分布总的特点是:渤海沿岸大多属不规则半日潮;黄海、东海沿岸大多属规则半日潮;南海沿岸较为复杂,规则日潮、不规则日潮和不规则半日潮都有。

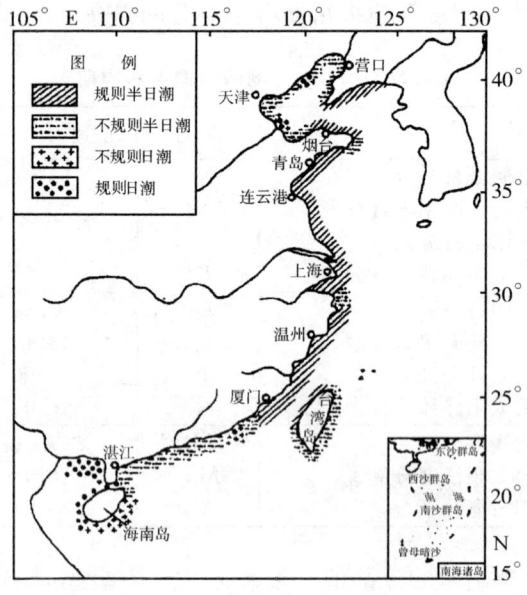

图 4.2.5 我国沿海潮汐类型分布示意图

4.2.3 基于潮汐表的潮位预报

根据调和分析法,可以推算不同地点的未来某时某刻的潮汐,由此制作出《潮汐表》。其中"潮汐差比数和潮信表"中潮时差栏内所列数字是副港和主港的潮时差数。要预报某副港某日潮时,可由表中查出副港的潮时差,按照正负号与所属主港该日高潮和低潮的潮时相加减,即得某副港该日高潮和低潮的潮时。

"潮汐差比数和潮信表"中潮差比率栏内所列数字是副港潮差与主港潮差的比率。要预报某副港某日高潮与低潮的潮高时,可先由某主港的潮汐预报表内查出所需预报的某日高潮和低潮的潮高,减去该主港经季节改正后的平均海平面高程,然后将所得的数值乘以从表中查出的该副港的潮差比率。将所得乘积再与表中查出的该副港经季节改正的平均海平面高程相加,即得该副港某日高潮和低潮的潮高。

例 已知 A 港(主港)的潮位参数,求 B 港(副港)来年某日的高潮与低潮的潮时和潮高。

解 查《潮汐表》,知 A 港(主港)的高潮时差为+0356,低潮时差为+0356;两港的潮差比率为 0.47;A 港的平均海平面高程+4.7 m,B 港的平均海平面高程+2.3 m;A,B 港平均海平面高程的季节改正数均为-0.2 m。则 A,B 港经季节改正后的海平面高程分别为+4.5 m 和+2.1 m。来年某日 A 港的潮时和潮高为

高潮			低潮		
潮时		潮高	潮时		潮高
h	min	m	h	min	m
07	11	8.3	01	03	0.1
19	45	9.2	13	12	-0.6

(1)求潮时

	高潮		高潮		低潮		低潮	
	h	min	h	min	h	min	h	min
A 港预报潮时	07	11	19	45	01	03	13	12
潮时差	+03	56	+03	56	+03	56	+03	56
B 港预报潮时	11	07	23	41	04	59	17	08

(2) 求潮高

	高潮 /m	高潮 /m	低潮 /m	低潮 /m
A 港预报潮高	8.3	9.2	0.1	−0.6
减 A 港经季节改正的平均海平面高程	−4.5	−4.5	−4.5	−4.5
A 港平均海平面上的潮高	3.8	4.7	−4.4	−5.1
乘潮差比率	×0.47	×0.47	×0.47	×0.47
B 港平均海平面上的潮高	1.8	2.2	−2.1	−2.4
加 B 港经季节改正的平均海平面高程	+2.1	+2.1	+2.1	+2.1
B 港预报潮高	3.9	4.3	0.0	−0.3

§4.3 工程设计中的潮位推算

4.3.1 基准面与特征潮位

海洋工程中,高程测量和水深测量的起算面(零面)称为基准面。

1. 平均海平面

平均海平面根据分析的时程不同,分为日平均海平面、月平均海平面、年平均海平面和多年平均海平面。1956 年以前,我国各地区的测绘部门采用的基准面并不统一,如青岛零点、吴淞零点、大沽零点、珠江零点等。从 1956 年起,全国统一采用"黄海平均海平面"作为陆地高程起算面,它是青岛验潮站多年(19 年)的每小时潮位观测记录的平均潮平面。随着观测资料的积累,重新核算的"1985 国家高程基准"比"1956 黄海高程基准"高 0.038 9 m。

2. 海图深度基准面

平均海平面是确定陆地高程的起算面。为了确定海洋的深度,就要以海图深度基准面为起算面。由于潮位的升降,实际海面大约有一半时间低于平均海平面,如果以平均海平面作为深度起算面,那么实际水深将有一半左右时间小于海图中标出的水深。为了保证航海安全,海图中标出的深度最好接近最小深度,即在绝大部分时间内,实际水深大于海图水深。为此,海图深度基准面即潮汐可能到达的最低潮面,可根据理论计算得出。由于各海区潮差大小不同,海图深度基准面距平均海平面的高度亦不相同。确定海图深度基准面的理论很多,各国所采用的标准亦不相同,主要有可能最低潮位面、实测最低潮位面、平均大潮低潮面。1956年以后,我国统一采用"理论(深度)基准面"作为海图深度基准面,它是用8个分潮(M_2,S_2,N_2,K_2,K_1,O_1,P_1,Q_1)进行组合计算获得的理论上潮汐可能达到的最低潮面。

3. 潮高基准面

《潮汐表》上所预报的潮位值也有一个起算面,这个起算面称为潮高基准面。它是平均海平面下的一个面,在《潮汐表》中都有注明,它与海图深度基准面不一定一致,因此任何时刻某海区某处的实际水深就等于海图深度加上这两个基准面之间的差值和该海区《潮汐表》上的潮位预报值。对于港口工程建设而言,总是希望水深和潮位都从一个基准面起算。通常在一个新的地区建设海港时,潮高基准面可以采用理论深度基准面。

4. 筑港零点

在附近地区已经建有港口时,由于这些港口建设初期已经规定了一个零点,而且一些历史资料都以这个零点为基准,所以把它称为筑港零点。通常它是当地验潮站的潮高起算面(水尺零点),但有时两者也存在差别。

上面介绍了几种基准面,在进行港口工程建设前,必须弄清楚该地区几个基准面的关系,并将各种标高换算到同一基准面上。通常是以当地理论深度基准面或当地筑港零点作为统一的基准面。

5. 特征潮位

潮汐现象对港口、海岸及近海工程的设计和施工影响很大。工程上常用的特征潮位有最高潮位和最低潮位、平均最高潮位和平均最低潮位、平均大潮高潮位和平均大潮低潮位、平均小潮高潮位和平均小潮低潮位。其中,最高潮位和最低潮位是指历史上曾经观测到的潮位最大值和最小值。如在多年潮位资料中,取每年最高潮位和最低潮位的多年平均值,即为平均最高潮位和平均最低潮位;取每月两次大潮(小潮)的高潮位和低潮位的多年平均值,即为平均大潮(小潮)高潮位和平均大潮(小潮)低潮位。

4.3.2 设计潮位推算

高、低潮位在海洋工程设计中是一个重要的水文数据,它不仅直接影响着港口陆域及建筑物的高程和船舶航行水域深度的确定,而且影响到建筑物类型的选择以及结构计算等。海洋工程的规模、等级和使用情况不同,选用的设计潮位也不同。设计潮位通常包括设计高、低潮位,极端高、低潮位和乘潮潮位。

4.3.2.1 设计高、低潮位

设计高、低潮位是指海洋建筑物在正常使用条件下的高、低潮位,对人工岛或码头而言,在设计高、低潮位范围内,它应能保证设计中考虑的最大船舶在各种装卸作业条件下,均可以安全地靠泊并进行装卸作业,同时应保证在各种设计荷载下,满足结构以及地基强度和稳定性的要求。

确定设计高、低潮位时,有的国家采用平均大潮高、低潮位;有的国家采用潮位历时累积频率1%和98%的潮位。在有关单位对我国沿海潮位资料进行详细分析研究后,我国《海港水文规范》规定:对于海岸港和潮汐作用明显的河口港,设计高潮位采用高潮累积频率10%的潮位,简称高潮10%;设计低潮位采用低潮累积频率90%的潮位,简称低潮90%。如已有历时累积频率统计资料,其设计高、低潮位也可分别采用历时累积频率1%和98%的潮位。对于汛期潮汐作用不明显的河口港,设计高、低潮位分别采用多年历时1%和98%的潮位。在进行潮位累积频率统计时,应有多年的实测潮位资料或至少完整一年逐日每小时的实测潮位资料。下面除了简述这2种曲线的绘制方法,还将介绍其他计算设计潮位的近似方法。

1. 历时潮位累积频率曲线

历时潮位累积频率曲线是以全年逐日每小时潮位记录作为统计数据进行频率分析而绘制成的。在绘制曲线前,应对所选取的资料进行审查,修正错误数据,弥补缺测资料。曲线绘制步骤如下:

(1)确定全部资料中的最高和最低潮位,给出潮位变动幅度。

(2)在最高和最低潮位之间划分间隔,一般可取10 cm。

(3)由高至低逐级统计累积出现的次数。

(4)设累积次数为 m,总次数为 n,则高于该间隔下限的潮位累积频率为 $p = \frac{m}{n+1} \times 100\%$。

(5)取潮位为纵坐标,累积频率 p 为横坐标,并将不同的 p 所对应的潮位绘在坐标纸上,把各点连成光滑的曲线,即为历时潮位累积频率曲线,如图4.3.1所示。根据《海港水文规范》规定,对于一般港口应选用历时累积频率为1%的潮位作为设计高潮位,98%的潮位作为设计低潮位。

2. 潮峰或潮谷的累积频率曲线

这是以每日2次高潮(见表4.3.1)和2次低潮的潮位值作为统计数据而绘制的累积频率曲线。其绘制方法与历时累积频率曲线绘制方法相同,如图4.3.1所示。

表 4.3.1 某观测站高潮累积频率计算表

间隔	次数	累积次数 m	频率 p /%	间隔	次数	累积次数 m	频率 p /%
500～509	1	1	0.14	370～379	64	451	63.88
490～499	0	1	0.14	360～369	54	505	71.53
480～489	3	4	0.57	350～359	43	548	77.62
470～479	5	9	1.27	340～349	31	579	82.01
460～469	5	14	1.98	330～339	41	620	87.82
450～459	22	36	5.10	320～329	30	650	92.07
440～449	14	50	7.08	310～319	14	664	94.05
430～439	37	87	12.32	300～309	18	682	96.60
420～429	54	141	19.97	290～299	11	693	98.16
410～419	60	201	28.47	280～289	8	701	99.29
400～409	49	250	35.41	270～279	3	704	99.72
390～399	68	318	45.04	260～269	1	705	99.86
380～389	69	387	54.82	总计	705		

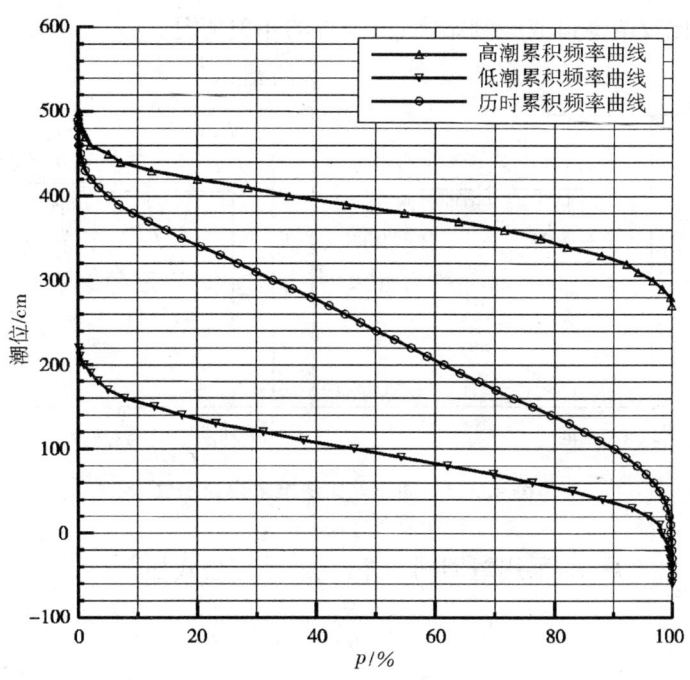

图 4.3.1 潮位累积频率曲线

根据对我国沿海20多个港口和验潮站的部分潮位资料进行统计对比,对于海岸港和潮汐作用明显的河口港,高潮10%和低潮90%与历时1%和历时98%的潮位很接近,其差值一般在10 cm之内。对于汛期潮位作用不明显的河口港,汛期洪峰水位可能连续几天高于一般高潮位,若按高、低潮位进行统计是不合理的,应采用多年历时1%和历时98%的水位值作为设计高、低潮位。

3. 短期同步差比法

在新建港口的初步设计阶段,潮位观测资料不足1年时,可与附近有1年以上验潮资料的港口或验潮站进行同步相关分析,计算相当于高潮10%或低潮90%的数值,此法称为短期同步差比法。进行差比计算时,要求2个港口或验潮站之间符合条件:①潮汐性质相似;②地理位置邻近;③受河流径流包括汛期径流的影响相似。而潮汐性质相似可按下列方法判断:

(1) 潮位过程线比较法　将2个港口或验潮站半个月以上短期的同步每小时潮位绘于方格纸上,使两过程线平均海平面重叠在一起,高潮与低潮时间尽量一致,比较两过程线的潮形、潮差和日不等等情况。

(2) 高潮或低潮相关比较　在方格纸上,以纵、横坐标分别代表两个港口或验潮站的高、低潮位,将1个月以上短期同步的逐次高、低潮位点绘于其上,连成相关线,比较两港口或验潮站高、低潮位的相关情况。

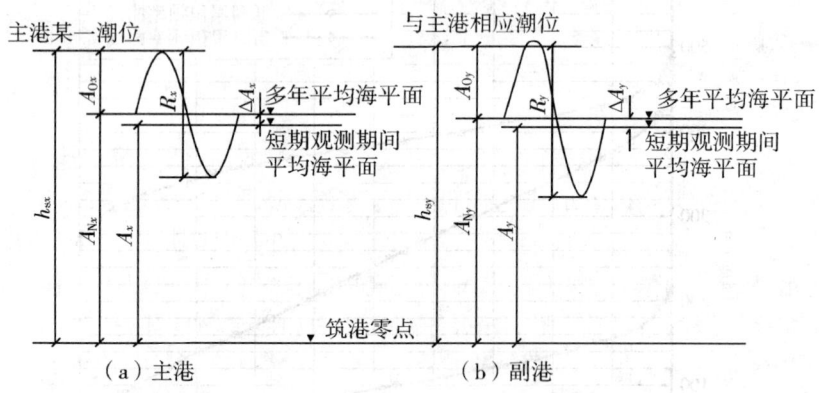

图 4.3.2　同步差比法推求设计潮位

如图 4.3.2 所示,采用短期同步差比法,计算公式如下:

$$h_{sy} = A_{Ny} + \frac{R_y}{R_x}(h_{sx} - A_{Nx}) \tag{4.3.1}$$

$$A_{Ny} = A_y + \Delta A_y \tag{4.3.2}$$

式中,h_{sx} 和 h_{sy} 分别为已有港口和拟建港口的设计高潮位或低潮位;R_x 和 R_y 分别为已有港口和拟建港口的1个月以上短期同步的平均潮差;A_{Nx}和A_{Ny}分别为已有港口和拟建港口的年平均海平面高程;A_y为拟建港口的短期验潮资料的月平均海平面高程;ΔA_y为拟建港口所在地区海平面的月份订正值或近似地用已有港口海平面的月份订正值。

4. 设计潮位的近似计算方法

在潮位实测资料不足,又不具备进行差比计算条件的工程地点,《海港水文规范》给出了近似计算方法。

当有短期验潮资料时,设计高、低潮位按下式计算:

$$h_s = A_N \pm (0.6R + K) \tag{4.3.3}$$

$$A_N = A + \Delta A \tag{4.3.4}$$

式中,h_s为设计高潮位或设计低潮位(m),正负号分别用于高、低潮位;R为1个月以上短期验潮资料中的平均潮差,对于北方港口不应采用冬季潮差;K为常数,可取0.4 m;A_N为年平均海平面(m);A为短期验潮资料的月平均海平面(m);ΔA为港口所在地区或附近港口海平面的月份订正值(m)。

当有工程地点的平均大潮升等资料时,设计高、低潮位按下式计算:

$$h_s = A_N \pm [0.9(R - A_0) + K] \tag{4.3.5}$$

式中,R表示半日潮的平均大潮升或日潮的回归潮平均高高潮(m);A_0表示与大潮升或回归潮平均高高潮同一潮位起算面起算的平均海平面(m);A_N为按当地验潮站零点起算的年平均海平面(m);K为常数,设计高、低潮位分别取0.45 m,0.4 m。

4.3.2.2 极端高、低潮位

极端潮位是指海洋建筑物在非正常工作条件下的高、低潮位。这种潮位通常不是由单纯的天文因素造成的,而是由于寒潮、台风、低压、地震、海啸所造成的增减水与天文潮组合而成的。极端高、低潮位的重现期是以几十年计算的。因此在出现这种潮位时,并不要求海洋建筑物能正常使用,可以不再作业,但却要求在非作业时的各种荷载作用下,各部分结构和地基仍具有一定的安全度。

1. 频率分析法

在海洋工程设计中,极端高、低潮位的确定是按照频率分析方法进行的。依据建筑物的等级和重要性,按照国家规范推求一定频率的高、低潮位,通常要推求重现期50年一遇的高、低潮位,应有不少于连续20年的年最高潮位或最低潮位实测资料,并应调查历史上出现的特殊潮位。

我国《海港水文规范》将 Gumbel 分布用于极端潮位的计算。Gumbel 分布又称为极值Ⅰ型分布,由 Fisher 首先导出,Gumbel 于1941年首次把它用在洪水分析计算中。由于该分布具有充分的理论根据,美国和日本等国也将其用于

重现期波高的计算。其概率分布函数见表 3.5.4。Gumbel 采用最小二乘法估计分布参数 α 和 β。令 $y=\alpha(x-\beta)$，则计算公式如下：

$$\left. \begin{array}{l} \alpha = \dfrac{\sigma_n}{S_x} \\ \beta = \bar{x} - \dfrac{\bar{y}_n}{\alpha} \end{array} \right\} \qquad (4.3.6)$$

式中，

$$\left. \begin{array}{l} \bar{x} = \dfrac{1}{n}\sum x_i \\ \bar{y}_n = \dfrac{1}{n}\sum y_i \\ S_x = \sqrt{\dfrac{1}{n}\sum(x_i-\bar{x})^2} = \sqrt{\dfrac{1}{n}\sum x_i^2 - \bar{x}^2} \\ \sigma_n = \sqrt{\dfrac{1}{n}\sum(y_i-\bar{y}_n)^2} = \sqrt{\dfrac{1}{n}\sum y_i^2 - \bar{y}_n^2} \end{array} \right\} \qquad (4.3.7)$$

由于 $\sigma_n, \bar{y}_n$ 仅与累积概率 p 有关，即是项数 n 的函数，所以当 n 确定之后，Gumbel 由 $p=m/(n+1)$ 求出 $\sigma_n, \bar{y}_n$ 值，其中 m 为变量 x 按照递减次序排列的序号，n 与 $\sigma_n, \bar{y}_n$ 的关系可用曲线或表格形式给出，见表 4.3.2。

表 4.3.2　用最小二乘法估计 Gumbel 分布参数的 y_n 和 σ_n

n	$\bar{y}_n$	σ_n	n	$\bar{y}_n$	σ_n	n	$\bar{y}_n$	σ_n
8	0.484 3	0.904 3	19	0.522 0	1.056 6	60	0.552 1	1.174 7
9	0.490 2	0.928 8	20	0.523 6	1.062 8	70	0.554 8	1.185 4
10	0.495 2	0.949 7	22	0.526 8	1.075 4	80	0.556 9	1.193 8
11	0.499 6	0.967 6	24	0.529 6	1.086 4	90	0.558 6	1.200 7
12	0.503 5	0.983 3	26	0.532 0	1.096 1	100	0.560 0	1.206 5
13	0.507 0	0.997 2	28	0.534 3	1.104 7	200	0.567 2	1.236 0
14	0.510 0	1.009 5	30	0.536 2	1.112 4	500	0.572 4	1.258 8
15	0.512 8	1.020 6	35	0.540 3	1.128 5	1 000	0.574 5	1.268 5
16	0.515 7	1.031 6	40	0.543 6	1.141 3	∞	0.577 2	1.282 6
17	0.518 1	1.041 1	45	0.546 3	1.151 9			
18	0.520 2	1.049 3	50	0.548 5	1.160 7			

将式(4.3.6)代入 Gumbel 分布函数,对应于出现概率 p,其变量 x_p 值为

$$x_p = \bar{x} + \frac{1}{\sigma_n}\{-\ln[-\ln(1-p)] - \bar{y}_n\}S_x \qquad (4.3.8)$$

令

$$\lambda_{P,n} = \frac{1}{\sigma_n}\{-\ln[-\ln(1-P)] - \bar{y}_n\} \qquad (4.3.9)$$

式中,$\lambda_{p,n}$ 仅与 p 和 n 有关(见附表 2),进而可得《海港水文规范》推算的极端高、低潮位的计算式

$$x_p = \bar{x} \pm \lambda_{p,n} \cdot S_x \qquad (4.3.10)$$

若在 n 年验潮资料之内或之外出现过历史特高或特低潮位,在计算极端潮位时应进行特大值的处理,主要是调查确定特大潮位的量值 X_N 及其重现期 N。按照下式计算 T 年($p = \frac{1}{T}$)一遇的极端高、低潮位:

$$x_p = \bar{X}_N \pm \lambda_{p,N} \cdot S_{X_N} \qquad (4.3.11)$$

式中,$\bar{X}_N$,S_{X_N} 是考虑特大值后的年最高、低潮位观测序列的均值和均方差;$\lambda_{p,N}$ 是考虑特大值重现期 N 之后的系数值,按式(4.3.9)计算。

考虑 n 年观测潮位资料具有代表性,则可以假定特大潮位与观测序列之间的缺测年份的均值与 n 年观测资料的均值和均方差相等。若观测潮位资料内有 l 个特大值,之外有 b 个特大值,令 $a = l + b$,则包括特大值及一般观测潮位的 N 年序列的均值和均方差分别为

$$\bar{X}_N = \frac{1}{N}\left[\sum_{j=1}^{a} x_i + \frac{N-a}{n-l}\sum_{i=l+1}^{n} x_i\right] \qquad (4.3.12)$$

$$S_{X_N} = \sqrt{\frac{1}{N}\left[\sum_{j=1}^{a}(x_i - \bar{X}_N)^2 + \frac{N-a}{n-l}\sum_{i=l+1}^{n}(x_i - \bar{X}_N)^2\right]} \qquad (4.3.13)$$

例 1 已知按某工程海区连续 20 年最高潮位观测序列(见表 4.3.3),要求推算 50 年一遇的极端高潮位。

解 (1)将资料依次由大到小排列,由 $p = \frac{m}{n+1} \times 100\%$ 计算各潮位经验频率填入表 4.3.3。

(2)求均值 $\bar{x} = \frac{1}{n}\sum_{i=1}^{n} x_i = \frac{1}{20} \times 6\,807 = 340.35$ (cm)

(3)计算均方差 $S_x = \sqrt{\frac{1}{n}\sum x_i^2 - \left(\frac{1}{n}\sum x_i\right)^2}$

$= \sqrt{\frac{1}{20} \times 2\,321\,739 - (340.35)^2} = 15.77$ (cm)

表 4.3.3　某海区连续 20 年最高潮位值

m_i	年最高潮位 x_i/cm	经验频率 p/%	x_i^2	m_i	年最高潮位 x_i/cm	经验频率 p/%	x_i^2
1	376	4.76	141 376	11	336	52.38	112 896
2	365	9.52	133 225	12	334	57.14	111 556
3	356	14.29	126 736	13	333	61.90	110 889
4	352	19.05	123 904	14	330	66.67	108 900
5	351	23.81	123 201	15	326	71.42	106 276
6	351	28.57	123 201	16	326	76.19	106 276
7	350	33.33	122 500	17	323	80.95	104 329
8	350	38.10	122 500	18	322	85.71	103 684
9	349	42.86	121 801	19	320	90.48	102 400
10	340	47.62	115 600	20	317	95.24	100 489
				Σ	6 807		2 321 739

(4)将经验频率点绘于概率格纸,采用 Gumbel 分布进行适线,理论值见表 4.3.4。

表 4.3.4　某海区潮位 Gumbel 分布理论值

p/%	1	2	4	5	10	25	50	75	90	95	99
$\lambda_{p,20}$	3.836	3.179	2.517	2.302	1.625	0.680	−0.148	−0.8	−1.277	−1.525	−1.93
x_p/cm	401	391	380	377	366	351	338	328	320	316	310

(5)50 年一遇极端高潮位 391 cm。

例 2　潮位观测序列同例 1,据调查在此序列之前曾出现＋494 cm 的特高潮位,重现期为 36 年,进行特大值处理后,推算 50 年一遇极端高潮位。

解　(1)1940～1975 年,$N=36$,考虑特大值序列的均值为

$$\overline{H} = \frac{1}{N}\left[H_N + (N-1)\frac{1}{n}\sum_{i=1}^{n} H_i\right] = \frac{1}{36}\left[494 + \frac{35}{20} \times 6\,807\right] = 344.62 \text{ (cm)};$$

(2) $\overline{H^2} = \frac{1}{N}\left[H_N^2 + (N-1)\frac{1}{n}\sum_{i=1}^{n} H_i^2\right] = \frac{1}{36}\left[494^2 + \frac{35}{20} \times 2\,321\,739\right]$

$= 119\,641.09 \text{ (cm}^2\text{)};$

(3)均方差 $S = \sqrt{\overline{H^2} - \overline{H}^2} = 29.63$ (cm);

(4)经验频率点除对应于特大值 $H_N(=494 \text{ cm})$ 的 $p = \frac{1}{N+1} \times 100\% = 2.70\%$

外,其他对应于 H_i 的经验频率仍为 $p=\frac{i}{n+1}\times100\%=\frac{i}{21}\times100\%$;

(5)根据 $H_p=\overline{H}+\lambda_{p,N}\cdot S$ 计算不同重现设计潮位;查附表2,确定值 $\lambda_{p,N}$,列入表 4.3.5,其中 n 采用 N 值;

(6)50 年一遇极端高潮位为 433 cm。

表 4.3.5 某海区潮位考虑特大值后 Gumbel 分布理论值

$p/\%$	1	2	4	5	10	25	50	75	90	95	99
$\lambda_{p,36}$	3.589	2.972	2.350	2.148	1.511	0.623	−0.154	−0.767	−1.216	−1.448	−1.828
x_p/cm	451	433	414	408	389	363	340	322	309	302	290

2. 极值同步差比法

对于有不少于连续 5 年的最高潮位或最低潮位资料的港口,极端高、低潮位可与附近有不少于连续 20 年资料的港口或验潮站进行同步相关分析,计算相当于 50 年一遇年极值高潮位或低潮位,此法称为极值同步差比法。

进行差比计算时,要求两个港口或验潮站之间符合条件:①潮汐性质相似;②地理位置邻近;③受河流径流包括汛期径流的影响相似;④受增减水影响相似。

采用短期同步差比法,计算公式如下:

$$h_{JY}=A_{NY}+\frac{R_Y}{R_X}(h_{JY}-A_{NX}) \tag{4.3.14}$$

式中, h_{JX} 和 h_{JY} 分别为已有港口和拟建港口的极端高潮位或低潮位; R_X 和 R_Y 分别为已有港口和拟建港口的同期各年年最高潮位或最低潮位的平均值与平均海平面的差值; A_{NX} 和 A_{NY} 分别为已有港口和拟建港口的年平均海平面高程。

3. 其他近似计算方法

对于不能用极值同步差比法进行计算的港口,可按下式计算极端高、低潮位:

$$h_J=h_S\pm K \tag{4.3.15}$$

式中, h_J 和 h_S 分别为已有港口和拟建港口的极端高、低潮位与设计高、低潮位; K 为常数,采用与表 4.3.6 中潮汐性质、潮差大小、河流影响以及增减水影响都较相似的附近港口相应的数值,高、低潮位分别用正、负值。

表 4.3.6　极端水位近似计算方法中的常数 K 值

站位	不同水位下 K 值		站位	不同水位下 K 值		站位	不同水位下 K 值	
	极端高水位/m	极端低水位/m		极端高水位/m	极端低水位/m		极端高水位/m	极端低水位/m
海洋岛	0.8	1.4	金山嘴*	1.2	1.4	赤湾	1.1	1.0
大连	1.0	1.6	滩浒*	1.5	1.4	泗盛圈*	1.1	0.7
鲅鱼圈*	1.0	1.3	镇海	1.5	0.9	黄埔	1.0	0.7
营口	1.1	1.5	长涂*	1.1	1.0	横门*	1.3	0.6
葫芦岛	1.0	1.5	沈家门*	0.8	1.0	灯笼山	1.2	0.6
秦皇岛	1.0	1.6	西洋	1.2	1.1	大万山*	0.9	0.7
塘沽	1.6	1.8	海门(浙)	1.4	0.8	黄冲	1.3	1.0
龙口	1.6	1.5	大陈*	0.9	1.0	黄金	1.2	0.8
烟台	1.1	1.2	坎门	1.6	0.9	三灶*	1.1	0.8
乳山口	0.9	1.3	龙湾(闽)	1.4	0.8	闸坡	1.2	0.8
威海	1.1	1.1	沙埕*	1.1	1.3	湛江	2.4	0.9
青岛	1.2	1.3	三沙*	1.1	1.3	硇洲*	1.3	0.8
石臼港	1.2	1.2	梅花	1.0	1.1	秀英	1.8	0.7
连云港	1.5	1.2	马尾	1.4	1.0	清洪	1.2	0.6
燕尾	1.1	1.2	平潭	1.3	1.0	榆林	0.9	0.6
吴淞	1.6	1.0	崇武	1.3	1.0	八所	0.9	0.8
高桥*	1.4	1.0	厦门	1.5	1.0	湘洲	1.0	1.1
中浚	1.3	1.0	东山	1.0	0.9	石头埠*	1.1	1.4
大戴山	1.0	1.1	汕头	2.3	0.7	北海	1.1	0.9
绿华山	1.0	0.9	汕尾	1.3	0.7	白龙尾*	1.3	1.1

注:"*"表示该站采用条件分布联合概率法的计算结果。

4.3.2.3　乘潮潮位

当港口或修造船船坞航道里的水较浅时,船舶的出入需要乘潮进行,此时应该统计高潮潮位持续的时间。为了保证船舶航行安全,应根据其出入作业的要求,选定合理的持续时间 t。在确定乘潮潮位时,应根据船舶出入港口或修造船船坞的密度,确定水位不低于该潮位的累积频率 p。高潮乘潮潮位的推求步骤如下:

(1)在潮位过程线上,量取各次潮峰上历时为 t 小时的潮位,统计其在不同潮位级内的出现次数;

(2)其余步骤与高潮(潮峰)累积频率曲线的绘制步骤相似,绘出持续时间为 t 的高潮乘潮潮位累积频率曲线;

(3)按照设计要求,从上述曲线上读取累积频率为 p 的潮位数值。

§4.4 风暴潮的形成与推算

4.4.1 风暴潮的诱因与成灾

风暴潮指的是由强烈大气扰动如热带气旋、温带气旋以及寒潮等引起的海面异常升高现象。风暴潮往往伴有狂风巨浪,如果与天文大潮相叠加,往往造成滨海区域潮水暴涨,海水浸溢内陆从而酿成巨大灾难。有人称风暴潮为"风暴海啸"或"气象海啸",我国历史文献中称其为"海溢"、"海侵"、"海啸"及"大海潮"等,把风暴潮灾称为"潮灾"。风暴潮灾的空间范围一般由几十千米至上千千米,时间尺度或周期为 $1\sim 100$ h,介于地震海啸和低频天文潮波之间,但有时风暴潮影响区域随大气扰动因子的移动而移动,因而有时一次风暴潮过程可影响 $1\sim 2\,000$ km 的海岸区域,影响时间多达数天之久。

1. 产生风暴潮的天气系统

资料分析表明,寒潮、温带气旋和热带气旋是造成我国风暴潮的 3 类天气系统。

(1)热带气旋类

影响和登陆我国的热带气旋主要来自西北太平洋和南海,孟加拉湾风暴对我国西南地区也有影响。据 45 年(1949~1993 年)的资料统计,影响中国的热带气旋共发生 707 次,年平均 16 次,其中造成沿岸风力在 8 级以上的热带风暴和台风共 455 次,年平均 10 次,占总数的 64%。其发生的时间以夏季和秋季最为常见;而 8 月和 9 月出现频率最高,分别为 21.4% 和 18.9%。

我国是世界上出现登陆热带气旋最多的国家。据统计,45 年内共登陆的热带气旋 419 次,年平均 9 次,其中登陆时达到热带风暴和台风强度的共 311 次,年平均 7 次,5~12 月都有风暴和台风登陆中国。台风中心附近气压低、风力大,台风进入浅海时,浓云翻滚,大雨倾盆,狂风推巨浪使得迎风岸急剧增水,表 4.4.1 显示了我国沿海增水的极值分布。

(2)寒潮类

我国渤海、北黄海地处中纬度地区,在冬季,此地区是来自西伯利亚和蒙古等地的冷高压南下的必经之路;在春、秋季节,又是冷暖气团的交汇地区。寒潮发生时,该地区天气变化剧烈,可引起持续的大风,使渤海、黄海水位发生异常变化,这类风暴潮又称冷锋潮。

表 4.4.1 我国沿海最大增水值分布统计

站名	最大增水值/m	备注	站名	最大增水值/m	备注
大 连	1.33		平 潭	2.47	
营 口	1.77		厦 门	1.79	
葫芦岛	2.05		东 山	1.52	
秦皇岛	1.83		妈 屿	3.14	
塘 沽	2.27		汕 头	3.02	6903 台风
羊角沟	3.55		汕 尾	1.55	
龙 口	1.54		赤 湾	1.96	
烟 台	1.20		黄 浦	2.52	
青 岛	1.47		北津港	2.55	
石臼港	2.15		湛 江	4.56	
吕 四	2.50		南 渡	5.94	8007 台风
吴 淞	3.53	4906 台风	海 口	2.49	8007 台风
乍 浦	4.34		港 北	1.67	
澉 浦	5.02	5612 台风	三 亚	0.84	
宁 波	2.51		八 所	1.15	
温 州	3.88		石头埠	2.33	
沙 埕	2.11		北 海	1.61	
马 尾	2.76		白龙尾	1.86	

(3) 温带气旋类

温带气旋引起的风暴潮主要发生于冬、春季,其水位变化持续但不剧烈。它由中国内陆低压造成。黄河低压在缓慢东移过程中不断加强,或江淮气旋发展缓慢向东北方向移动入海。在偏东风到东北风的控制下,北方沿海水位增高。由于此类天气属单一系统,诱发增水不高,持续时间短,极少成灾。由温带气旋造成的增水过程和台风风暴潮一样具有初振、主振、余振三个阶段,当增水达一定幅度时,也有极大的破坏性。

2. 风暴潮的形成过程

从海洋波谱观点来看,风暴潮可表征为海面的波动现象,其显著周期范围大致为 $10^3 \sim 10^5$ s,介于地震、海啸和低频天文潮的周期范围之间。在风暴作用下,它在浅海陆架区得到发展和传播,形成特有的波动性质,并派生出一系列"惯性重力波"。风暴中心的低压区引起海水上升,海面水体的升高与气压降低形成静压效应。同时,风暴中心周围的强风以湍流切应力的作用使表层海水形成与风场同样的气旋式环流,但因地球自转产生的科氏力作用,海流在北半球将向右偏(南半球相反),形成表层海水的辐散。由于海水运动连续性的要求,深层水必然来补偿,这就形成了深层海水的辐合,开始是沿着径向流向中心,而后由于科氏力的作用,海流向右偏,于是,就建立了深层水中的气旋式环流。

海面受局部低气压的作用,以及深层流继而辐合所形成的部分海面隆起,似一个孤立波随着风暴的移动而传播,在传播过程中形成了由风暴中心向四面八方传播出去的自由长波,它们是以通常的长波速度移行的,因而自由波系远远领先到达海岸。它们传播到陡峭的岸边会被反射。但是,当它们传播到大陆架浅水区域时,特别是风暴所携带的强迫风暴潮波爬上了大陆架浅水域,或进入边缘浅海、海湾或江河口的时候,由于水变浅,再加上强风的直接作用、地形的缓坡影响,能量迅速集中,风暴潮也就迅速发展起来。

风暴潮是海洋能量传播到陆架上或港湾中所呈现的特有现象,它大致可分为3个阶段(图4.4.1):

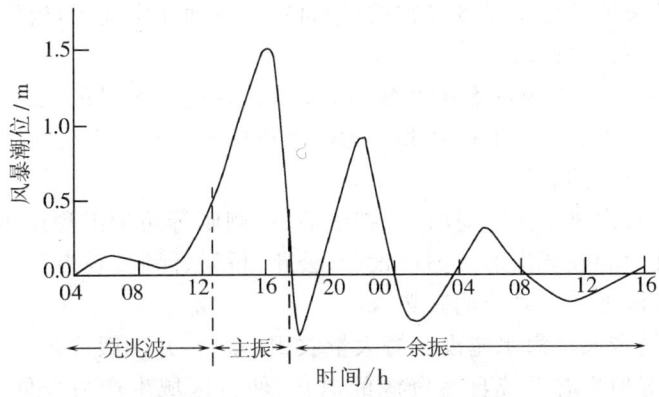

图 4.4.1　典型的风暴潮过程曲线

(1)在台风、飓风还远在大洋或外海时,潮位已受到相当的影响,这种在风暴潮来临前趋岸的波称为先兆波。先兆波可以表现为海面的微小上升,有时也表现为海面的缓慢下降。

(2)风暴已逼近或过境时,该地区将产生急剧的水位升高。风暴潮的发生主要是在这一阶段,潮高能达到数米,所以称为主振阶段。

(3)当风暴潮的主振阶段过去之后,往往存在一系列的振动——假潮或自由波,这一系列的振动称为余振。

3. 风暴潮的成灾机制

在风暴潮的主振阶段,中国沿海的潮高(理论深度基准以上)可达 7~8 m,虽然时间不长,但风暴潮积累的大量能量消耗于此阶段,因此它可在短时间内产生极强的破坏力。在下列情况发生时,风暴潮极有可能酿成极其严重的后果:

(1)在风暴潮的主振阶段,由于天文大潮和台风风暴潮叠加以及短周期海浪的综合影响,造成沿海区域的风暴增水值超过当地警戒水位,形成严重灾害。如 1989 年 7 月 18 日 14 时 8908 号台风在广东省阳江县登陆,风暴潮恰和当地天文大潮高潮重叠,致使珠江口及其以西沿海发生了新中国成立以来最严重的一次风暴潮灾害,造成 11.13 亿元的直接经济损失。

(2)风暴潮的余振阶段最危险的情形在于它的高峰恰与天文潮高潮相遇,此时形成的实际水位(即余振曲线对应地迭加上潮汐预报曲线)完全有可能超过当地的警戒水位,从而再次泛滥成灾。由于这种情况往往出乎意料,更要特别警惕。

(3)当风暴携带风暴潮的运行速度接近当地的重力长波的波速时,会发生共振现象,共振的结果是导致异常的高水位,波阵面非常陡峭,极易成灾。

4. 风暴潮的成灾方式

风暴潮对我国沿海的影响是灾难性的,它除造成大量的人口死亡、疫病流行外,还会造成生态环境的破坏和巨大的经济损失。具体表现在以下方面:

(1)工程设施的破坏

据统计,每次风暴潮都对海堤、挡浪墙、挡潮闸等防护工程产生不同程度的破坏,并会冲毁和破坏沿海的通讯设施、公路、桥梁、涵洞、码头和房屋。

(2)海岸湿地生态系统的破坏

风暴潮携带大量海水淹没沿海大量农田、盐田,并冲毁渔场等海滩养殖场,加速了海岸湿地生态系统自然资源的退化,使得区域生产力降低,阻碍了我国沿海经济的持续发展。

(3)盐水入侵

我国大河三角洲地区都是风暴潮频发地区,风暴潮会造成严重的盐水入侵现象,使地下水遭到污染、耕地盐渍化。

(4)海滩侵蚀

暴风浪具有极其陡峭的波陡,当它抵达海滩时,巨大的水体源源不断地涌上滩面,海滩很快达到饱和,地下水位变得与滩面一致,因此,回流几乎等于上冲流,接近休止状态的滩面物质遭受大量侵蚀,而重力作用又加强了回流对滩面的侵蚀。风暴潮增水及表层水体向岸、底层水体向海的环流,扩大了暴风浪侵蚀的范围和能力,使近底部向海流动的回流的挟沙能量增大。

5. 风暴潮灾害

风暴潮可以造成巨大的海洋灾害。如1959年9月26日的日本伊势湾台风风暴潮毁坏房屋35 025间,5 200人丧生;1970年11月13日,孟加拉湾曾发生了毁灭性的风暴潮,夺去了30万人的生命,淹毙50万头牲畜,使100万人无家可归。

我国拥有18 000多千米的海岸线,且横跨纬度范围大,是少数既受台风风暴潮影响又受温带风暴潮影响的国家之一,尤以福建、广东、广西沿海为甚,每年平均发生2~3次。黄海、渤海沿岸虽然台风风暴潮出现次数少于东南沿海地区,却受到寒潮引起的风暴潮袭击,如渤海仅在20世纪80年代就有3次较大的风暴潮袭击了渤海湾和莱州湾,给沿岸地区造成一定的灾害。随着沿海经济的发展,风暴潮灾害已成为严重影响可持续发展的灾害之一。

根据我国国家海洋局的统计,1949~1998年的50年间,我国共发生最大增水1 m以上的风暴潮270次,平均每年5次以上,最大增水2 m以上的严重风暴潮灾害48次,最大增水3 m以上的特大风暴潮15次,其中造成显著灾害损失的共计112次,尤其是1989~1998年,风暴潮灾害造成的直接经济损失累计达1 200多亿元,死亡人数2 690人,风暴潮灾害已成为我国第一大海洋灾害。

2000年我国沿海又发生了严重的风暴潮灾害,其中有4次造成严重的灾害损失。根据2000年中国海洋灾害公报,在这几次灾害性风暴潮发生期间,江苏省、浙江省、上海市、福建省和海南省沿海增水均超过当地警戒水位,直接经济损失约120亿元。具体情况见表4.4.2。

表4.4.2 2000年风暴潮灾害(含近岸台风浪灾)损失统计

省(市)	受灾人口 /10^4	农田 /10^4 hm²	海洋水产养殖损失 /10^4 hm²	房屋间数 /10^4	海洋工程 /处	海洋工程 /km	船只 /艘	死亡(失踪)人数	直接经济损失 /10^8 元
浙江省	278.9	14.80	2.9	5.6	400	149	585	4	43.0
上海市	—	1.86	—	—	64	10	—	1	1.4
江苏省	640.7	22.35	0.853	3.5	40	31	—	9	56.1
海南省	83.6	—	0.08	9.0	20	—	56	0	3.0
福建省	—	—	0.047	—	1 539	216	300	1	11.9
合计	1 003.2	39.01	3.88	18.1	2063	406	941	15	115.4

表中"—"表示此项数据待收集。

4.4.2 风暴潮的推算

风暴潮具有巨大致灾性,已经引起许多国家和学者的重视,美、日、英、法、荷、德、俄、泰国和菲律宾等国,都开展了风暴潮预报服务业务。我国有关单位和科学工作者也进行了大量调查研究工作,在风暴潮生成、发展的机制及预报等方面取得了一定成绩。

风暴潮推算和预报的方法主要有 3 类。

1. 经验统计法

此法主要依据历史资料,利用统计相关分析,建立气象因子与具体地区风暴增水之间的相关关系,用以推算该地区的增水极值与过程。国家海洋环境预报中心曾用的方法有:

(1) 台风风暴潮单站最大增水推算方法

$$\Delta H_{\max} = a \cdot \Delta P(1-e^{-R_0/R}) + b \tag{4.4.1}$$

式中,$\Delta H_{\max}$ 为最大增水值(cm);$\Delta P = (P_\infty - P_0)$,其中 P_∞ 为正常气压,P_0 为台风中心的气压,均以 hPa 计;R_0 为台风最大风速半径,R 为最大增水发生时台风中心到测站的距离,均以纬距计;a 及 b 为常数。

(2) 台风风暴潮单站增水过程方法

一般认为当台风尺度、移动路径及速度不变时,同一测站的增水仅与台风中心气压示度成正比。因而对实际台风的逐时增水值 ΔH_i 进行对比计算:

$$\Delta H_i = \Delta H_j \left(\frac{\Delta P_{0i}}{\Delta P_{0j}}\right) \tag{4.4.2}$$

式中,ΔP_{0i} 为实际台风中心逐时气压示度(hPa);ΔP_{0j} 为历史上相似台风中心逐时气压示度(hPa)。

2. 诺模图法

在数值计算的基础上,通过对大量假想台风进行逐时风暴潮位计算,建立了推算我国沿海风暴潮的诺谟图。此类方法主要有 2 种。

(1) 开敞海岸台风风暴潮推算诺谟图法

台风过程的最大增水值为

$$\Delta H_{\max} = H_P \cdot F_M \cdot F_D \tag{4.4.3}$$

式中,$\Delta H_{\max}$ 为最大增水值(cm);H_P 为最大增水的初始值(cm),由台风中心气压示度 ΔP 和台风最大半径 R 确定;F_M 为矢量风暴运动订正因子,由台风移动速度 V、移动方向 θ 确定;F_D 为海底地形订正因子。

(2) 半封闭海台风风暴潮推算诺谟图法

此方法适用于渤海地区,最大风暴潮值为

$$\Delta H_{i\max} = \Delta H_{j\max}\left(\frac{\Delta P_i}{\Delta P_j}\right) \tag{4.4.4}$$

式中,$\Delta H_{i\max}$ 为最大风暴潮位值(cm);$\Delta H_{j\max}$ 为标准台风过程中测站最大风暴潮位值(cm);ΔP_i 为推算台风的气压示度(hPa);ΔP_j 为标准台风的气压示度(hPa)。

3. 数值模式法

目前,数值模式很多,多数是二维的,在我国,国家海洋环境预报中心所采用的模式主要有以下 3 个。

(1)五区块模式 这是由国家海洋环境预报中心于 20 世纪 80 年代末开发的中国沿海的二维台风风暴潮模式,它将我国沿海分为五个区块(图 4.4.2)。

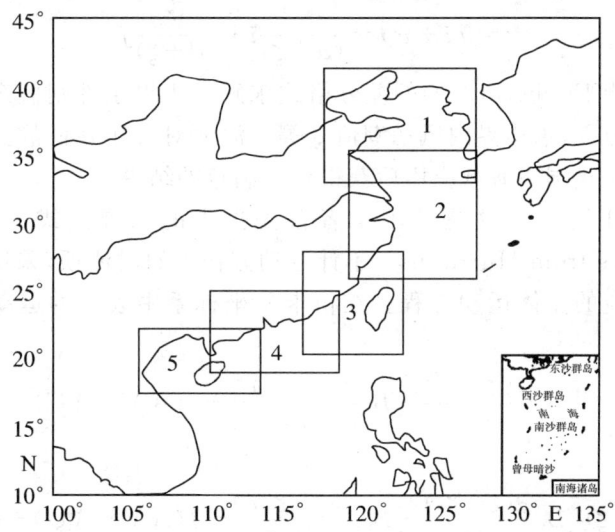

图 4.4.2 中国沿海风暴潮计算的五个区域划分

五区块模式的基本方程组如下:

$$\left. \begin{aligned} \frac{\partial U}{\partial t} &= -g(d+\zeta)\frac{\partial \zeta}{\partial x} - \frac{1}{\rho}(d+\zeta)\frac{\partial P_a}{\partial x} + \frac{\tau_{ax}-\tau_{bx}}{\rho} + fV \\ \frac{\partial V}{\partial t} &= -g(d+\zeta)\frac{\partial \zeta}{\partial y} - \frac{1}{\rho}(d+\zeta)\frac{\partial P_a}{\partial y} + \frac{\tau_{ay}-\tau_{by}}{\rho} + fU \\ \frac{\partial \zeta}{\partial t} &= -\frac{\partial U}{\partial x} - \frac{\partial V}{\partial y} \end{aligned} \right\} \tag{4.4.5}$$

上式,xoy 平面位于静水面;z 轴垂直向下为正;t 为时间;p_a 为大气压力;g 为重力加速度;ρ 为海水密度;ζ 为从静水面起算的风暴潮位;d 为静水面下的水深;f

为科氏力参数。全流 U, V 定义如下：

$$(U, V) = \int_{-\zeta}^{d} (u, v) dz \qquad (4.4.6)$$

式中，u 及 v 分别表示流速的 x 方向和 y 方向的分量。

$$\boldsymbol{\tau}_a = \rho_a r_a^2 |\boldsymbol{W}| \boldsymbol{W} \qquad (4.4.7)$$

$$\boldsymbol{\tau}_b = \rho_a r_b^2 |\boldsymbol{V}| \boldsymbol{V} - \beta \boldsymbol{\tau}_a \qquad (4.4.8)$$

式中，$\boldsymbol{\tau}_a$ 和 $\boldsymbol{\tau}_b$ 分别为海面风应力和底摩擦应力；τ_{ax}，τ_{ay} 及 τ_{bx}，τ_{by} 分别为 $\boldsymbol{\tau}_a$ 和 $\boldsymbol{\tau}_b$ 在 x 和 y 方向的分量；$\boldsymbol{W}$ 为风力表高度的风矢量；ρ_a 为大气密度；r_a^2 为风曳力系数，r_b^2 为底摩擦系数，两者均为 2.6×10^{-3}；β 为常数（0.35）；$\boldsymbol{V}$ 为深度平均流矢量。

$$\boldsymbol{V} = u\boldsymbol{i} + v\boldsymbol{j} = \frac{U}{(d+\zeta)}\boldsymbol{i} + \frac{V}{(d+\zeta)}\boldsymbol{j} \qquad (4.4.9)$$

上式可采用 Fischer(1959) 的差分格式求解。边界条件则假定岸界取法向全流（U 或 V）为零，水边界内风暴潮值 ζ 等于海面对气压降低静力响应的平衡高度。该模式在我国诸海域应用后获得令人满意的结果。

(2) SLOSH 模式 这是美国学者首先提出的二维模式（Sea, Lake and Overland Surges from Hurricans），不计运动方程中的对流项，采用数值方法求解有限振幅效应的流体运动方程。在笛卡尔坐标系中表示的运动方程和连续方程如下：

$$\frac{\partial U}{\partial t} = -g(d+\zeta)\left[B_r \frac{\partial(\zeta-\zeta_0)}{\partial x} - B_i \frac{\partial(\zeta-\zeta_0)}{\partial y}\right] + f(A_r V + A_i U) + C_r X_\tau - C_i Y_\tau$$

$$(4.4.10a)$$

$$\frac{\partial V}{\partial t} = -g(d+\zeta)\left[B_r \frac{\partial(\zeta-\zeta_0)}{\partial x} + B_i \frac{\partial(\zeta-\zeta_0)}{\partial y}\right] - f(A_r V + A_i U) + C_r X_\tau + C_i Y_\tau$$

$$(4.4.10b)$$

$$\frac{\partial \zeta}{\partial t} = -\frac{\partial U}{\partial x} - \frac{\partial V}{\partial y} \qquad (4.4.10c)$$

式中，下标 r 和 i 分别表示实部和虚部；U 及 V 为水平质量输送（全流的 x 和 y 方向的水平分量）；g 为重力加速度；d 为由基面起算的水深；ζ 为由基面起算的风暴潮位；ζ_0 为静压高度；f 为科氏力参数；X_τ 及 Y_τ 为表面应力分量；A，B 及 C 为底应力项，是总深度（$d+\zeta$）的函数。

上 3 式组成了求解风暴潮位 ζ 和水平质量输送 U 及 V 的封闭方程组。该模式未考虑风浪和浪致涌水等现象。在求解过程中将笛卡尔坐标方程表示为极坐标方程，在输出结果时再转换为方形网格。它采用有限差分格式求解，在处理侧向边界时，是按水深区分分段处理的。该模式在国内应用获得较好的结果。

(3)国家海洋预报中心模式 这是近年来我国新发展的一种模式,可考虑风暴潮与天文潮的相互作用,已应用于渤海,效果较好。该模式在球坐标系下,控制潮汐和风暴潮运动的深度平均流,其方程可表述为

$$\frac{\partial \zeta}{\partial t}+\frac{1}{R\cos\varphi}\left[\frac{\partial(dU)}{\partial \theta}+\frac{\partial(dV\cos\varphi)}{\partial \varphi}\right]=0 \quad (4.4.11a)$$

$$\frac{\partial U}{\partial t}+\frac{U}{R\cos\varphi}\frac{\partial U}{\partial \theta}+\frac{V}{R}\frac{\partial U}{\partial \varphi}-\frac{UV\tan\varphi}{R}-fV=-\frac{g}{R\cos\varphi}\frac{\partial \zeta}{\partial \theta}-\frac{1}{\rho R\cos\varphi}\frac{\partial p_a}{\partial \theta}+\frac{1}{\rho d}(F_s-F_b)$$
$$(4.4.11b)$$

$$\frac{\partial V}{\partial t}+\frac{U}{R\cos\varphi}\frac{\partial V}{\partial \theta}+\frac{V}{R}\frac{\partial V}{\partial \varphi}-\frac{U^2V\tan\varphi}{R}+fV=-\frac{g}{R}\frac{\partial \zeta}{\partial \varphi}-\frac{1}{\rho R}\frac{\partial p_a}{\partial \varphi}+\frac{1}{\rho d}(G_s-G_b)$$
$$(4.4.11c)$$

式中,θ,φ 分别为经度和纬度;ζ 表示从平均海平面起算的水位高度;U,V 分别为深度平均流的经向及纬向分量;F_s,G_s 分别为海表面风应力 τ_s 的经向及纬向分量;F_b,G_b 分别为海表面风应力 τ_b 的经向及纬向分量;p_a 表示海面大气压;d 为总水深;ρ 为海水密度,视为均匀;R 为地球半径;f 表示科氏力参数($f=2\omega\sin\varphi$)。模式中底摩擦力 τ_b 与深度平均流 V 的关系采用下式:

$$\tau_b=C_b\rho V|V|-\beta\tau_s \quad (4.4.12)$$

式中,$C_b=2.6\times10^{-3}$,$\beta=0.35$。海面风应力 τ_s 与风速 W 的关系为

$$\tau_s=C_b\rho_a W|W| \quad (4.4.13)$$

式中,ρ_a 为空气密度,$C_d=2.6\times10^{-3}$。求解时采用 Arakawa C 型网格和 ADI 差分法,为了提高精度和用于尽可能广阔的水域,采用多重网格法,每个区采用不同的时间和空间步长。该模式在实际应用中取得较好的结果。

上述 3 种方法中,目前已趋于采用数值模式方法进行风暴潮的预报和推算。至于预报方法,不仅将注意潮位与风暴潮的耦合影响,还将注意波浪增水对水位结果的影响,尤其在浅水区;对于工程推算而言,将采用联合概率法来研究沿海极值潮位的实际分布与可能出现的分布,以选取工程所需的合理而安全的设计潮位。

§4.5 台风风暴潮的统计分布与强度等级划分

风暴潮灾害是我国发生频繁、造成经济损失最为严重的海洋灾害。特别是重大的风暴潮灾害对于社会经济的发展具有极大的危害性,是沿海地区可持续

发展的主要制约因素之一。如何准确定位风暴的强弱及其成灾的大小,是防潮减灾的主要研究课题之一。作为一种海洋动力现象,风暴潮具有自然属性;而作为一种灾害形式,它同时具有社会属性。目前,研究者对风暴潮的分级主要有以下几类:①基于风暴增水的强度分级,见表4.5.1;②基于极值潮位的强度分级;③基于灾害等级的灾度分级,见表4.5.2。第1类分级在讨论风暴潮的危害因子时,将风暴增水列为第一位;第2类分级不仅考虑单独的风暴增水,同时将天文潮、洪水影响计在内,将各种因素共同作用的最终水位看做分级的判据;第3类则从灾害损失的观点出发,建立相应的灾害等级。此外,有些研究探讨了风暴强度与灾度的内在关系。

表 4.5.1 风暴潮强度等级表

级别	规模	增水/cm
1	小	≤130
2	中	131~230
3	大	231~430
4	极大	>430

表 4.5.2 灾害等级表

级别	名称	死亡人数	淹没田地/10^4亩*	倒塌房屋/10^4间	经济损失/10^8元
1	轻量潮灾	<100	<10	<0.1	<0.5
2	一般潮灾	101~500	11~50	0.1~1	0.5~1.0
3	较大潮灾	501~1 000	51~100	1~2	1.0~10
4	大潮灾	1 001~5 000	101~500	2~5	10~50
5	特大潮灾	5 001~10 000	501~1 000	5~10	50~100
6	罕见特大潮灾	>10 000	>1 000	>10	>100

"*"亩为中国习惯用土地面积单位,1亩=$\frac{1}{15}$公顷。

尽管我国的重大风暴潮灾害主要是由台风激发的,但不宜把风暴潮灾害损失简单地归结为台风灾害的损失。实际上风暴潮灾害与台风过境时大风直接作用所产生的灾害之间的界限是容易界定的,原则上把由海水直接作用而造成的灾害统称为风暴潮灾害。越来越多的研究表明,严重的台风风暴潮灾害往往是风暴潮与天文大潮相遇、同时迭加向岸大浪造成的。而上述第1,2类分级标准仅仅考虑了增水或潮位,没有包容相应波浪对灾害的影响。由于仅仅包含台风过程中的天文潮和增水信息,警戒水位难以全面反映风暴潮灾害的大小。此外,风暴潮的灾害损失分为直接损失(如财产损失和人员伤亡)和间接损失(如修复重建的投入、救灾投入、对生态环境的影响等等),见图4.5.1。其中直接损失主要取决于风暴潮的强度及其影响的地域面积。后者与灾区的经济发展水平、地形地势和防灾能力有关。在我国,每次潮灾的资料统计,至今没有统一的标准。由于灾情调查的可靠性问题,使得第3类灾度分级的准确程度亦难以保证。而希望建立风暴潮强度与灾度的关系,首先必须正确认识风暴潮的致灾强度。

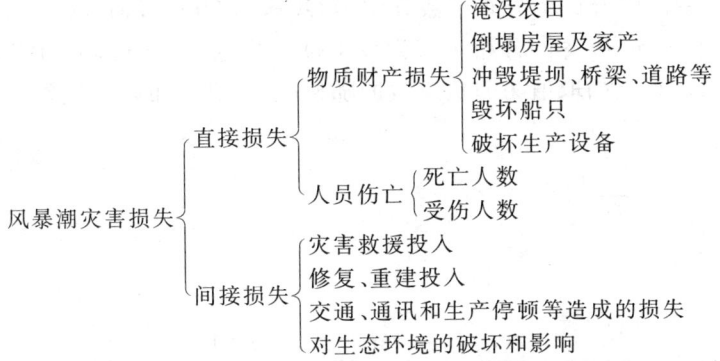

图 4.5.1　风暴潮灾害损失评估指标

本节考虑台风的出现频次,建立二维复合极值分布模型,得到风暴致灾强度的分布规律。以青岛地区风暴潮过程的极值水位和波浪同步观测序列为例,对比已经掌握的潮灾资料,提出了强度等级的划分标准,用以作为对未来台风致灾程度的判据,为进一步的风暴潮社会经济风险评估奠定基础。

4.5.1　致灾台风风暴潮的长期分布

一维复合极值分布提出以来,已在我国海岸及近海工程中得到应用。最近,我国学者给出了泊松二维混合冈贝尔分布,用于估计我国嵊泗海区台风过程中风速和波高对海洋平台的联合作用。为了对台风风暴潮过程中的极值潮位与相应波高作出统计分析,本节提出了泊松二维冈贝尔逻辑分布。

1. 边缘统计分布

设总体 X 的分布函数的形式已知,但它的一个或多个参数为未知,借助于总体 X 的一个样本来估计总体未知参数的值的问题称为参数的点估计问题。下面分别对青岛地区风暴潮过程中的最大潮位、同时发生的显著波高值以及台风频次进行冈贝尔和泊松分布的参数估计。采用最小二乘法来估计上述分布的参数,并进行分布的假设检验。

2. 泊松二维极值分布

为了估计每次台风过程中风速和波高对海洋平台的联合作用,刘德辅等将一维复合极值分布推广到二维模型,给出了泊松二维混合冈贝尔分布(Poisson Bivariate Mixed Gumbel Distribution),简述如下:

若某地区每年发生的风暴潮次数 n 是一个离散型随机变量,而每次风暴过程中的极值风速(波高)及相伴出现的波高(风速)设为 (ξ,η),无风暴年份的极值风速(波高)及伴随出现的波高(风速)设为 (ζ,γ)。设 (ξ,η) 和 (ζ,γ) 为二维连续型随机向量,二者的联合概率分布函数分别为 $G(x,y)$ 和 $Q(x,y)$。(ξ,η) 的联合概率密度函数为 $g(x,y)$;ξ 的分布函数为 $G_x(x)$。设 (ξ_i,η_i) 为 (ξ,η) 的第 i 次观测值,n 为与 (ξ,η) 独立的取值为非负整数的随机变量,其分布函数记作

$$\left.\begin{array}{l}P\{n=k\}=P_k, \quad k=0,1,\cdots \\ \sum P_k = 1\end{array}\right\} \quad (4.5.1)$$

定义随机向量

$$(X,Y) = \begin{cases}(\zeta,\gamma), & n=0 \\ (\xi_j,\eta_j)\mid \xi_j = \max_{1\leqslant i\leqslant n}\xi_i, & n\geqslant 1\end{cases} \quad (4.5.2)$$

则称

$$F_0(x,y) = P_0 + \sum_{k=1}^{\infty} P_k \cdot k \cdot \int_{\infty}^{y}\int_{\infty}^{x} G_x(u)^{k-1} g(u,v)\,du\,dv \quad (4.5.3)$$

为离散型分布 P_k 与连续型分布 $G(x,y)$ 构成的二维复合型极值分布。

设 λ 为平均每年风暴发生次数,若风暴过程出现频次 n 符合泊松分布

$$P_k = \frac{e^{-\lambda}\lambda^k}{k!}, \quad k=0,1,\cdots \quad (4.5.4)$$

由式(4.5.3)可导出以下形式:

$$F_0(x,y) = e^{-\lambda}(1 + \lambda \int_{-\infty}^{y}\int_{-\infty}^{x} e^{\lambda \cdot G_x(u)} g(u,v)\,du\,dv) \quad (4.5.5)$$

若式(4.5.5)中的 $g(x,y)$ 采用混合冈贝尔分布,则得到泊松二维混合冈贝尔分布。

由于泊松二维混合冈贝尔分布使用的一个必要条件是:两个变量之间的相关关系的取值范围为 $[0,2/3]$,这极大地限制了模型的应用,因为在实际工程中,两个极值序列之间的相关关系不满足上述条件是经常遇到的。本节采用泊松二维冈贝尔逻辑分布(Poisson Bivariate Gumbel Logistic Distribution),使得泊松二维冈贝尔模型具有普遍适用性。

若 $G(x,y)$ 符合二维冈贝尔逻辑分布，其分布函数为

$$G(x,y)=\exp\left\{-\left[\exp\left(-\frac{x-\mu_1}{\alpha\sigma_1}\right)+\exp\left(-\frac{x-\mu_2}{\alpha\sigma_2}\right)\right]^\alpha\right\} \quad (4.5.6)$$

式中：α 是表示随机变量 x 和 y 之间相关性的参数，若 r_{12} 为随机变量 x 和 y 之间的相关系数，α 可按 $\sqrt{1-r_{12}}$ 进行估计。式(4.5.6)中随机变量 x 和 y 之边缘分布如下：

$$\left.\begin{array}{l}G_x(x)=\exp\left[-\exp\left(-\dfrac{x-\mu_1}{\sigma_1}\right)\right]\\[2mm] G_y(y)=\exp\left[-\exp\left(-\dfrac{x-\mu_2}{\sigma_2}\right)\right]\end{array}\right\} \quad (4.5.7)$$

式中，$\mu_i,\sigma_i(i=1,2)$ 分别表示随机变量边缘分布的位置参数和尺度参数。对式 (4.5.6)中的随机变量 x 和 y 求偏导数，得到 x 和 y 的联合概率密度函数为

$$g(x,y)=\frac{1}{\alpha\sigma_1\sigma_2}A^{\frac{1}{\alpha}}B^{\frac{1}{\alpha}}(A^{\frac{1}{\alpha}}+B^{\frac{1}{\alpha}})^\alpha[\alpha(A^{\frac{1}{\alpha}}B^{\frac{1}{\alpha}})-(\alpha+1)]\cdot G(x,y) \quad (4.5.8)$$

式中，$A=\exp\left(-\dfrac{x-\mu_1}{\sigma_1}\right),B=\exp\left(-\dfrac{x-\mu_2}{\sigma_2}\right)$。将式(4.5.8)代入式(4.5.5)，即得泊松二维冈贝尔逻辑分布。若随机变量 X 和 Y 超过某值 x 和 y 时，其发生概率 p 与累积概率 G 互余，对应的联合重现期 T 则为 p 的倒数。

4.5.2 台风风暴潮强度等级划分

青岛市地处山东半岛西南部，自新中国成立至2001年，影响该地区的台风共计77次，平均2年约3次。有87.1%出现在7～9月，8月份最多，占39.0%（见图4.5.2）。尽管影响青岛的台风平均每年1.5次左右，但台风风暴潮灾害并非年年发生。主要原因在于青岛地区风暴潮灾害的出现取决于台风过境时的强度、时间和路径等多种因素。特别是大的风暴潮灾发生时，一要有相当高

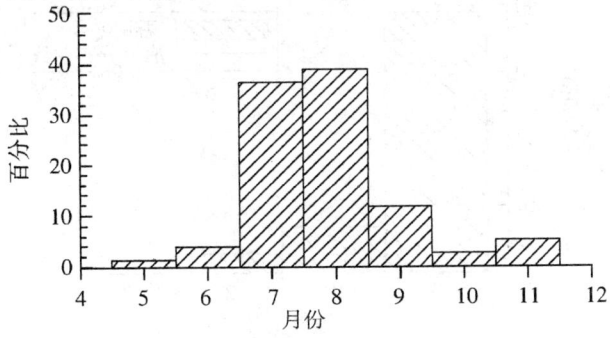

图 4.5.2 青岛地区台风发生次数的月份分布

的组合潮位,二要有相当大的向岸波浪。虽然如此,青岛地区仍然发生了10余次台风风暴潮灾害,尤其是20世纪80～90年代,连续发生了3次特大台风风暴潮灾害,给青岛的经济发展造成了严重的影响,其主要灾况如表4.5.3所示。

表 4.5.3 青岛地区 3 次特大台风风暴潮灾况

台风编号	起止时间	最高潮位/cm	显著波高/m	最大风速/m·s^{-1}	直接经济损失/10^{8}元
8509	1985.8.14～8.20	531	5.5	35.6	5.08
9216	1992.8.27～9.2	548	5.0	28.8	6.80
9711	1997.8.10～8.21	551	5.2	25.8	2.17

选取青岛地区新中国成立以来发生的致灾台风过程,挑选相应风暴潮时的最大潮位以及同时发生的显著波高值,组成长期二维序列,见图4.5.3和图4.5.4。经过χ^2检验,在显著水平0.05时,台风的发生次数服从泊松分布,见图4.5.5。

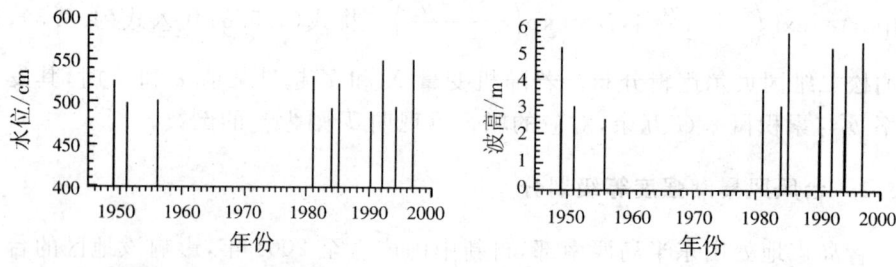

图 4.5.3 致灾台风风暴潮的最高潮位观测值　　4.5.4 致灾台风风暴潮的波高观测值

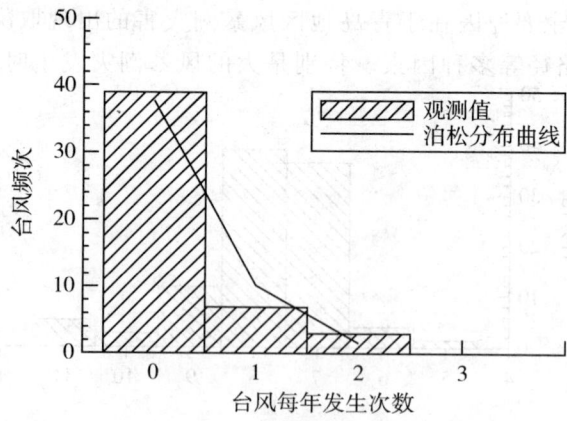

图 4.5.5 台风频次的泊松分布

对潮位和波高序列分别进行冈贝尔分布的拟合,经过 K-S 检验,在显著水平 0.05 时,二者皆符合冈贝尔分布,见图 4.5.6 和图 4.5.7。潮位与波高联合概率密度见图 4.5.8 和图 4.5.9。

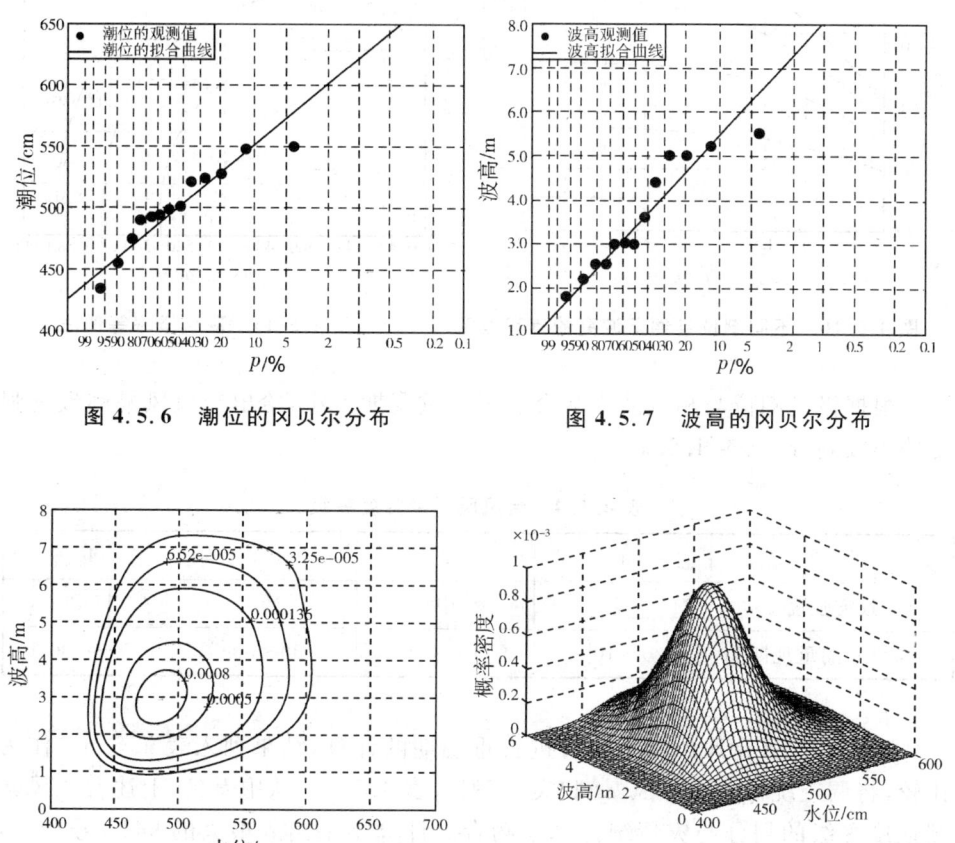

图 4.5.6　潮位的冈贝尔分布　　　　图 4.5.7　波高的冈贝尔分布

图 4.5.8　波高与潮位的联合概率密度等值线　图 4.5.9　波高与潮位的联合概率密度

图 4.5.10 表示不同潮位条件下波高的累积概率。从中可以看出,随着潮位的增长,累积概率随着波高的变化更加显著。可见,单纯的潮位值,难以全面描述台风风暴潮的灾害的程度。

由泊松二维冈贝尔逻辑分布得到的概率等值线见图 4.5.11。若极值潮位到达现在青岛市颁布的警戒水位 525 cm,它与波高 3.0 m,4.0 m,5.0 m 和 6.0 m 同时出现的概率分别为 4.46%,2.92%,1.67% 和 0.86%。因此采用警戒水位的概念,难以反映台风风暴潮对海岸地区造成灾害的重现特点,不可避免地对灾情大小的理解产生偏差。

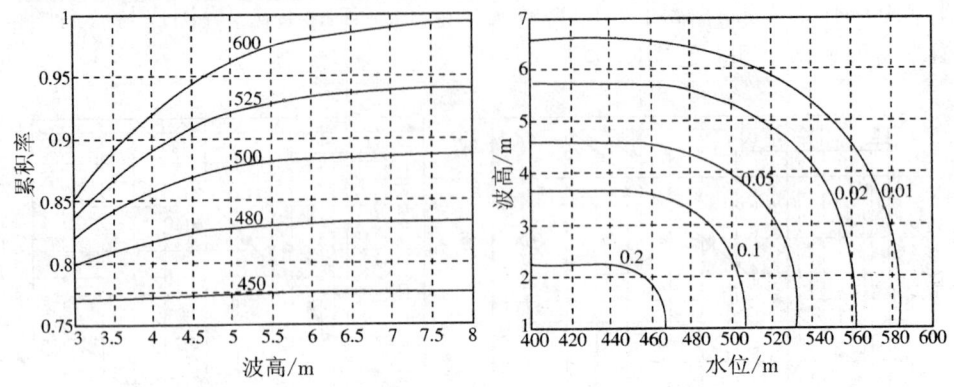

图 4.5.10　不同潮位条件下波高的累积概率　　图 4.5.11　联合概率等值线

根据极值潮位与相应波高联合出现的重现期大小,给出台风风暴潮致灾强度的等级划分,见表4.5.4。

表 4.5.4　台风风暴潮强度等级

级别	1	2	3	4
致灾强度	轻	中	重	特重
台风风暴潮重现期/a	0～10	10～30	30～50	50～200

对青岛地区台风风暴潮灾害进行重现期的计算,结果列入表4.5.5。作为比较,将调查统计的台风风暴潮"灾度"列入表4.5.5。从中看到,上述台风风暴潮强度等级的划分与灾情统计基本吻合。计算结果出入最大的9415号台风,计算结果为中,实际灾度为轻,其原因与9414号台风风暴潮连续受灾有一定影响,人们的防潮减灾意识增强,加上预报及时,使得灾害损失降低。需要指出的是,虽然9711号台风风暴潮的自然强度最大,从表4.5.5可知,其灾情却低于9216号台风,其原因在于:相关部门对这次台风预报的准确,发布的及时,使这次台风造成的损失减少到了最低程度。

从表4.5.5亦可看出,在台风风暴潮过程中,若极值潮位与波高同时出现较高值,则致灾强度很大(如9711,9216和8509号台风);若潮位较高,相伴出现的波高相对较小,成灾强度亦较轻(如4908号台风)。这进一步验证了:青岛地区的严重台风风暴潮灾害是高潮潮位与向岸大浪联合作用造成的。

表 4.5.5　青岛地区台风风暴潮致灾强度

台风编号	极值潮位/cm	显著波高/m	重现期/a	计算风暴潮强度	灾度
4906	475	5.0	31	重	重
4908	525	2.5	19	中	中
5116	499	3.0	12	中	中
5622	501	2.5	10	中	中
8114	529	3.6	31	重	重
8406	493	3.0	10	中	中
8509	521	5.5	77	特重	特重
9005	490	1.8	7	轻	轻
9015	434	3.0	7	轻	轻
9216	548	5.0	94	特重	特重
9414	494	2.2	9	轻	轻
9415	455	4.4	18	中	轻
9711	551	5.2	111	特重	特重

基于泊松二维冈贝尔逻辑分布，本节对海岸地区台风风暴潮致灾强度进行了长期预测。新模式能够反映潮位与波高对灾情的综合影响，克服了以往单一警戒水位的不足，提出了判别台风风暴潮致灾强度的新准则。由于资料有限，模型的普遍适用性尚需进一步检验和完善，但所提出的统计分析方法对我国海岸地区的防潮减灾具有参考意义。

第五章 海流

海水中的水团从一地流动到另一地称为海流。近岸海水由于外海潮波、大洋水团的迁移、风和气压的影响以及河川泄流、波浪破碎、海底地形等诸多因素的影响而形成的流动,称为近岸海流。

在海洋工程中,海流的确定对于港址的选择、海洋建筑物的受力、泥沙的输移、岸线的变化影响很大,是工程设计需要考虑的主要荷载之一。

§5.1 近岸海流概述

近岸海流通常分为潮流和非潮流。潮流是海水受天体引潮力作用而产生的海水周期性的水平运动。非潮流又可分为永久性海流和暂时性海流。永久性海流包括大洋环流、地转流等;暂时性海流则是由气象因素变化引起的,如风吹流、近岸波浪流、气压梯度流等。

海流是矢量,其方向是指流去的方向,以度为单位,正北为零,按照顺时针计量;流速是指单位时间内海水流动的距离,以 $m \cdot s^{-1}$ 或 kn 为单位,1 kn= 1.852 $km \cdot h^{-1}$。

本书主要介绍与海洋工程密切相关的潮流、近岸波浪流、漂流等。

5.1.1 潮流

潮流与潮汐相对应,存在半日潮流、日潮流、混合潮流。其周期是以一个太阴日来划分的。由于海底地形、海岸形状的不同,潮流现象要比潮汐现象更加复杂。

涨潮时,海水的流动称为涨潮流;落潮时,海水的流动称为落潮流。潮流不仅流速具有周期性,流向也具有周期性。按照流向来分,潮流有 2 种运动形式:旋转流和往复流。

旋转流一般发生在外海和开阔的海区,是潮流的普遍形式。由于地球的自转和海底摩擦的影响,潮流往往不是单纯地形成往复的流动形式,其流向不断地发生变化。若以测流点为原点,把昼夜逐时观测的潮流矢量画出来,可以看到这些矢量随时间的变化,此图称为潮流矢量图,见图 5.1.1。往复流常发生在近海岸狭窄的海峡、水道、港湾、河口以及多岛屿的海区,由于地形的限制,致使潮流主要在相反的两个方向变化,形成海水的往复流动。

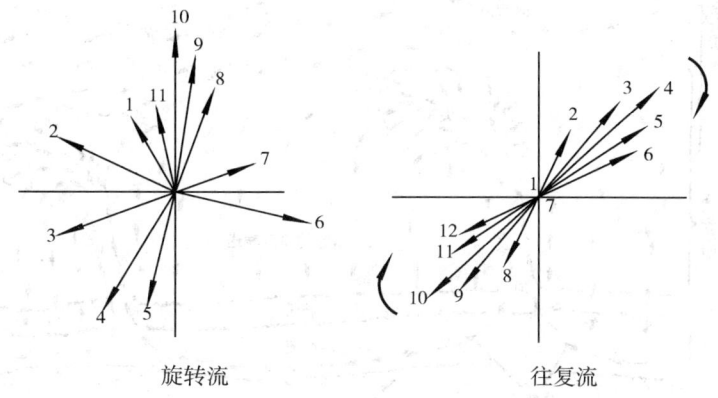

图 5.1.1　潮流的形式

由于海洋形态、深度、海底摩擦以及海水密度层结(尤其是跃层)等因素的影响,实际海洋中的潮流是十分复杂的,不仅不同地点的潮流不同,即使同一地点不同水层的流速和流向(包括旋转方向)也变化很大。

5.1.2　近岸波浪流

由于海底摩擦、渗透及海水涡动等造成能量损耗,使得波浪从深海传播到浅水区域时波浪发生破碎,引起波浪能量的重新分布。波浪作用引起的近岸海流系主要由 3 部分组成:①向岸的水体质量输移;②平行岸边的沿岸流;③流向外海的裂流亦称离岸流(图 5.1.2)。

波浪在向岸传播的过程中,根据高阶有限斯托克斯波浪理论,水质点的运动轨迹是不封闭的,在波向上存在着净的水体质量输送,致使波浪传至近岸,形成水体堆积,自由水面升高,从而形成离岸方向的补偿流,重新进行水体的分配。裂流是近岸流系中最显著的部分,它是一束集中于表面的、狭窄的水流,穿过波浪破碎区流向外海,流速一般超过 $1\ \mathrm{m \cdot s^{-1}}$;最狭窄处称为"颈"部,此处流速最大;裂流的外端可能达到破波带以外 500 m 处,并产生扩散现象,称为"头"部,此处流速变小。离岸流靠沿岸流来维持,二者衔接之处,称为"补偿流"。沿岸流沿着岸线流动,平均流速可达 $0.3\ \mathrm{m \cdot s^{-1}}$,有时超过 $1\ \mathrm{m \cdot s^{-1}}$。沿岸流和裂流的流量是由向岸传播的波浪来提供的。由此可见,近岸流系在近岸区域的水体更换、污染物清除以及泥沙输移方面起着重要作用。有关近岸流系的流速及流

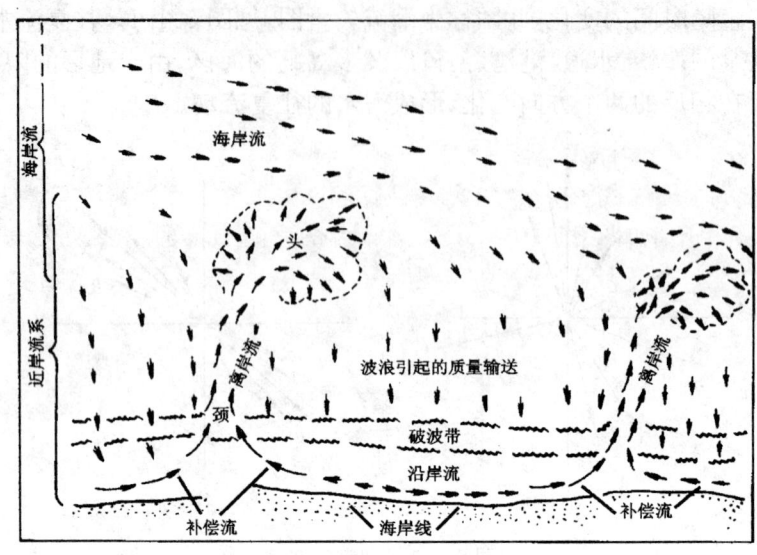

图 5.1.2　近岸流系

注：图中的箭头长度表示相对流速尺度

量的推算公式，可参阅海岸动力学等方面的文献。

5.1.3　漂流

漂流是风和海水表面摩擦作用引起的，其流向由于地球自转惯性力的影响，在北半球偏于风向的右方，在南半球偏于左方。海水的摩擦使得表层海水运动的能量逐渐向深层传递。

为了研究漂流，艾克曼（V. W. Ekman）在20世纪初提出了漂流理论。该理论的2个假设为：①漂流发生在广阔的大洋中，或离岸甚远的大海中；②大洋深度是无限的，至少有足够的深度以便使稳定的风向、风力能引起恒定的漂流。艾克曼漂流理论的主要结论如下：

（1）表层漂流的方向在北半球偏于风向右45°，在南半球则偏于左45°。这种偏转不随风速、流速、纬度的改变而变化。

（2）表层流速与风速的经验关系为

$$V_0 = \frac{0.012\,7}{\sqrt{\sin\varphi}} U \qquad (5.1.1)$$

式中，U 表示风速，$(m \cdot s^{-1})$；φ 表示纬度；0.012 7为风力系数。

漂流流速随水深的增加将迅速减小。流向则随着水深的增加在北半球逐

渐偏于风向的右侧。当海水无限深时,在深度 Z 处的漂流速度 V 的复数表达式为

$$V = V_0 \exp\left[-\frac{\pi}{D}Z - i\left(\frac{\pi}{4} - \frac{\pi}{D}Z\right)\right] \quad (5.1.2)$$

式中,D 表示摩擦深度,在 $Z=D$ 处,其流速仅为表面漂流流速的 1/23,其流向与表面流向相反,如图 5.1.3 所示。此漂流的垂直分布称为艾克曼螺旋型分布。

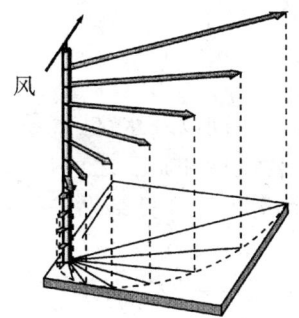

图 5.1.3 漂流的艾克曼螺旋型分布

摩擦深度 $D(\mathrm{m})$ 可按下式计算:

$$\left.\begin{array}{l} D = \dfrac{7.6}{\sqrt{\sin\varphi}} U \quad (U > 6\mathrm{m/s}) \\ D = \dfrac{3.67}{\sqrt{\sin\varphi}} U \quad (U < 6\mathrm{m/s}) \end{array}\right\} \quad (5.1.3)$$

以前曾对赤道流的摩擦深度 D 进行过测定。在大西洋 $D=150$ m,在太平洋 D 为 200~300 m。说明摩擦层仅占大洋深度很小的比例,风海流只发生在海洋的上层。艾克曼的研究表明,在相同的风向、风速作用下,各个深度风海流形成的时间极不一致,有的需要几个小时,有的长达几个月。至于风停止以后,漂流需要经过多长时间才能消失的问题,目前尚无定论。

艾克曼还研究了有限水深对漂流流向的影响,发现水深 d 越浅,则表面流向与风向之间的偏角 α 越小。相对水深 d/D 与 α 之间的关系如表 5.1.1 所示。

表 5.1.1 相对水深 d/D 与 α 之间的关系

d/D	0	0.1	0.25	0.50	0.75	1.00	2.00	...	∞
α	0	3.7°	21.5°	45°	45.5°	45°	45°	45°	45°

通常以 $d/D=2$ 作为划分有限深海及无限深海的界限。当 $d/D<2$ 时，海洋被称为有限深海或作为有限深海处理；当 $d/D>2$ 时，海洋被称为无限深海或作为无限深海处理。由于 D 值随风应力而变化，因此 d/D 的值，在 d 固定时，亦将随风应力的大小而变。即使令 d 固定，海洋也将随着风应力大小的变化，既可能作有限深海处理，也可能作为无限深海处理。

§5.2 海流的观测与资料的整理

5.2.1 海流的观测

由于近海区域地形、水深的不同以及水文、气象等因素的影响，致使海流的变化比较复杂，在进行海洋工程设计和施工之前，需要对现场的海流进行实测，并对观测数据进行整理、分析，对理论计算结果进行对比和验证。

1. 海流观测方法

海流的测定一般有 2 种方法，一种是跟随一个海水质点（流体元）移动，找出它在不同时刻的位置，但这种方法很难实现。过去一般用漂流瓶测表层流，但这只能测得一种近似的平均流迹。现代则用斯瓦罗中性浮子测定各层海流。中性浮子是一种与周围海水密度相同、随水流动的浮子。通常是固定一个空间点，测定不同时刻海水质点流过这个空间点时的流速和流向，可通过以下 3 种途径实现。

(1) 单站或单船定点连续观测

在某一指定测点上，对表层、底层以及其他必要的深度，进行流速、流向的观测，每小时重复一次，连续 24~25 h（一个太阴日），以了解海流的变化。虽然半日潮流的周期仅为12 h左右，但考虑到潮汐、潮流的日不等等现象，亦需连续观测一个太阴日。

(2) 多站或多船同步连续观测

将上述观测在事先选好的若干个测点上同时进行，以了解整个海区内海流的空间分布与变化。有时因条件所限，只能在邻近时间范围内相继实现各测站的观测，也称为断面观测。

(3) 大面流路观测

用船只在近海区域投放浮标，在陆上用经纬仪或其他方法测量不同时间的浮标位置，通过绘制不同时间的浮标位置图，大体了解水质点的运移途径，并找出分流点和汇流点的具体位置。

为了有效地进行海流交流分析工作，对观测海流的时间和次数，必须事先进行选择。例如,采用准调和分析法分析潮流时,要在大、中、小潮期间分别进行三次观测,其他一般潮流分析,则可减少为大、小潮期间两次观测,或仅在大潮期间进行一次观潮。

观测风海流、波浪流时,应在不同季节、不同气象状况下进行。观测河口区的径流时,应在河流的洪水期和枯水期分别进行。

2. 海流观测仪器

海流计种类很多,比较先进的有印刷海流计等,而应用较广的是艾克曼海流计,以下对其作一简介。

艾克曼海流计共有5个主要部分:轭架、螺旋桨、计数器、流向盒和尾舵(图5.2.1)。轭架是海流计的骨架。螺旋桨由桨叶组成,叶杆一端有螺纹,用来带动计数器。计数器用来记录桨叶转动的次数。计数器由三个齿轮组成,其中有齿轮与叶杆相接。在齿轮的轴上各装有一个指针,用来指示桨叶转动的次数。桨叶每转100转,即从上方小管中落下三个小球,沿着凹槽滚到磁针所指的小格中。流向盒用来记录和测定海流的方向。它是一个圆形盒,分成36个扇形格。盒的中央有一凹槽,用来接受落下的小球,并沿着磁针北极滚入扇形格里。尾舵用来使螺旋桨迎着海流方向。

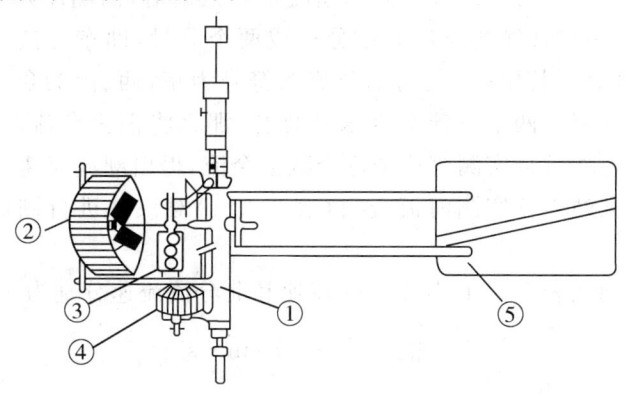

图 5.2.1 海流计简图
①轭架 ②螺旋桨 ③计数器 ④流向盒 ⑤尾舵

用海流计测流时,船身锚定不动,沿着绳索放下第一个重锤使仪器开始动作,经过预定时间(100~200 s),放下第二个重锤使仪器停止工作,取出海流计,读取计数器上的读数及流向盒内扇形格内小球的分布,根据观测记录进行分析即可求得流速和流向。

流速按下式计算:

$$V = k_1 n + k_2 \qquad (5.2.1)$$

式中, k_1 和 k_2 分别表示海流计出厂时的检定常数,每台仪器不相同。n 表示每秒内螺旋桨的转数。流向的平均磁方位为

$$\alpha = \frac{N_1 m_1 + N_2 m_2 + \cdots + N_n m_n}{\sum m} \times 10° \qquad (5.2.2)$$

式中, $N_i(i=1,2,\cdots,n)$ 表示扇形小室号;$m_i(i=1,2,\cdots,n)$ 表示小室内小球数;$\sum m$ 表示各室小球的总数。

由于海流计测流是由磁针控制的,因此在施测时应注意避免附近大船等对磁性产生的影响。

5.2.2 海流资料的整理和计算

与观测方法对应,海流资料的分析包括:①用实测海流值绘制海流图,选定有关特征值;②用断面测点实测海流值,计算断面流量;③用大面流路资料绘制测区流路图。

在资料分析之前,通常需将海流分解为周期性的潮流和非周期性的余流。假定余流在某一较短时间内其方向和速度是一恒定值,而潮流则是周期性变化值,由此可将每小时观测的海流矢量分解成两个分量,即东分流(或西分流)和北分流(或南分流),其中东、北两个分流的符号为正,西、南为负。对一个太阴日周期中各次观测的两个分流分别求其总和,那么将消去潮流部分,得到余流的大小和方向。然后从实测流速中逐个减去余流,得出潮流流速。

例 根据某站连续实测海流资料(表 5.2.1)对该站进行潮流和余流的分解。

计算过程列入表 5.2.1,其东分流流速和北分流流速分别为

$$\bar{v} = \frac{\sum v}{24} = \frac{158}{24} \approx 7 \text{ cm} \cdot \text{s}^{-1}$$

$$\bar{u} = \frac{\sum u}{24} = \frac{-214}{24} \approx -9 \text{ cm} \cdot \text{s}^{-1}$$

则余流流速为

$$U = \sqrt{\bar{v}^2 + \bar{u}^2} \approx 11 \text{ cm}$$

余流流向为

$$\theta = \arctan \frac{\bar{v}}{\bar{u}} \approx 142°$$

根据表 5.2.1 中的第(6)和(7)栏,可以算出各时刻的潮流流速和流向,并绘制潮流椭圆图。

表 5.2.1　潮流和余流的分离计算表

时刻	流		流的分离		潮流	
	流速 U / cm·s^{-1}	流向 θ /°	东分流 $v=U\sin\theta$	北分流 $u=U\cos\theta$	$v-\bar{v}$	$u-\bar{u}$
(1)	(2)	(3)	(4)	(5)	(6)	(7)
0	11	129	9	−7	2	2
1	27	158	10	−25	3	−16
2	35	181	−1	−35	−8	−26
3	29	181	−1	−29	−8	−20
4	34	154	15	−31	8	−22
5	30	119	26	−15	19	−6
6	19	106	18	−5	11	4
7	11	101	11	−2	4	7
8	7	85	7	1	0	10
9	8	15	2	8	−5	17
10	11	31	6	9	−1	18
11	15	39	9	12	2	21
12	11	164	3	−11	−4	−2
13	27	176	2	−27	−5	−18
14	23	205	−10	−21	−17	−12
15	31	191	−6	−30	−13	−21
16	33	164	9	−32	2	−23
17	32	135	23	−23	16	−14
18	20	117	18	−9	11	0
19	12	106	12	−3	5	6
20	10	75	10	3	3	12
21	16	356	−1	16	−8	25
22	21	336	−9	19	−16	28
23	23	351	−4	23	−11	32
			$\sum v = 158$		$\sum u = -214$	

§5.3 海洋工程设计中的近岸海流特征值

近岸海流的尺度和特征是确定近岸海区动力条件的主要因素之一,对海洋工程的设计和建造有很大影响。近年来,在海流的理论研究方面,虽已取得较大进展,但就其计算方法而言,却十分烦琐,而且缺乏实测数据的验证。为了确定设计所必需的海流特征值,仍普遍采用基于当地实测资料的简单计算方法。

5.3.1 海流最大可能流速的计算

海流最大可能流速的计算,应尽量根据实测海流,利用统计关系求得。在潮流和风海流为主的近岸海区,海流最大可能流速等于潮流最大可能流速与风海流最大可能流速的矢量和。潮流最大可能流速 V_{max} 的计算公式如下:

(1) 在规则半日潮流海区

$$V_{max} = 1.295 W_{M_2} + 1.245 W_{S_2} + W_{K_1} + W_{O_1} + W_{M_4} + W_{MS_4} \quad (5.3.1)$$

式中, W_{M_2}, W_{S_2}, W_{K_1}, W_{O_1}, W_{M_4} 和 W_{MS_4} 分别为 M_2 分潮、S_2 分潮、K_1 分潮、O_1 分潮、M_4 分潮和 MS_4 分潮的椭圆长半轴矢量,流速单位为 cm·s^{-1}。

(2) 在规则全日潮流海区

$$V_{max} = W_{M_2} + W_{S_2} + 1.600 W_{K_1} + 1.450 W_{O_1} \quad (5.3.2)$$

(3) 在不规则半日潮流或不规则日潮流海区可选取两者之中较大者。

5.3.2 近岸海区风海流的估算

在潮流比较显著的近岸海区,风海流是余流的主要组成部分。在有长期海流连续观测资料的基础上,可用统计方法求得余流特征值。在海流实测资料不足的情况下,如果只有风的观测资料,可用下式估算风海流的量值:

$$\left.\begin{array}{r} V_w = KU \\ \theta_w = \beta \end{array}\right\} \quad (5.3.3)$$

式中, V_w 和 θ_w 分别为风海流的速度(m·s^{-1})和流向(°); U 为风速(m·s^{-1}); β 为等深线方向; K 为系数,取 $0.024 \leq K \leq 0.030$。近岸的风海流流向可近似地认为与海底等深线走向一致。风海流最大可能流速则可根据式(5.3.3),以最大可能风速值代入 U 计算。

5.3.3 海流随深度的变化

在海洋平台结构设计中,为了计算建筑物水下部分所受的海流力,往往需要了解流速随着水深的变化,在浅水区可根据已知的海面流速依下式计算:

$$V_z = V_s (z/d)^{1/7} \quad (5.3.4)$$

式中，V_z 为海底以上高度为 z 处的流速；V_s 为海面流速；d 为水深。

§5.4 海流对海洋建筑物的作用

当只考虑海流作用时，圆形构件单位长度上的海流荷载 f_D 可按下式计算：

$$f_D = \frac{1}{2} C_D \rho A V_C^2 \quad (\text{N} \cdot \text{m}^{-1}) \tag{5.4.1}$$

式中，C_D 为垂直于构件轴线的阻力系数；ρ 为海水密度；V_C 为设计海流速度；A 为单位长度构件垂直于海流方向的投影面积。

式(5.4.1)中的阻力系数 C_D 应尽量由实验确定。在实验资料不足时，对圆形构件可取为 $0.6 \sim 1.0$。设计海流速度 V_C 应采用平台使用期间可能出现的最大流速，其值最好根据现场实测资料整理分析后确定，亦可参见 5.3.2。此外，对于承受海流作用的构件，应考虑 Karman 涡流引起颤振的可能性。

当流体沿垂直于圆形构件轴线常速流动时，在构件周围会出现 Karman 涡流。由于这些旋涡产生可变力，当该力的交变频率与结构自振频率相同或接近，将产生共振。当流体动力交变时，涡旋的释放频率 f 可按下式计算：

$$f = Sr \cdot \frac{V_C}{D} \tag{5.4.2}$$

式中，V_C 为垂直于构件轴线的海流速度($\text{m} \cdot \text{s}^{-1}$)；$D$ 为构件直径(m)；Sr 表示 Strouhal 数，可先求 Reynold 数，即 $Re = \dfrac{V_C \cdot D}{\nu}$，$\nu$ 为海水的运动黏性系数，对于海水可取 $Re \approx 0.9 \times 10^6 V_C \cdot D$，再用图 5.4.1 求得 Sr。

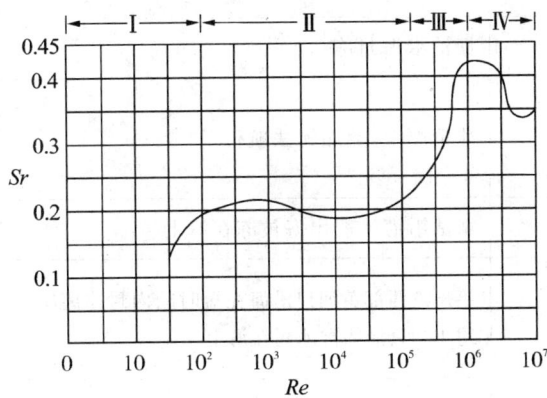

图 5.4.1 Strouhal 数与 Reynold 数的关系

Ⅰ 为层流区；Ⅱ 为亚临界区；Ⅲ 为临界区；Ⅳ 为超临界区

第六章 海冰

海冰是高纬度地区或中纬度地区的海水在寒冷季节气温降至冰点以下结成的冰,它严重地威胁着海洋建筑物的安全。以往在设计和建造海洋建筑物时,由于对海冰作用力估计不足,致使建筑物在海冰强烈作用下而被毁坏。例如1962年及1963年在阿拉斯加库克湾先后建造的2座海上钻井平台,由于设计强度未考虑冬季冰的作用力,于1964年冬均被海冰摧毁;日本1960年于稚内港外声问崎海上设置的声问崎灯标,于1965年3月因受到强大的流冰群袭击而倒塌。我国渤海和黄海北部冬季在北方冷空气的影响下,每年均出现不同程度的冰情。重冰年时,海冰可封锁海湾和航道、毁坏过往船舶、摧垮海洋建筑物,构成严重的海洋灾害(见表6.0.1)。海冰对海洋建筑物的作用力是寒冷地区海洋建筑物设计的控制荷载,对海冰物理力学性能的探讨是国内外研究的热点之一。

表 6.0.1 新中国成立以来海冰灾害统计

年份	冰情	海冰灾害	备注
1951	局部封冻	塘沽港封冻	
1955	局部封冻	塘沽沿海封冻	
1957	重冰年	冰情严重,船舶无法航行	航海日志,访问渔民
1959	返冻	塘沽沿海渔船出海被冻在海上	
1966	返冻	莱州湾西部黄河口沿海在短时间内封冰离岸15 km,约400只渔船被冰封在海上	莱州湾海冰调查报告
1968	偏重冰年	龙口港封冻,3 000 t的货轮不能出港	黄渤海冰情资料汇编

(续表)

年份	冰情	海冰灾害	备注
1969	特大冰封（重冰年）	"海二井"（重500 t）生活平台、设备平台和钻井平台被海冰推倒，"海一井"（重500 t）平台支座拉筋被海冰割断。一月内进出塘沽港的123艘客货轮有58艘受到不同程度的破坏，船舶严重进水	1969年渤海冰封调查报告
1971	局部封冻	滦河口至曹妃甸海面封冻	
1974	局部封冻	辽东湾冰情偏重，走锚5次，2艘货轮相撞	调查报告
1977	偏重冰年	"海四井"烽火台被海冰推倒，秦皇岛有多艘船只被冰夹住，需要破冰引航	调查访问
1979	常年偏轻	辽东湾发生海低门堵塞事故1起	调查报告
1980	常冰年	龙口港封冻，万吨级津海105号轮被海冰所困，由破冰船引航方脱险	海冰调查报告
1986	常冰年（局部封冻）	3艘万吨级货轮在大同江口受困，由破冰船破冰引航方脱险	访问破冰船
1990	常冰年（局部封冻）	辽东湾封冻，2艘5 000 t货轮受阻，走锚37次	调查访问

§ 6.1 海冰概况

6.1.1 海冰的组成结构

海冰一般由固态的水（纯冰）、多种固态盐和浓度大于原生海水浓度而被圈闭在冰结构空隙部分的盐水包组成。在纯冰形成过程中，海水中的盐分被析出并转移至下方，其中部分被截留形成盐水包。盐水包是造成在相同温度下海冰强度低于淡水冰强度的主要原因。随着冰温的降低，盐水包中的溶解盐更多地变成固态盐，使海冰的强度增大。图6.1.1为海冰的这种多相状态在温降过程中的变化示意图。

冰是一种晶体材料。自然界的冰属于对称的六方晶系，但单个冰晶体的外形和尺寸却有很大不同：可能呈片状、版状或柱状，尺度可由1 mm左右至几厘米。冰晶格的对称轴垂直于"基面"，基面为若干个互相平行的平面。冰沿与基面平行方向发生相对位移时，需要破坏的分子结合点的数目明显少于沿其他方

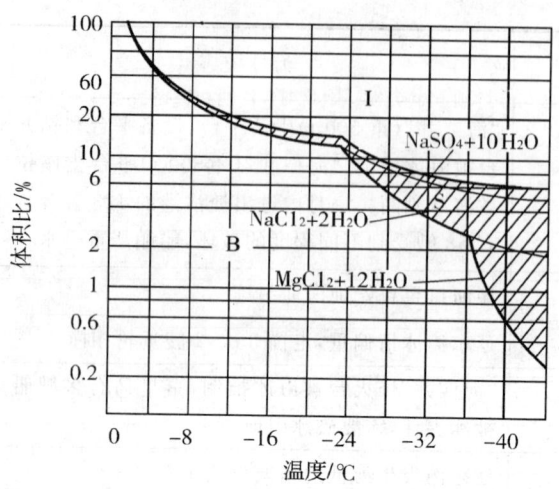

图 6.1.1　海冰在降温过程中的多相状态
I 为纯冰；B 为盐水；S 为固态盐

向位移时的情况。因此，冰的晶格有序排列时，冰的变形和强度是各向异性的。

海冰的结构状态如图 6.1.2 所示。海冰的上表层一般由细小的粒状冰晶组成，厚度取决于结冰时的海况，大小为几厘米至 20 mm 左右。其下为过渡层，冰晶体具有沿生长方向变长的趋势。再下是冰排的基本结构层，称为柱状冰层，冰的晶体明显地沿生长方向变长，冰的晶格对称轴（C 轴）位于与水面平行的平面内。

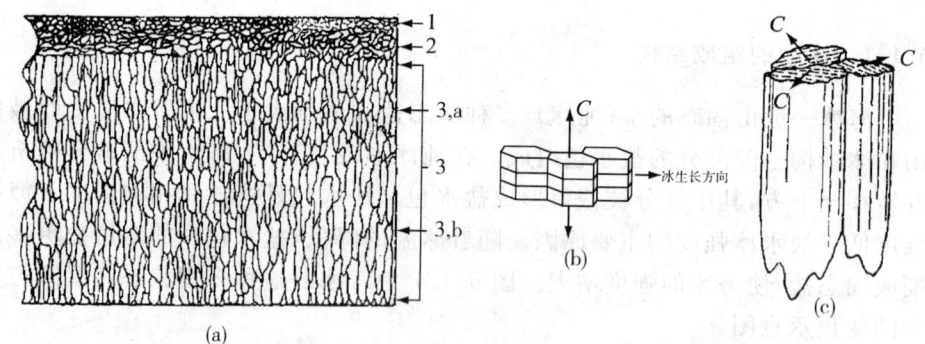

图 6.1.2　海冰的结构
（a）海冰侧面外观：1 为细粒区，2 为过渡区，3 为柱状区，
3，a-C 轴沿水平面无一定方向，3，b-C 轴沿水平面具有相同方向；（b）单晶排列；（c）柱状冰

6.1.2 海冰的类型

根据海冰的特征,海冰的分类如表 6.1.1 所示。

表 6.1.1 海冰分类

分类依据	海 冰 类 型
成长过程	初生冰、尼罗冰、冰皮、莲叶冰、灰冰、灰白冰、白冰
表面特征	平整冰、重叠冰、堆积冰、冰脊、冰丘、冰山、裸冰、雪帽冰
晶体结构	原生冰、次生冰、层叠冰、集块冰
运动形态	大冰原、中冰原、小冰原、浮冰区、冰群、浮冰带、浮冰舌等
密集程度	密结浮冰、非常密集浮冰、密集浮冰、稀疏浮冰、非常稀疏浮冰、无冰区
融解过程	有水坑冰、水孔冰、干燥冰、蜂窝冰、覆水冰

6.1.3 我国的冰期

冰期是指自冰出现之日至冰消失的时间,最早(终)出现冰的日期称为初(终)冰日。在我国,多数年份的冰期是跨年度的。海冰的形成、发展和消失的过程可以划分为初冰期、盛冰期和融冰期。

初冰期从初冰日至盛冰期,从 11 月中下旬至 12 月底,持续 1 个多月。特点是冰量变化大,一般占整个海区的 30%~40%,冰薄,冰界小,很少出现冰层重叠现象,海冰盐度高,冰质松脆易碎。

盛冰期一般出现在 1 月初至 2 月中下旬,持续 50~70 天。特点是气温低,冰量增多,占整个海区 60%~70%,固定冰和堆积冰较多,并有封冻现象。在风、浪、流的作用下,冰块或冰层相互撞击,重叠现象严重。特别是在重冰年,会出现 2~3 层海冰的重叠,致使冰面起伏不平,冰界大,甚至可达 100%。此时的海冰结构密实,质地坚硬,抗压强度大。

融冰期是指从融冰日至终冰日的时间,一般持续 15~20 天。在此阶段,气温上升,冰层融化变薄,以碎冰和薄冰居多,随风、浪、流漂流。海冰结构疏松,抗压性差。

6.1.4 我国的冰情等级

我国渤海和黄海北部,因地理位置偏北,冬季受寒潮侵袭,故每年都有不同程度的结冰现象。国家海洋局将冰情划分为 5 种类型年,即轻冰年、偏轻冰年、常冰年、偏重冰年、重冰年,其相应的结冰范围、冰厚及其分布见图 6.1.3 和表 6.1.2。

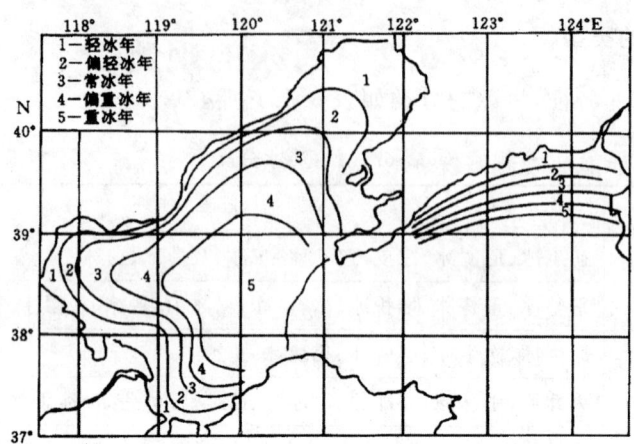

图 6.1.3　我国不同冰情年的海冰分布范围

表 6.1.2　渤海与黄海北部冰情等级标准

等　　级			轻冰年	偏轻冰年	常冰年	偏重冰年	重冰年
辽东湾	冰厚/cm	一般	<15	15～25	25～40	40～50	>50
		最大	30	45	60	70	100
	范围/(n mile)		<35	35～65	65～90	90～125	>125
渤海湾	冰厚/cm	一般	<10	10～20	20～30	30～40	>40
		最大	<20	35	50	60	80
	范围/(n mile)		<5	5～15	15～35	35～65	>65
莱州湾	冰厚/cm	一般	<10	10～15	15～25	25～35	>35
		最大	20	30	45	50	70
	范围/(n mile)		<5	5～15	15～25	25～35	>35
黄海北部	冰厚/cm	一般	<10	10～20	20～30	30～40	>40
		最大	20	35	50	65	>80
	范围/(n mile)		<10	10～15	15～25	25～30	>30

§ 6.2 海冰的观测

6.2.1 国内外海冰观测概况

国外岸冰观测始于19世纪50年代的芬兰,其后在瑞士、丹麦和法国相继展开。船冰观测始于19世纪80年代,到20世纪20年代有了飞机观测。第二次世界大战以后航空摄影观测得到大量的应用。1967年开始使用卫星云图分析冰情。现在海冰观测比较发达的国家有俄罗斯、美国、加拿大、日本等。

我国的海冰观测始于19世纪末,在我国渤海与黄海北部开始了调查观测记录,主要是岸上观测。20世纪40年代有了船舶调查和飞机观测,一般为目测,也有少量航测和航空摄影。观测的项目有固定冰的范围、流冰边缘、冰厚、气温、水温和风等;调查的区域遍及渤海和黄海北部海岸的港口与海湾。新中国成立后,在渤海和黄海北部沿岸组建了大量的海洋水文观测站,进行海冰观测。现在我国已经建立了对海冰的全天候监测系统,主要监测手段包括沿岸海洋站海冰观测、破冰船海冰观测、雷达测冰、飞机航空遥测、卫星遥感和多种规模的联合海冰试验。目测与器测相互结合,可以观测海岸附近大范围的海冰种类、数量、表面特征、分布状态、厚度大小、运动变化,以及海冰的盐度、密度和强度等。

6.2.2 我国海冰观测的主要内容

我国海冰观测的要素包括浮冰观测、固定冰观测和冰山观测。浮冰观测的项目有冰量,冰型,表面特征,冰状,浮冰块大小,浮冰漂移方向和速度,冰厚及冰区边缘。固定冰观测项目有冰型和冰界,具体包括堆积量、堆积高度、固定冰宽度和厚度。冰山观测项目有位置、大小、形状及漂流方向和速度。海冰的辅助观测项目有海面能见度、气温、风速、风向及天气现象。海冰观测的时间:连续站每日8,14时进行观测,大面站船到站即开始观测。

1. 冰量观测

冰量是指海冰覆盖面积占整个能见海面的成数,它分为总冰量、流冰量和固定冰量3种。进行观测时,将整个能见海面10等分,分别估计所有海冰、流冰、固定冰覆盖面积所占的成数。覆盖1/10即一成,则冰量记"1";覆盖2/10,冰量记"2";依此类推。整个海面无冰或覆盖面积不到能见海面的5%,冰量记"0";海面虽被流冰覆盖,但从缝隙之中仍可见海水,则总冰量、流冰量均记

"10"。当海面能见度小于或等于 1 km 时,按缺测处理。

2. 冰型观测

根据流冰的生成和发展过程,冰型可分为初生冰(N)、冰皮(R)、尼罗冰(Ni)、莲叶冰(P)、灰冰(G)、灰白冰(GW)、白冰(W)等 7 种类型。详细特征可参阅《海滨观测规范》。

3. 表面特征的观测

海冰表面特征是指海冰在动力作用下所呈现的外貌,常见的有 3 种,见表 6.2.1。

表 6.2.1 海冰表面特征

名　称	符　号	特　征
平整冰	L	未受变形作用影响的海冰,冰面平整,或仅有少量冰瘤及其他轻微挤压的痕迹
重叠冰	Ra	在风、浪、流的作用下挤压而堆积起来的冰,冰层相互重叠,但重叠面的倾斜度不大,层次仍很清晰
堆积冰	H	在风、浪、流的作用下,冰块杂乱地堆积在一起,呈直立或明显的倾斜状态,表面凹凸不平,有的外观像光滑的小丘

观测时,根据上述标准判断流冰和固定冰的表面特征,用符号记录。若同时存在 2 种或以上特征,则按量的多少先后记录;量相同时,按 H,Ra,L 顺序记录。对初生冰、冰皮、尼罗冰和莲叶冰不进行海冰表面特征的观测。若海冰距测站很远,无法判断时,按缺测处理。

4. 流冰的观测

(1) 流冰冰状

流冰冰状按照冰块的最大水平尺度划分,见表 6.2.2。观测时,应环视能见海面,按量的多少先后选定有代表性的冰块测量其水平最大尺度,每次观测记录不超过 3 种。

(2) 海流密集度

海流密集度是指流冰覆盖面积占流冰分布海面的成数,其观测方法与冰量相同。当流冰分布的海面有 1/10 以上的无冰完整水域时,则此水域不应算作流冰分布海面。

(3) 流冰漂流方向和速度

流冰方向为流冰的去向,以 16 个方位表示。流冰速度为单位时间内冰块

表 6.2.2　流冰冰状

名　称	符　号	水平最大尺度
巨冰盘	Gi	>10 km 的冰盘
次巨冰盘	V	2～10 km 的冰盘
大冰盘	B	500～2 000 m 的冰盘
中冰盘	M	100～500 m 的冰盘
小冰盘	S	20～100 m 的冰盘
冰块	Ck	<20 m 的冰盘
碎冰	Br	<2 m 的碎冰块
莲叶冰	Pa	0.3～3 m 的圆形冰块

移动的距离,以 m·s^{-1} 为单位,取 1 位小数。

观测时,用物镜对准所选冰块的特征点,在水平距离标尺上读取冰块与海天交界处的距离,启动秒表,记录初始距离读数和方位。然后转动镜筒,跟踪所选冰块。当冰块移动距离达到 100 m 或移动方位达到 20°以后,止住秒表,读取并记录终了距离和方位。若冰块移动缓慢,10 min 仍未达到上述要求,亦可止住秒表,记录终了距离和方位。根据记录,可以计算流冰的方位和速度。当不能用仪器观测时,可目测。流冰方向可借助罗盘按 16 个方位估测;流冰速度按表 6.2.3 观测。

表 6.2.3　目测流冰速度参照表

冰块动态	很慢	明显	快	很快
相当速度 V/ m·s^{-1}	$V<0.3$	$0.3 \leqslant V<0.5$	$0.5 \leqslant V<1.0$	$V \geqslant 1.0$

5. 固定冰的观测

(1)固定冰状

固定冰是指沿着海岸形成与海岸或海底冻结在一起或者随着潮位变化作垂直升降运动的海冰。根据成因可以分为 3 种类型,其特征见表 6.2.4。

(2)堆积量和堆积高度

堆积量是指沿岸冰面上堆积冰和重叠冰所占的成数,记录整数。堆积高度是从沿岸冰面至冰块顶点的垂直距离。首先选择 2～3 个代表大多数高度的冰块进行测量,取平均值作为平均堆积高度,然后选择最高的一块进行测量,结果作为最大堆积高度,单位为 m,记录取 1 位小数。

表 6.2.4　固定冰状

名　称	符　号	特　征
沿岸冰	C	沿着海岸、浅滩形成并与其牢固地冻结在一起的海冰。它可以随着潮位的升降做垂直运动
冰　脚	F	附着在海岸上狭窄的固定冰带，不随潮汐做升降运动，是沿岸冰的残留部分
搁浅冰	St	退潮时留在潮间带的海冰

(3) 沿岸冰宽度

沿岸冰宽度是指沿岸冰在基线方向上从海岸线至沿岸冰边缘的距离，测量时以 m 为单位，取整数。

6. 海冰厚度、温度、盐度、密度和强度的观测

海冰厚度是指从冰表面至冰底的垂直距离，以 cm 为单位，取整数。观测时，首先在基线上均匀地选择 2~3 个点做冰厚的固定测点，清除冰上的杂物和积雪，用冰钻钻孔，把冰尺插入冰孔量其厚度，计算平均值作为平均冰厚；选取最大值作为最大冰厚。

海冰温度是指整层海冰内部的温度，当冰厚达到 10 cm 时，即应进行观测。以 ℃ 为单位，取 1 位小数。海冰温度观测点按表 6.2.5 确定。测温采用棒状温度表或遥感温度仪。

表 6.2.5　海冰测温层次的划分

冰厚范围	测温层次	备　注
$10 \leqslant h < 15$	表层	表层指从冰面向下 5 cm 的范围；底层指从冰底向上 5 cm 的范围
$15 \leqslant h < 30$	表层、底层	
$h \geqslant 30$	表层、中层、底层	

海冰盐度是指海冰自然融化后的盐度。观测时，将测定盐度的冰样从海冰母体采下来后，应尽快清除杂质。若冰厚大于 15 cm 时，应从冰中间取样，装入带密封盖的样品瓶内。待测冰样应放在温度较高的室内自然融化，严禁火烤。测定时，可采用电导测盐法和光学测盐法。

海冰密度通常用相对密度法测定。如图 6.2.1 所示，将密度不同的 2 种液体，一种的密度比海冰大（如蒸馏水）、另一种的密度比海冰小（如煤油），先后倒

入同一容器内,待 2 种液体分清后,将冰样缓缓放入容器中。若海冰密度大,则海冰沉入水中的部分大、留在煤油中的部分小;反之,冰块沉入水中的部分小、留在煤油中的部分大。根据水和油的液面差,按下式计算海冰的密度:

$$\rho = \frac{h_2 - h_1}{H_2 - H_1} \times 1\,000 \quad (6.2.1)$$

式中,ρ 为海冰密度($kg \cdot m^{-3}$);h_1 和 h_2 分别为放入冰块前和后的水面高度;H_1 和 H_2 分别为放入冰块前和后的油面高度。

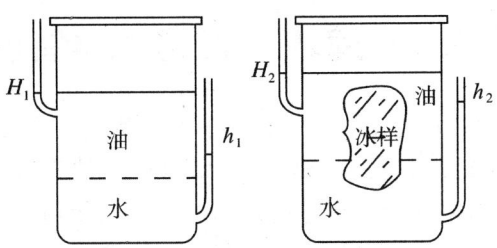

图 6.2.1 海冰密度测量示意图

当冰厚大于 10 cm 时,直接采样进行密度测定;冰厚大于 15 cm 时,则应从冰的中间取样。

海冰强度是指单位面积海冰所能承受的最大压力,以 Pa 为单位。通常使用冰压机测定海冰强度。

7. 冰情图的绘制

表示冰情的图称为冰情图。每次海冰观测之后,应绘制冰情图。其内容包括冰区边缘线、冰区内各测点的观测结果及冰情概述。

绘图时,先在空白底图上标注各测站冰区边缘线的特征点,用光滑曲线连接成为冰区边缘线。然后,在冰区内各测站附近,按图 6.2.2 的格式填注观测结果。若某项无记录时,相应位置为空白。下面举例说明。

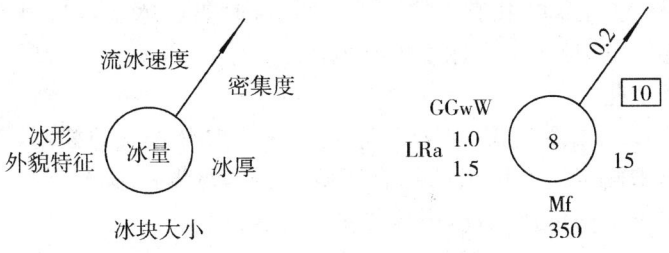

图 6.2.2 某测站冰情填注格式

海上某测站14时海冰记录是：冰量80%，密集度 $\boxed{10}$；冰型为灰冰为主，同时存在灰白冰和少量白冰，外貌特征以平整冰为最多，其次为重叠冰和少量堆积冰。堆积冰的平均高度为1 m，最大高度1.5 m；冰块大小以中块冰为最多，最大浮冰块的水平尺度为350 m，浮冰的方向为45°，速度为0.2 m·s^{-1}；冰厚为15 cm，填注结果见图6.2.2。

填注结束后，应同时用文字概述本次冰情分布的特征、变化情况、特殊海冰现象及其危害等。

§6.3 海冰的物理力学特性

海冰对建筑物作用力的大小不仅取决于建筑物的尺度和结构型式，而且与海冰的物理力学性质紧密相关。与海冰作用力相关的物理力学特性主要有密度、温度、盐度、压缩强度、抗弯强度、抗拉强度等。由于海冰的形成机理及其对建筑物的作用过程都依赖于工程所处的地理位置和海冰的生成环境，从而使得不同海域的海冰力学特性呈现出显著的区域差别。目前，在这方面的研究成果存在差异，为了推算海冰对平台结构的作用力，本节仅从工程设计的角度，引用已有成果，对海冰的物理力学特性进行简单介绍。

6.3.1 海冰的物理特性

1. 海冰密度

海冰密度是指单位体积海冰的质量，它主要取决于海冰的温度、盐度和气泡的含量。渤海和黄海北部平整冰的密度通常为750～950 kg·m^{-3}，集中于840～900 kg·m^{-3}。堆积冰的密度减少5%～15%。海冰密度在垂直方向上的变化不明显。

2. 海冰温度

海冰的温度是指冰层内部的温度。渤海和黄海北部平整冰的表层温度通常为-2℃～-9℃，多集中于-3℃～-5℃；有时表层冰温可用海上日平均气温代替。表层20 cm以下的海冰温度基本不变，为-1.6℃～-1.8℃；其间的冰温近似呈线性变化。

冰层的温度主要受气温、冰厚和冰的传热系数等因素的控制，工程中常常采用等效冰温来确定这些因素的综合影响。根据冰温的垂直分布在极端低气温时符合稳定热流的传热条件，由传热量计算公式：

$$Q = \lambda/h(T_{iw} - T_{ia}) = K(T_w - T_a) = \alpha_1(T_w - T_{iw}) = \alpha_2(T_{ia} - T_a)$$

(6.3.1)

得等效冰温的计算公式为
$$T_i = 0.5(T_{iw} + T_{ia}) \tag{6.3.2}$$
式中,
$$T_{iw} = T_w - K(T_w - T_a)/\alpha_1$$
$$T_{ia} = T_a + K(T_w - T_a)/\alpha_2$$
$$K = (1/\alpha_1 + h/\lambda + 1/\alpha_2)^{-1}$$

以上各式中,Q 为热通量$(kJ \cdot (m^2 \cdot h)^{-1})$;$K$ 为传热系数$(kJ \cdot (m^2 \cdot h \cdot ℃)^{-1})$;$T_w$ 为海水温度(℃);T_a 为空气温度(℃);T_{iw} 为冰水界面温度(℃);T_{ia} 为冰与空气界面温度(℃);α_1 和 α_2 为系数$(kJ \cdot (m^2 \cdot h \cdot ℃)^{-1})$;$\lambda$ 为海冰导热系数$(kJ \cdot (m \cdot h \cdot ℃)^{-1})$;$h$ 为冰厚(m)。

对于辽东湾的海冰,可取 $\alpha_1 = 523.35 \text{ kJ} \cdot (m^2 \cdot h \cdot ℃)^{-1}$,$\alpha_2 = 19.678$ $kJ \cdot (m^2 \cdot h \cdot ℃)^{-1}$,$\lambda = 8.3736 \text{ kJ} \cdot (m^2 \cdot h \cdot ℃)^{-1}$,$T_w = -1.4℃$,将冰厚代入式 (6.3.2) 求得等效冰温。

3. 海冰盐度

海冰盐度是指海冰融化成海水所含的盐度,其高低取决于形成海冰之海水的盐度、结冰速度和海冰在海中生存的时间。渤海和黄海北部平整冰的盐度通常为 3.0~12.0,集中于 4.0~7.0,河口浅滩附近海冰的盐度集中于 1.0~4.0。

4. 盐水体积

盐水体积是指海冰内盐囊总体积与海冰总体积之比。Frankenstein 和 Garner 于 1967 年提出了平整冰盐水体积公式
$$V_b = S_i(0.532 - 49.185/T_i) \tag{6.3.3}$$
式中,V_b 为平整冰盐水体积;S_i 为平整冰盐度;T_i 为平整冰温度,且 $-0.5℃ \geqslant T_i \geqslant -22.9℃$。

5. 设计冰厚

不同重现期年最大平整冰厚度是有冰海区建筑物设计的关键指标之一。当实测冰厚资料的年限太短,而气温资料的年限较长,需要通过气温资料推算出已知气温年份的冰厚,对这个较长时间的年冰厚极值序列进行长期统计分析,得到多年一遇的冰厚值。

由气温推算历年平整冰厚的公式为
$$h = \alpha[(FDD - 3 \cdot TDD) - K]^{1/2} \tag{6.3.4}$$
式中,h 为冰厚(cm);α 为冰厚增长系数$(cm \cdot (℃ \cdot d)^{-1/2})$;$FDD$ 为冰厚增长期内 $-2℃$ 以下的累积冻冰度日(℃·d);TDD 为冰厚增长期内 $0℃$ 以上的累积冻冰度日(℃·d);K 为初生冰出现时所需的冻冰度日(℃·d)。

经过计算,葫芦岛港冰厚计算公式中的 α 和 K 可取 $1.64\ cm\cdot(℃\cdot d)^{-1/2}$ 和 $151.4\ ℃\cdot d$;鲅鱼圈港则取 $1.92\ cm\cdot(℃\cdot d)^{-1/2}$ 和 $35.35\ ℃\cdot d$。

6.3.2 海冰的力学特性

1. 海冰的压缩强度

海冰无侧限压缩强度是指冰样单轴无侧限受压破坏时单位面积上承受的极限荷载。其大小受应变率、冰温、盐度、晶体结构(柱状、粒状)、加载方向(沿冰面方向、垂直冰面方向)等的影响明显。

海冰的压缩强度明显依赖于加载速率(图 6.3.1):当加载速率较低($\dot{\varepsilon}<5\times10^{-4}\ s^{-1}$)时,海冰呈现延性,变形时不出现裂纹,强度随加载速率增大而提高,称为延性阶段;当加载速率较高($\dot{\varepsilon}>10^{-2}\ s^{-1}$)时,海冰呈现脆性,破坏为脆性断裂,且有较大的随机性,但其强度均值基本上不随加载速率而改变,称为脆性阶段。延性阶段和脆性阶段之间为过渡阶段,此时海冰兼有不同程度的延性和脆性性质。强度的峰值一般出现在过渡阶段。

影响海冰压缩强度的其他重要因素是海冰的温度和盐度。图 6.3.2 说明冰温对挤压缩强度的影响:随着冰温的降低,不仅海冰的压缩强度有所提高,而且由延性转变为脆性的临界加载速率也相应有所降低,这反映温度较低时,海冰的脆性表现较强。

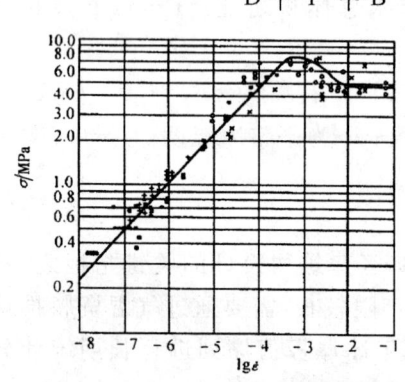

图 6.3.1 海冰压缩强度与加载速率的关系
D 为延性区;T 为过渡区;S 为脆性区

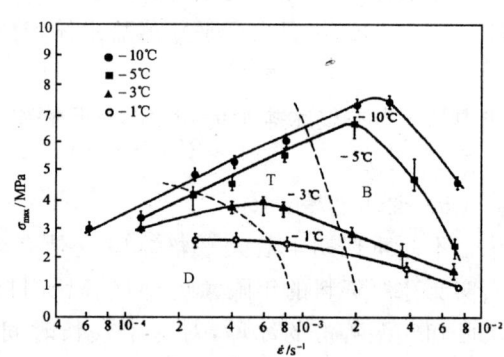

图 6.3.2 海冰的压缩强度与应变速率和温度的关系

由于天然海冰结构的复杂性,在定量分析上获得的压缩强度公式不尽统一,例如我国鲅鱼圈固定冰区的平整冰单轴压缩强度 σ_c 可按下式估算:

$$\sigma_c = 4.42 - 0.30\sqrt{V_b} \quad \text{(MPa)} \tag{6.3.5a}$$

式中，σ_c 为水平方向单轴压缩强度；V_b 为平整冰盐水体积。Varudrey 建议的经验公式为

$$\sigma_c = 5.8 - 0.423\sqrt{V_b} \quad \text{(MPa)} \tag{6.3.5b}$$

平整冰侧限压缩强度 σ_A 为可按下式估算：

$$\sigma_A = (1.5 \sim 2.5)\sigma_c \tag{6.3.6}$$

2. 海冰的拉伸强度

海冰的拉伸强度是指冰样单轴受拉破坏时单位面积上承受的极限荷载。拉伸破坏基本上是脆性破坏，只有当应变速率低于 $10^{-6}\,\text{s}^{-1}$ 时，才是韧性破坏。拉伸强度随温度变化微小，而对应变速率变化不明显。图 6.3.3 为 Dykins (1971) 给出海冰拉伸强度与盐水体积关系的试验结果。在实测资料缺乏的情况下，可以按照 Dykins 经验公式估计拉伸强度

$$\sigma_t = 0.82(1 - \sqrt{V_b/0.142}) \quad \text{(MPa)} \tag{6.3.7}$$

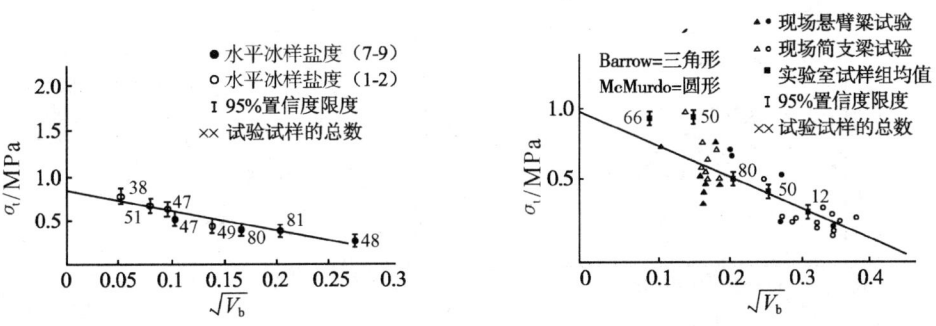

图 6.3.3　海冰的拉伸强度与盐水体积的关系　　图 6.3.4　海冰的弯曲强度与盐水体积的关系

3. 海冰的弯曲强度

海冰的弯曲强度是指现场悬臂梁弯曲试验测量的海冰抗弯强度。实验时，直接在试样梁的自由端加荷载，冰样梁因弯曲而破坏。现场悬臂梁法能够获得符合实际的海冰抗弯强度指标，但是，由于它工作量大，受环境条件限制，无法进行系统研究，因而往往采用室内三点弯曲法获得海冰的弯曲强度。此法可以对不同冰温、不同加载方向、不同应力速率进行系统的试验研究。试验中，现场取出大冰块，在实验室加工成 $7.0\,\text{cm} \times 7.0\,\text{cm} \times 6.5\,\text{cm}$ 的试样，放入电冰柜内恒温 24 h 以上以备试验。试验是通过海冰压力机配以加载梁和三个支点来完成的，用记录仪同时记录荷载—时间、跨中挠度—时间全过程曲线，然后，用下式计算海冰的弯曲强度：

$$\sigma_f = \frac{3Fl}{2bh^2} \tag{6.3.8}$$

式中,F 为梁的破坏荷载;l,h 和 b 分别为梁的跨度、截面高度和宽度。

当盐度为 7～9 时,Dykins(1971) 和 Vaudrey(1977) 进行的大尺寸现场试验结果见图 6.3.4。在实测资料缺乏的情况下,平整冰的弯曲强度 σ_f 可以按照 Vandrey 经验公式估计

$$\sigma_f = 0.96(1 - 0.063\sqrt{V_b}) \quad (\text{MPa}) \tag{6.3.9}$$

4. 海冰的剪切强度

迄今为止,海冰的纯剪试验进行得不多。Paige 和 Lee(1967) 完成了有限数量的小试样剪切试验,结果见图 6.3.5。设计时若无实测资料,可按图 6.3.5 或下式估计:

$$\tau = 0.5\sigma_c \tag{6.3.10}$$

式中,σ_c 为海冰水平方向单轴压缩强度。

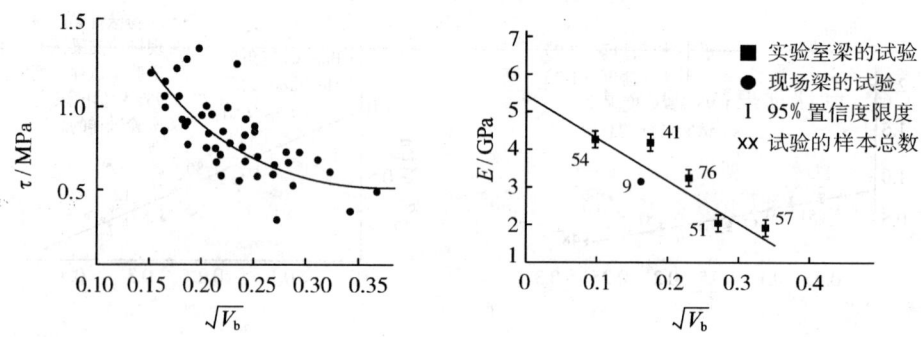

图 6.3.5　海冰剪切强度与盐水体积的关系　　图 6.3.6　海冰弹性模量与盐水体积的关系

5. 海冰的弹性模量和泊松比

图 6.3.6 是 Vaudrey 给出的弹性模量与盐水体积的试验结果,给出的数值是通过静力测量获得的。我国工程设计中多采用 Vaudrey 的经验公式:

$$E = 5.32(1 - 0.077\sqrt{V_b}) \quad (\text{GPa}) \tag{6.3.11}$$

我国工程设计时,在弹性分析中,泊松比常取 0.3,而在塑性分析中常取 0.5。

§ 6.4　海冰对海洋建筑物的作用

海冰对海洋建筑物的作用力称为冰力,其大小受制于环境驱动力或海冰强

度。当海冰尺度有限,而环境参数(如风和流)较小时,海冰可能停止于结构前面不被破坏,此时的冰力取环境对冰的作用力;反之,海冰被破坏时,作用于结构的力则是海冰的破坏荷载。设计时应取二者中的小值。

6.4.1 受环境驱动力限制的冰力

环境条件(如风和流)产生的冰力为

$$F = \frac{1}{2}\rho \cdot C_d \cdot A \cdot V^2 \quad (\text{kN}) \tag{6.4.1}$$

式中,ρ 为空气或海水的密度;C_d 为风或流的拖曳系数,按表 6.4.1 确定;A 表示受到风或流作用的冰体面积;V 为风或流的速度。

表 6.4.1 拖曳系数的取值

类 别	光滑冰面	粗糙冰面	一 般
风	0.002	0.01	0.005
流	0.01	0.1	0.04

6.4.2 受冰强度限制的冰力

海洋结构受到的冰荷载主要有挤压冰力、弯曲冰力、压曲冰力、冻结冰力、冰脊冰力等。以下着重介绍挤压冰力和弯曲冰力的计算。

1. 挤压冰力

作用于孤立垂直桩柱(与水平面的夹角大于 75°)上的冰压力可按下式计算:

$$F = m \cdot I \cdot f_c \cdot \sigma_c \cdot D \cdot h \tag{6.4.2}$$

式中,m 为桩柱的形状系数,圆形桩柱取 0.9,对于方形桩柱,若冰正向作用则取 1.0,若斜向作用则取 0.7;I 为嵌入系数;f_c 为桩柱与冰层间的接触系数;σ_c 为冰的压缩强度;D 为冰挤压结构的宽度;h 为冰厚。

对于圆形截面的墩柱,嵌入系数 I 与接触系数 f_c 的乘积可由下面的经验公式确定:

$$I \cdot f_c = 3.57 h^{0.1}/D^{0.5} \tag{6.4.3}$$

式中,h 和 D 的单位为 cm。此时,采用式(6.4.2)计算冰力,式中 m 取 1.0。

对于无海冰堵塞的导管架平台,若隔水导管群按阵列布置,则冰力计算的遮蔽系数按图 6.4.1 的情况考虑。对于没有隔水导管的 4 腿导管架,腿的冰力系数按图 6.4.2 确定。

对于井口区堵塞的导管架平台,在堵塞区,If_c 取 0.4,形状系数 m 在冰正向作用时取 1.0,斜向作用时取 0.9。位于隔水导管群后方破碎带内的桩柱受到的冰力为 0,位于非破碎带的桩柱受到的冰力按 50% 计算。

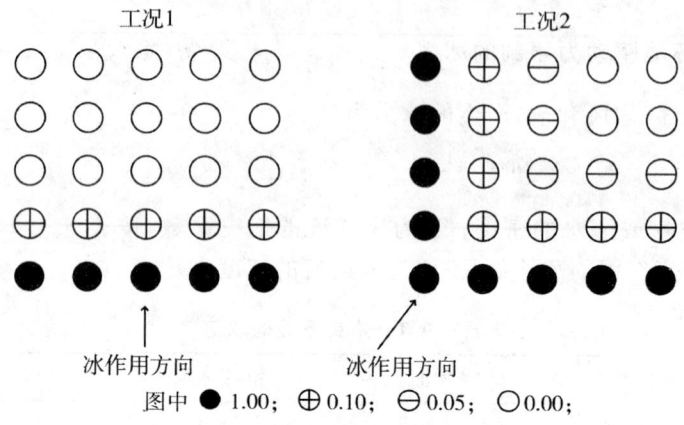

图中 ● 1.00; ⊕ 0.10; ⊖ 0.05; ○ 0.00;

图 6.4.1 隔水导管的遮蔽系数

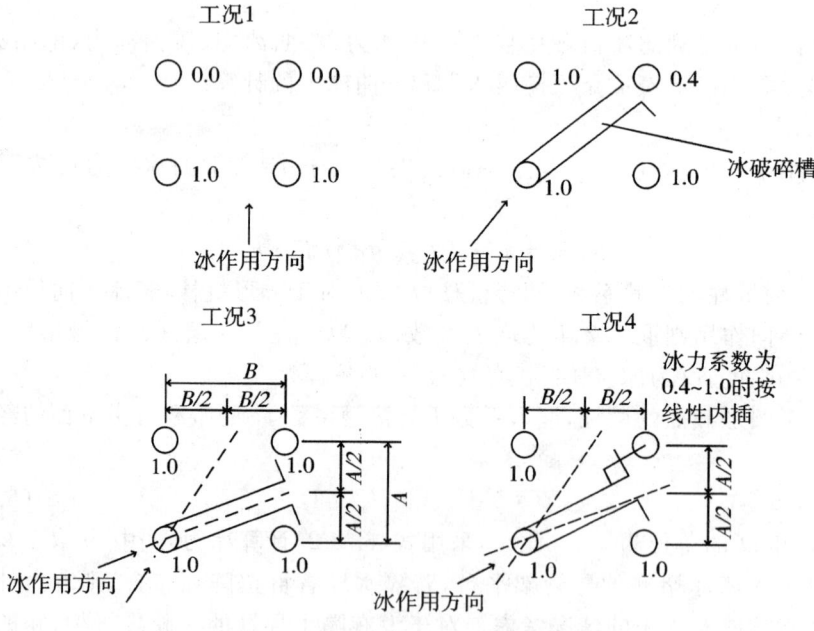

图 6.4.2 四腿导管架腿的冰力系数

对于全部堵塞的导管架平台以及柱式平台、沉箱式结构、人工岛等建筑物的冰力计算，If_c 取 0.25～0.40，具体见表 6.4.2。

表 6.4.2　If_c 的推荐值

结构尺度/m	If_c 取值
<2.5	按式(6.4.3)
2.5～10.0	0.40
10.0～100.0	0.40～0.20

2. 弯曲冰力

(1) 倾斜结构冰力计算

作用于倾斜结构的冰力可按下式推算：

$$\left. \begin{array}{l} F_h = K_n \sigma_f h^2 \tan\alpha \\ F_v = K_n \sigma_f h^2 \end{array} \right\} \quad (6.4.4)$$

式中，F_h 为水平冰力(kN)；F_v 为垂直冰力(kN)；K_n 为系数，其值可取 $0.1B$；B 为结构倾斜面的宽度；h 为冰厚(m)；σ_f 为冰的弯曲强度(kPa)；α 为斜面与水平面的夹角，应小于 75°。

(2) 锥体冰力计算

作用于图 6.4.3 所示锥体上的冰力可按下式推算：

$$\left. \begin{array}{l} F_h = [A_1 \sigma_f h^2 + A_2 \rho_w g h D^2 + A_3 \rho_w g h_r (D^2 - D_t^2)] A_4 \\ F_v = B_1 F_h + B_2 \rho_w g h_r (D^2 - D_t^2) \end{array} \right\} \quad (6.4.5)$$

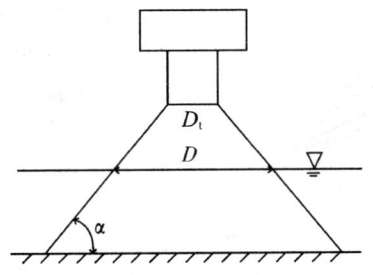

图 6.4.3　正锥体结构剖面图

式中，F_h 为水平冰力(kN)；F_v 为垂直冰力(kN)；ρ_w 为海水密度(kg·m^{-3})；σ_f 为冰的弯曲强度(kPa)；h 为冰厚(m)；h_r 为冰上爬的高度(m)；D 为水线处锥体的直径(m)；D_t 为锥体顶部的直径(m)；g 为重力加速度(m·s^{-2})；α 为斜面与水平面的夹角,应小于 75°。无因次系数 A_1, A_2, A_3, A_4, B_1 和 B_2 由图 6.4.4 给出。图中 μ 为冰与结构之间的摩擦系数,对于钢结构,可取 0.15;对于混凝土结构,可取 0.30。

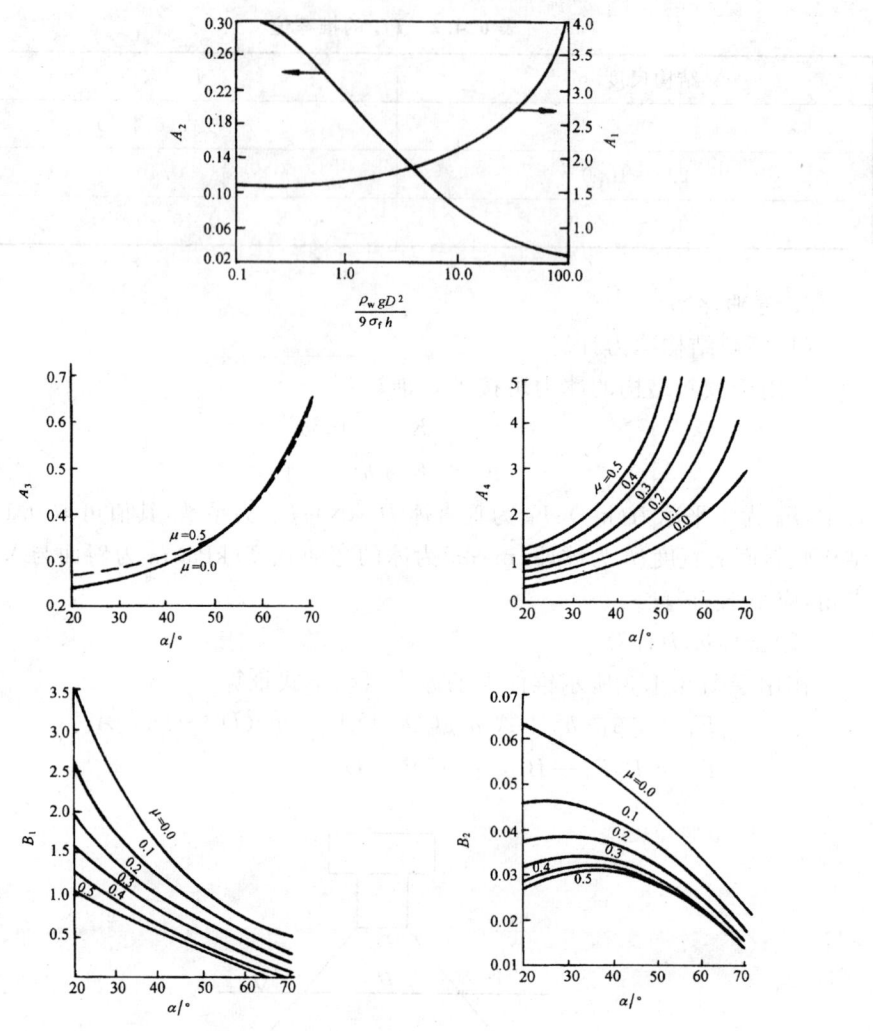

图 6.4.4 冰力系数

作用于倒锥体上的冰力可按下式推算:

$$\left.\begin{array}{l} F_h = [A_1 \sigma_f h^2 + (1/9) A_2 \rho_w g h D^2 + (1/9) A_3 \rho_w g h_r (D^2 - D_t^2)] A_4 \\ F_V = B_1 F_h + (1/9) B_2 \rho_w g h_r (D^2 - D_t^2). \end{array}\right\}$$

(6.4.6)

式中符号意义同式 6.4.5。

3. 压曲冰力

作用于结构的压曲冰力可按图 6.4.5 求解。

首先计算 R/L_c，其中 R 为结构半径或宽度，L_c 为冰体的特征长度。

$$L_c = \left[\frac{Eh^3}{12(1-\nu^2)\rho_w g}\right]^{1/4} \tag{6.4.7}$$

式中，E 为冰的弹性模量，缺乏实测资料时，可按图 6.3.6 查得；h 为冰厚(m)；ρ_w 为海水密度($kg \cdot m^{-3}$)；ν 为冰的泊松比。

由图 6.4.5 查得 $F/B\rho_w g L_c^2$，其中 B 为结构与冰体的作用宽度。进而计算压曲冰力 F。

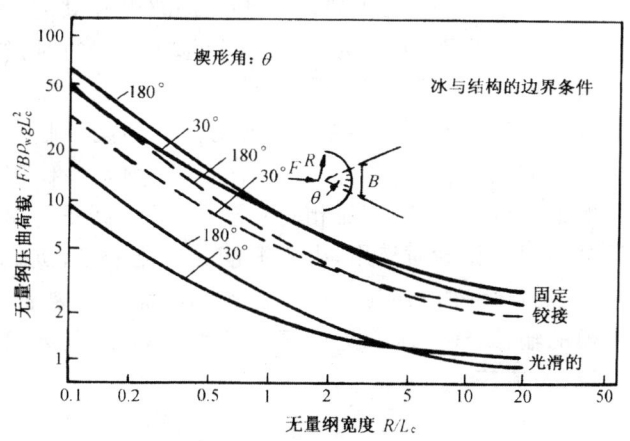

图 6.4.5 冰的锲形压曲

4. 冻结冰力

冻结冰力是指与结构冻结在一起的冰随着水位变化而对结构产生的垂直作用力。此时，冰对结构可能产生弯曲或剪切形式的破坏，取二者中的小者作为设计值。冰弯曲和剪切时的冰力分别按以下二式计算：

$$F_v = 0.8\sigma_f h^{1.75} D^{0.25} \tag{6.4.8}$$

$$F_v = A\tau_f \tag{6.4.9}$$

式中，σ_f 为冰的弯曲强度(MPa)；h 为冰厚(m)；D 为结构在水面处的直径(m)；τ_f 为冻结强度，可取 0.5 倍的海冰剪切强度；A 为冰与结构的冻结面积。

关于其他类型的静冰力，如局部冰压力等，以及动冰力的计算，可参照有关规范、标准或文献。要重视设计之前进行的冰与结构的模型试验，它将有助于冰力的确定。

第七章 泥沙

泥沙是指在液体中运动或受水流、风力、波浪、冰川及重力作用移动后沉积下来的固体颗粒碎屑。泥沙问题涉及的面广,如河流泥沙、海岸泥沙、风沙运动、泥石流等等,本章着重论述与海岸工程有关的泥沙问题。

在海岸地区,引起泥沙运动的主要动力因素是波浪和潮流,海岸泥沙运动一般是"波浪掀沙、潮流输沙"。从波浪进入浅水区"触底"的时候起,海床上的泥沙开始受到波浪底部水质点运动的作用。当水深达到某一临界值,或波浪底部水质点运动速度达到某一临界值,或床面剪切力达到某一临界值时,泥沙开始起动。特别是在破波带内,由于波浪破碎引起的强烈紊动作用,致使泥沙活动最为活跃。一般地,近岸地区的潮流相对较弱,尤其是砂质海岸,潮流本身不足以引起泥沙运动。但在粉砂质海岸,由于泥沙起动流速小,沉降速度大,在某些情况下,单独潮流的作用即可使泥沙起动。掀起的泥沙主要靠潮流输移。要使泥沙有显著规模的输移,还要求有近岸区其他水流的作用,如风吹流、波浪破碎后形成的沿岸流、裂流等。

§7.1 泥沙来源及泥沙基本特性

本节主要介绍泥沙来源、泥沙基本特性(泥沙矿物成分、泥沙粒径及级配、泥沙水力特性)、海岸分类及海岸工程中的防冲淤问题。

海岸泥沙运动受多种因素的影响,如海岸动力(风、浪、流、潮)、泥沙因素(泥沙来源及泥沙特性)和环境因素等。前几章对海岸动力因素进行了介绍,本章只对泥沙因素进行阐述。

7.1.1 海岸泥沙来源

海岸泥沙来源主要有 3 种:河流来沙、海岸海滩及岛屿受侵蚀形成的泥沙及海生物残骸形成的泥沙。在沙漠濒海地带,风沙也是海岸泥沙的一个来源。

1. 河流来沙

河流泥沙主要来自陆地土壤侵蚀,它是海岸泥沙最主要的来源。全世界土

壤受侵蚀面积约 2.5×10^7 km²,其中 1/4~1/3 的表土层侵蚀严重,每年约有 6×10^{10} t表土被冲刷,入海泥沙约有 1.7×10^{10} t。我国土壤侵蚀显著的面积约 1.5×10^6 km²(也有统计为 1.79×10^6 km²),主要集中在长江、黄河、淮河、珠江、海河、松花江和辽河流域,入海泥沙年均 1.94×10^9 t。这些泥沙中较细的颗粒往往被带到深海中沉积下来,其余部分则堆积形成岸滩。大河流挟带的泥沙颗粒较细,数量较大,搬运距离较远,堆积的范围较广,常形成规模很大的冲积平原。中小河流挟带的泥沙颗粒较粗,数量较少,其影响范围也较小。按照岸段距离河口的远近,可以划分为直接泥沙来源、间接泥沙来源和不受河流输沙影响 3种情况。所谓直接泥沙来源系指河流入海泥沙在径流、潮流和风吹流的综合作用下可以直接抵达的岸段,也就是说这里的岸滩演变直接受河流入海泥沙的影响。在地貌上,河口三角洲范围内的岸段,都可视河流入海泥沙为直接泥沙来源。间接泥沙来源系指入海泥沙经过沉积和再搬运才能抵达的岸段,这里的岸滩演变间接受河流入海泥沙的影响。在地貌上属于河口三角洲边缘之外一定距离的岸段。距河口再远的岸段,或因海岸动力系统变化,或受海岸岩石山体的阻挡,河流入海泥沙不可能抵达,这里的岸滩不受河流入海泥沙的影响。

2. 岸滩及岛屿侵蚀泥沙

在天然情况下,海岸、海滩和岛屿都是历史上形成的,多数处于冲淤平衡的状态,少数处于淤积或侵蚀状态。例如孤东油田位于黄河入海口北侧,近年来,随着黄河来水来沙的减少,由过去的淤积状态变为冲刷,岸滩蚀退现象较为严重,侵蚀下来的泥沙构成邻近岸段的泥沙来源。随着时间的推移,侵蚀沙量将会逐渐减小,这是因为海岸动力与岸滩地貌的相互作用逐渐趋于平衡之故。

3. 海洋生物残骸形成的泥沙

海洋生物残骸形成的泥沙很少引起人们的注意,一般来说其数量比较少,但在某些海岸其数量也不可忽视。我国的海岸地貌工作者曾在渤海湾和苏北沿岸进行了多次海岸地貌调查,在沿岸发现一条条堆积相当高且与海岸走向基本平行的贝壳堤。这一发现除了帮助确定历史上海岸线位置和岸线的演变趋势外,同时告诉人们海洋生物残骸在某些海岸带形成的海岸泥沙数量也是很可观的。

4. 风沙

在沙丘密布和沙漠濒海地带,风沙成为海岸的泥沙来源之一。对于某一具体海岸段,如果来沙和冲蚀的泥沙持平,则该海岸段属于平衡稳定(或准平衡稳定)海岸;若来沙量大于冲蚀量,则海岸处于淤积状态,反之,则处于冲刷状态。

7.1.2 海岸泥沙特性

泥沙特性包括矿物组成、几何形状、级配特性、水力特性等。

1. 泥沙的矿物成分

泥沙来源于岩石的风化(包括机械分离、化学分解及生物作用等),岩石由不同的矿物成分构成,泥沙的矿物组成也就不止一种。泥沙中常见的矿物成分有长石、石英、辉石、角闪石、云母、橄榄石、方解石等。据普通火成岩及沉积岩的矿物调查,石英和长石是泥沙的两种最主要矿物成分。如长江荆江段床沙中,石英含量占 79%~80%,长石占 5%~10%,其他矿物成分如角闪石、方解石、黑云母、辉石及绿泥石含量很少。虽然泥沙的组成十分复杂,但它的密度一般为 2.60~2.70 g·cm^{-3}。泥沙中通常含有的铁磁性矿物及角闪石等是极好的指示剂,可用来判断泥沙的来源及流域内各个地区的相对产沙量。

2. 泥沙颗粒大小的表示方法

天然泥沙颗粒不是球形的,而是不规则的,描述天然泥沙颗粒的大小,一般用泥沙粒径这一概念。泥沙粒径是泥沙最重要的特征,描述泥沙粒径的方法主要有 5 种。

(1) 等容粒径　与泥沙颗粒同体积球体的等容直径为

$$D_n = \left(\frac{6\bar{V}}{\pi}\right)^{1/3} = \left(\frac{6W}{\pi\gamma_s}\right)^{1/3} \tag{7.1.1}$$

式中,$\bar{V}$ 为泥沙颗粒体积;W 为泥沙颗粒重量;γ_s 为泥沙颗粒容重。

(2) 筛孔粒径　泥沙颗粒正好通过的筛孔的大小。砾石、砂通常用这个方法测定其直径。

(3) 沉降粒径　与泥沙颗粒具有相同密度相同沉降速度的球体直径,亦称有效粒径。粉砂、黏土通常用这个方法测定其直径。

(4) 当量粒径　细颗粒泥沙出现絮凝时,其絮凝团体的沉降速度远比单颗粒大。当量粒径就是与絮凝团体沉降速度相同的球体直径。

(5) ϕ 值粒径　以粒径的对数值来分级。它将粒径范围分布很广的情况(颗粒大小相差数千乃至数万倍的情况)予以"浓缩"。这一方法在地质、地理学界应用较广。ϕ 的定义如下:

$$\phi = -\mathrm{lb}D \quad \text{或} \quad D = \frac{1}{2^\phi} \tag{7.1.2}$$

3. 粒径的级配特性

天然泥沙是各种粒径的颗粒掺合在一起的混合沙。因此有必要对沙样的群体性质进行研究,主要是分析各种粒径在总体中所占的重量比例,了解粒径的级配特性。

通过泥沙分析仪器对沙样进行分析后,可获得 ΔP_i 和 D_i 的系列数据。这里 ΔP_i 是粒径为 D_i 级的重量占沙样总重量的百分数。据此可绘出粒径的频率分布曲线(图 7.1.1)和粒径的累积频率曲线(图 7.1.2)。

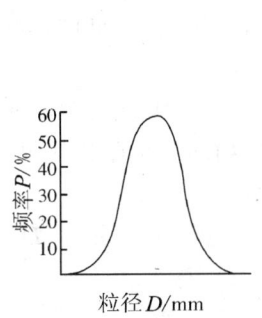
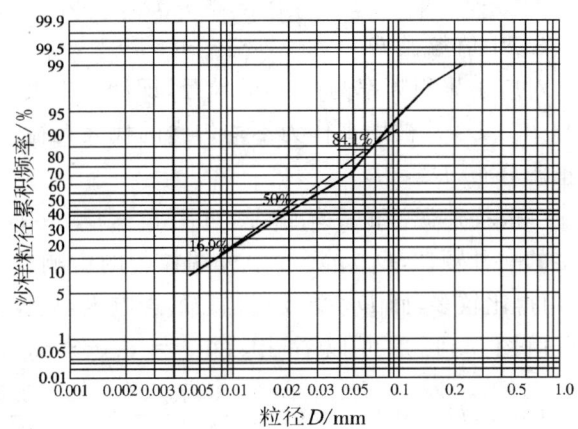

图 7.1.1　某沙样的粒径分布曲线　　图 7.1.2　某沙样的粒径累积频率曲线

根据 $\Delta P_i, D_i$ 和累积频率曲线可以求得下列特征粒径。

(1) 算术平均粒径
$$D_{\mathrm{m}} = \frac{\sum \Delta P_i D_i}{100} \tag{7.1.3}$$

(2) 几何平均粒径
$$D_{\mathrm{g}} = (D_1^{\Delta P_1} \cdot D_2^{\Delta P_2} \cdot \cdots \cdot D_n^{\Delta P_n})^{1/100} \tag{7.1.4}$$

或
$$\lg D_{\mathrm{g}} = \frac{\sum \Delta P_i \lg D_i}{100} \tag{7.1.5}$$

天然泥沙的粒径频率分布接近于正态分布(图 7.1.1),因此在对数-正态概率坐标纸上(图 7.1.2),纵坐标的 0.841(累积频率为 84.1%)和 0.159(累积频率为 15.9%)之间可以近似连成直线,几何平均粒径 D_{g}(对应累积频率 50%)与 $D_{84.1}$ 和 $D_{15.9}$ 的间距为标准偏差(或称均方差)σ_{g},所以

$$2\lg \sigma_{\mathrm{g}} = \lg D_{84.1} - \lg D_{15.9}$$

即
$$\sigma_{\mathrm{g}} = \left(\frac{D_{84.1}}{D_{15.9}}\right)^{1/2} \tag{7.1.6}$$

或
$$\lg \sigma_{\mathrm{g}} = \lg D_{84.1} - \lg D_{\mathrm{g}} = \lg D_{\mathrm{g}} - \lg D_{15.9}$$

故

$$\sigma_g = \frac{D_{84.1}}{D_g} = \frac{D_g}{D_{15.9}} \tag{7.1.7}$$

(3) 中值粒径 D_{50}

对应于累积频率为 50% 的粒径,即沙样中大于及小于此粒径的泥沙重量均占 50%。D_{50} 常被用来作为不均匀沙的代表粒径。当粒径的频率分布符合或接近正态分布,$D_{50} \approx D_g$。

一般描述泥沙的平均情况,可用 D_{50},D_g 或 D_m。这里 D_{50} 代表泥沙组成中最多的一种颗粒,D_g 受泥沙中极端粒径的影响较小,所以在实际工程中 D_{50} 和 D_g 用得比较多,而 D_m 受极端粒径的影响大,故较少应用。

由图 7.1.2 可以看出,$D_{84.1} = 0.068$ mm,$D_{15.9} = 0.0077$ mm,$D_m = 0.024$ mm,$D_g = 0.023$ mm,$\sigma_g = \sqrt{\dfrac{D_{84.1}}{D_{15.9}}} = \sqrt{\dfrac{0.068}{0.0077}} = 2.59$。

4. 泥沙粒径对水力特性的影响

自然界的水并非纯水,而是或多或少带有一些电解质。泥沙在含有电解质的水体中,其表面总是带有负电荷。由于静电吸引作用,使靠近颗粒表面的水分子,被牢牢地吸引和挤压在颗粒周围,称为胶结水,如图 7.1.3 所示。胶结水的力学性质与固体物质完全相同,即具有极大的黏滞性、弹性和抗剪强度。在胶结水外层,静电引力减小,这层水称为胶滞水。胶滞水也具有较高的黏滞性和抗剪强度。胶结水和胶滞水统称束缚水(亦称薄膜水),它是泥沙颗粒与水相互作用的产物,在力学性质上是固相和液相的过渡形态。束缚水膜的厚度与颗

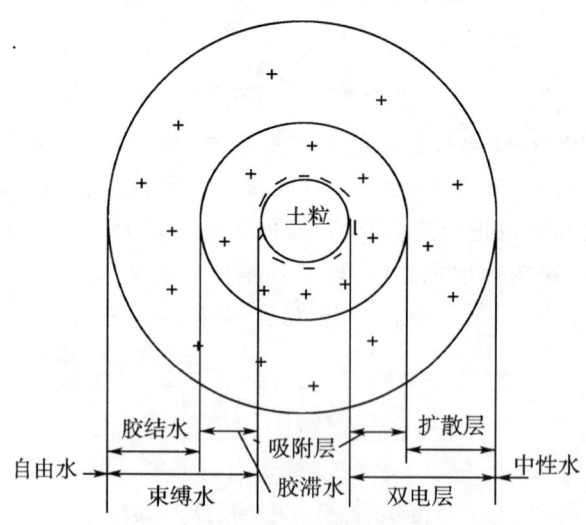

图 7.1.3　泥沙颗粒水膜结构示意图

粒的矿物成分及水的化学成分有关,一般厚度可达 0.000 5～0.002 5 mm。对粗颗粒泥沙,束缚水膜所占容积远小于泥沙的体积,束缚水膜作用甚微,泥沙颗粒的重力性质在泥沙运动中起主导作用;对于粒径小于 0.1 mm 的细颗粒泥沙,特别是粒径小于 0.03 mm 的泥沙,由于相对体积较大的束缚水膜与泥沙颗粒不可分离,所以当带有束缚水膜的细颗粒泥沙彼此靠近时,就会形成公共的束缚水膜而使其相互连接起来,形成絮凝团。絮凝团落淤后在自重或其他外力作用下达到密实状态,这时的淤积物具有较大的黏结力。因此,这种极细的泥沙也称黏性泥沙,其许多水力特性不同于粗颗粒泥沙。

5. 粉砂质海岸泥沙的基本水力特性

粉砂质海岸泥沙的基本水力特性如下:

(1) 易沉降

表 7.1.1 为不同海岸泥沙的沉降速度比较。

表 7.1.1　不同海岸泥沙的沉降速度

	淤泥质泥沙	粉砂质泥沙	砂质泥沙
泥沙静水沉速 ω_s/cm·s^{-1}	絮凝沉速 0.045～0.055	黄骅港 0.120 如东港 0.242	>0.80

从表 7.1.1 中可以看出,对于淤泥质海岸来说,不管泥沙粒径多大,最终都以絮凝速度沉降,絮凝沉速为 0.045～0.055 cm·s^{-1}。而粉砂质海岸的泥沙,黄骅港的泥沙沉降速度为 0.120 cm·s^{-1},如东港的为 0.242 cm·s^{-1},比淤泥质海岸的泥沙絮凝沉速大。因此粉砂质海岸泥沙在流速减小后易沉积。

(2) 易起动

表 7.1.2 为不同海岸泥沙起动流速比较。

表 7.1.2　不同海岸泥沙的起动流速

	淤泥质泥沙	粉砂质泥沙	砂质泥沙
起动流速 u_c/cm·s^{-1}	>50	黄骅港 36.8 如东港 21.2	>40

从表 7.1.2 中可以看出,淤泥质海岸的泥沙起动流速大于 50 cm·s^{-1},有的地方甚至超过 100 cm·s^{-1},如铜鼓浅滩约 140 cm·s^{-1}。粉砂质海岸的泥沙起动流速小,黄骅港为 36.8 cm·s^{-1},如东港为 21.2 cm·s^{-1}。有些粉砂质海岸泥沙在单独潮流作用下就可起动。

取粉砂质海岸泥沙进行周期流作用下水力特性试验,共进行了 16 组试验。图 7.1.4 为试验结果的一个例子,下半部黑点为试验值,虚线为水体挟沙力计算值,上半部为试验时床面剪切力。从图 7.1.4 中可以看出,在周期流作用下,含沙量随之发生周期性变化,这是粉砂质海岸泥沙的运动特性。含沙量由小到大变化时,4 个突变点对应 4 个临界剪切力,分别为临界起动剪切力 τ_e、临界悬扬剪切力 τ_s、临界止悬剪切力 τ_d、临界止动剪切力 τ_t,其关系为 $\tau_t < \tau_d < \tau_e < \tau_s$,16 组试验所得各临界剪切力的平均值关系为 0.04 N·m^{-2} < 0.1 N·m^{-2} < 0.16 N·m^{-2} < 0.24 N·m^{-2}。

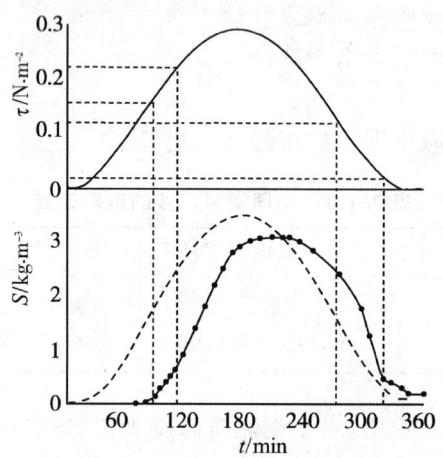

图 7.1.4 周期流作用下含沙量变化

(3) 易密实

粉砂质海岸泥沙落淤后易密实。通过密实实验得到:黄骅粉砂落淤 24 h 后容重达 1.7 g·cm^{-3} 以上;如东粉砂落淤 24 h 后达到 1.78 g·cm^{-3} 以上;天津淤泥落淤半年后达 1.6 g·cm^{-3},因此,粉砂质海岸的泥沙固结快,航道淤积以后,必须尽快疏浚,否则淤积土很快密实,增加开挖难度。

6. 黏性细颗粒泥沙的水力特性

下面从三个方面介绍黏性泥沙的水力特性。

(1) 静水中絮凝沉降特性

我国学者对黏性泥沙的沉降特性进行了研究,总结起来,影响沉降的因素有 3 种。

① 盐度

黏性细颗粒泥沙,在普通的淡水中由于含有少量电解质,其沉降呈现微弱的絮凝现象。当加入电解质盐之后,絮凝立即增强,形成较大的絮凝团粒,沉降大大加快。当水的盐度增加到一定程度后,沉降达到最大值。盐度再提高,沉降速度则趋于常值(图 7.1.5)。图中曲线表明,含沙量不同,达到这一常值时的盐度也不一样。在图示范围内,盐度超过 15 以后,对絮凝就不再产生影响了。

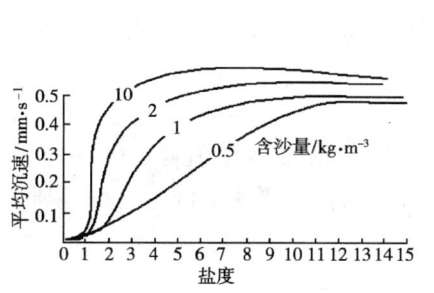

图 7.1.5　盐度对泥沙沉降速度的影响　　图 7.1.6　絮凝因子与粒径的关系

② 泥沙粒径

泥沙颗粒越细,薄膜水的黏性作用越强,即颗粒的絮凝能力越强。设 $\omega_{f_{50}}$,$\omega_{D_{50}}$ 分别为絮凝团粒当量中值粒径沉降速度和分散体中值粒径沉速;D_{50} 为分散体中值粒径。密尼奥用絮凝因子 $F=\omega_{f_{50}}/\omega_{D_{50}}$ 来反映絮凝作用的强弱。后有人结合我国 5 个不同海区的黏性泥沙,进一步进行了试验,结果见图 7.1.6。根据图示资料可得

$$F = 7.25 \times 10^{-4} D_{50}^{-2}$$

从图中可以看出,絮凝团的形成可以使泥沙的沉速成千成万倍地增大,泥沙颗粒越粗,絮凝作用越弱。絮凝当量粒径最大就是 0.03 mm,当泥沙粒径大于此值时,絮凝不再发生。

③ 含沙量

从图 7.1.5 也可以看出,在盐度不变的情况下,当含沙量小于 15 kg·m^{-3} 时,絮凝沉速随着含沙量的增大而增大,当含沙量大于 15 kg·m^{-3} 时,絮凝沉降速度随着含沙量的增大而减小。

(2) 动水沉降问题

动水沉降比静水沉降更复杂,除了盐度、含沙量和泥沙粒径的影响,还有一个重要因素:沉降过程中泥沙颗粒的碰撞机会。碰撞的机会多,絮凝的可能性

就大。水流的流速梯度就是创造这种机会的重要因素之一。流速梯度达到某一定值时,颗粒间的碰撞机会增加,絮凝时间缩短,但流速梯度继续增大,水流的紊动剪切力也增大,这将使絮凝团粒破碎变小,降低絮凝沉降速度。所以动水对絮凝沉降存在两种相反的作用,这些特征表明,存在某一临界流速梯度,超过此临界值,絮凝团粒破碎变小,沉降速度降低。

(3) 表层淤泥的稳定容重

在淤泥质海岸,沉积在水底的表层淤泥需要经历很长时间的密实排水过程,其容重才能基本稳定。一般来说,表层淤泥的干容重与淤积物的粒径关系密切。干容重可表示为

$$\gamma_0 = 1\,750 D_{50}^{0.183} \tag{7.1.8}$$

式中,γ_0 为表层淤积物的干容重($\text{kg} \cdot \text{m}^{-3}$);$D_{50}$ 为淤积物中值粒径(mm)。

细颗粒泥沙除了上述水力特性外,还有流变特性、平衡坡降等特殊性质。

7.1.3 海岸工程中的泥沙问题

海岸工程中涉及的泥沙问题,概括起来主要有 2 个方面:防淤减淤和防冲促淤。二者均与泥沙运动有关,即与泥沙组成、海岸类别及海洋环境因素有关。在这里,首先对海岸进行分类,然后介绍海岸工程泥沙问题。

1. 海岸分类

结合泥沙分类表(表 7.1.3),根据海岸泥沙的组成,将海岸分为淤泥质海岸、粉砂质海岸和砂质海岸 3 类。

(1) 淤泥质海岸

淤泥质海岸主要由江河携带入海的大量细颗粒泥沙,在波浪和潮流作用下输运沉积所形成,故大多分布在大河入海处的三角地带,称为平原型淤泥质海岸;另一部分由沿岸流搬运的细颗粒泥沙,在隐蔽的海湾堆积形成,称为港湾型淤泥质海岸。淤泥质海岸的主要特征为:滩面物质以黏性细颗粒泥沙为主,泥沙中值粒径很小($D_{50} < 0.031$ mm),岸线平直,滩面宽阔坦缓,岸滩坡度为 1/2 000~1/500,波浪掀沙、潮流输沙是造成岸滩演变的主要过程,泥沙运移形态以悬移质为主,在沙源充沛、絮凝条件成熟的地区,也会出现"浮泥"现象。

我国淤泥质海岸有广泛的分布,主要分布在辽东湾、渤海湾、莱州湾、苏北、长江口、浙闽港湾和珠江口外等岸段。

表 7.1.3　海岸类型与泥沙分类对照表

海岸类型	D_{50}/mm	细分类	分类	按黏性分类
砂质海岸	1.00~2.00	极粗砂	砂 (0.062~2.00)	非黏性砂
砂质海岸	0.50~1.10	粗砂	砂 (0.062~2.00)	非黏性砂
砂质海岸	0.25~0.50	中砂	砂 (0.062~2.00)	非黏性砂
砂质海岸	0.125~0.25	细砂	砂 (0.062~2.00)	非黏性砂
粉砂质海岸	0.062~0.125	极细砂	粉砂 (0.004~0.062)	黏性砂
粉砂质海岸	0.031~0.062	粗粉砂	粉砂 (0.004~0.062)	黏性砂
淤泥质海岸	0.016~0.031	中粉砂	粉砂 (0.004~0.062)	黏性砂
淤泥质海岸	0.008~0.016	细粉砂	粉砂 (0.004~0.062)	黏性砂
淤泥质海岸	0.004~0.008	极细粉砂	粉砂 (0.004~0.062)	黏性砂
淤泥质海岸	0.002~0.004	粗黏土	黏土 (0.000 24~0.004)	黏性砂
淤泥质海岸	0.001~0.002	中黏土	黏土 (0.000 24~0.004)	黏性砂
淤泥质海岸	0.000 5~0.001	细黏土	黏土 (0.000 24~0.004)	黏性砂
淤泥质海岸	0.000 24~0.000 5	极细黏土	黏土 (0.000 24~0.004)	黏性砂

(2)砂质海岸

砂质海岸主要是平原的堆积物质被搬运到海岸边,再经波浪或风的改造堆积所形成。这类海岸的动力地貌特征是:滩面物质以松散无黏性砂为主,泥沙颗粒较粗(D_{50}>0.125 mm),岸滩坡度较陡,一般大于1/500,滩面泥沙运动可分为破波带和近岸带2个区域。破波带内有纵向沿岸输沙和横向泥沙运动,泥沙运动形态既有悬移质,又有推移质。近岸带的泥沙运动形态则以推移质为主。

砂质海岸分布很广,如美国和南美洲的东部海岸、非洲的西部海岸等。在我国主要分布在辽宁、河北、山东、福建、广东、海南、广西沿岸和台湾西岸,另外,江苏和浙江沿岸也有少量分布。

(3)粉砂质海岸

粉砂质海岸是废弃河口泥沙沉积物在波浪、潮流综合作用下的结果,其形成有3个条件:①丰富的遗弃物质;②一定的波浪、潮流动力;③没有外来沙源。

黄骅港海岸(强浪弱潮型)是1048年黄河从河北入海形成河口三角洲,1128年黄河改道,在波、流共同作用下,经历了800多年且没有外来沙源的条件下,在海岸上形成了一层"沙席"。

苏北如东海岸(强潮弱浪型)是"晚更世"和"全新世"时期古长江在此入海形成三角洲,后长江入海口南迁。近1 000年,黄河再从江苏入海,在此地造成大批泥沙遗留下来,后黄河入海口北上。这里丰富的泥沙在2股潮(其一为从台湾经东海的入潮波；其二为从台湾到山东后的反射波）作用下在此交汇、辐聚，在没有外来沙源的条件下，形成辐聚沙洲。

若淤泥质海岸的泥沙来源中断，在海岸动力的分选作用下，泥沙将出现沙化，有的岸段会向粉砂质海岸过渡。如近年来，随着黄河入海水、沙大量减少，黄、渤海沿岸的沙化现象日益明显，粉砂质海岸的范围逐渐扩大。粉砂质海岸泥沙平均中值粒径 D_{50} 为 0.031～0.125 mm，泥沙起动流速小，沉降速度较大，沉积后密实很快，泥沙运移形态十分复杂，既有悬移质，又有推移质，还有底部高浓度含沙水体层（流移质或混移质），泥沙活跃，在大风浪作用下，海床易发生大冲大淤，对海岸工程和港口航道构成极大威胁。但必须注意的是，在粉砂质海岸上，极细颗粒和有机成分的存在，对泥沙运动影响极大，粒径 0.031 mm 以下的泥质颗粒成分越多，有机成分越高，该海岸的泥沙运动特性越接近于淤泥质海岸的泥沙运动，因此粉砂质海岸的床面泥沙粒径应同时符合 2 个条件：

$$0.031 \text{ mm} < D_{50} < 0.125 \text{ mm}$$
$$D_{40} > 0.031 \text{ mm}$$

我国从鸭绿江至长江口的海岸线上，散落分布着许多粉砂质海岸段，如辽东、冀东、鲁北、鲁东、鲁南、苏北等都存在粉砂质海岸段。

2. 海岸工程中的防淤减淤问题

建设在浅海的海岸工程，许多对防淤减淤有很高的要求。例如海岸港池及航道，如果回淤严重，不仅在水深维护方面需要投入巨额资金，而且对船舶的安全靠泊和航行造成困难，使港口信誉受损。又如海滨核电站及燃煤（油）电站的取、排水口，若发生淤积，则可能出现大的事故，造成不可挽回的损失。还有海滨工业设施、挡潮闸设施、海水利用以及海滨浴场等，都需防止发生泥沙淤积，否则，各项工程不可能正常发挥它们的功能。

3. 海岸工程中的防冲促淤问题

与防淤减淤相对应的另一类海岸工程，则要求防冲促淤。如在海上修建人工岛、防波堤以及墩柱式建筑物等，如果其海床基础受到冲刷，严重时，海洋建筑物的局部直至整体将会倒塌；又如砂质海岸的正常沿岸输沙，若受到突堤式建筑物拦截，则建筑物上游出现淤涨的同时，下游岸线会出现冲刷，严重时将危及下游陆上工程和农田的安全；再如滩涂围垦工程，除围堤的基脚需防止冲刷外，围堤内的浅水滩地则需通过促淤以提高滩面高程，节约围垦投资。

§7.2　海岸泥沙运动

海岸泥沙主要受 2 种海岸动力因素，即波浪和潮流（包括它们的派生水流，如质量输移流、沿岸流、离岸流、沿堤流及余流等)的作用,在入海河口附近的海岸,泥沙还会受到河流及盐、淡水混合的影响。近岸潮流,除局部海区——海峡、潮汐通道、潮汐汊道、海湾的湾口以及涌潮等海区表现较强外,其他海区往往较弱。因潮流属于长周期波,其对泥沙的搬运作用,人们常利用河流泥沙运动规律近似描述,但波浪不同,在其作用下泥沙表现出不同的运动规律。

与单向水流相比,波浪水流有 2 个特点:

(1)波浪水流为振动水流,作用在泥沙颗粒上的力,除了水流的拖曳力外,还有由于水流加速度引起的附加质量力。这 2 种力都作周期性的变化,但后者比前者小得多,并有 $\pi/2$ 的相位差,故附加质量力对于拖曳力出现最大值时影响很小,在确定泥沙起动边界时,可以不予考虑。

(2)波浪水流沿水深的分布由势流运动方程决定,只是由于在床面处速度必须为零,故在床面附近有一层薄薄的边界层。泥沙在此边界层内受力与边界层内的流态有关。

我国的海岸泥沙规律研究始于 20 世纪 50 年代。多年来,针对泥沙运动问题,我国展开了大规模的现场观测和室内实验研究工作,取得了不少研究成果。

7.2.1 波浪作用下的泥沙起动

若在波浪水槽中平铺一层沙子,开始造波,在周期不变的条件下,逐渐增大波高。当波高达到某一定值时,我们会看到泥沙颗粒陆续进入运动状态。开始时是个别颗粒来回摆动,当波高继续加大,床面的泥沙会比较普遍地发生运动,我们说这时泥沙进入了运动状态。如果波高继续加大,在平坦床面上会出现沙纹,以后沙纹发展,高度增大。当波高达到某一极限,沙纹又会趋于消失,泥沙运动重新在平坦的床面上进行,这时不只是表层泥沙颗粒发生运动,而是泥沙成层地发生推移,称为层移运动。因为受试验波浪尺度的限制,最后这一阶段在一般的波浪槽中不易做到。

根据波浪作用下泥沙颗粒在重力、水平推力、绕流上举力、渗透上举力及黏着力的滚动力矩极限平衡条件,可得泥沙的起动波高为

$$H_* = M\sqrt{\frac{L\sinh 2kh}{\pi g}(\frac{\rho_s-\rho}{\rho}gD+\beta\frac{\varepsilon_K}{D})} \tag{7.2.1}$$

式中,H_* 为起动波高,L 和 h 分别为波长和水深;β 为常系数,可取 0.039;$\varepsilon_K = \varepsilon/\rho = 2.56 \text{ cm}^3 \cdot \text{s}^{-2}$,$\varepsilon$ 为黏着力系数;D 为泥沙粒径,对于非黏性泥沙,D 为单颗粒中值粒径,密度 $\rho_s = 2.65 \sim 2.70 \text{ g} \cdot \text{cm}^{-3}$;对于粒径小于 0.03 mm 的黏性泥沙,在海水中均以絮凝当量粒径 0.03 mm 代表;M 为一受泥沙因素和沙层渗

透影响的系数。

上式表明,当水深 h 和泥沙粒径 D 已知后,起动波高 H_* 是波长 L(或周期 T)的函数。因此,波浪作用下的泥沙起动判别标准,波高并不是惟一的物理量,还应涉及相应的波长(或周期),即波浪的各个要素。

在很多情况下,某一海区的泥沙组成及波要素已知,但不知泥沙的起动水深,这时可将式(7.2.1)改成以起动水深表示的形式,即

$$h_* = \frac{1}{4\pi}\text{arsinh}\left[\frac{\pi g H^2}{M^2 L}\frac{1}{\left(\frac{\rho_s-\rho}{\rho}gD+\beta\frac{\varepsilon_K}{D}\right)}\right] \quad (7.2.2)$$

式中,h_* 为起动水深;H 为波高;其他符号意义同式(7.2.1)。

当泥沙的起动波要素及水深确定后,还可将式(7.2.1)变换成以泥沙起动的水平最大波动底流速的表达形式:

$$(u_*)_{\max} = \frac{\pi H_*}{T_* \sinh k h_*} = M\sqrt{\frac{\rho_s-\rho}{\rho}gD+\beta\frac{\varepsilon_K}{D}} \quad (7.2.3)$$

上式表明,当水深和粒径一定后,在波浪的作用下泥沙起动的床底最大振动流速随起动时的波要素——波高、波长(或周期)变化,而不像单向稳定流中的起动流速为一固定值。因此,在讨论波浪作用下的泥沙起动问题时,不宜简单地用单向稳定流中习用的起动流速去论证是否起动,而是要用波要素——波高、波长(或周期)去判断。

式(7.2.1)中的 M 是受泥沙因素及沙层渗流影响的系数,其中泥沙因素可通过泥沙形状系数(一般取为常数)去体现,而沙层渗流影响可根据浅水波水质点在沙层中或沙层面的运动特性分析。因此 M 可以假定为沙粒粒径 D 和波长 L 的函数,即 $M=f(D,L)$。根据试验资料分析,可得到如下经验关系:

$$M = 0.12\left(\frac{L}{D}\right)^{1/3} \quad (7.2.4)$$

在河流动力学中已知单向水流的起动条件可用临界希尔兹参数 ψ_c 来表示,即

$$\psi_c = \frac{\tau_c}{(\rho_s-\rho)gD} = f\left(\frac{u_* D}{\nu}\right) \quad (7.2.5)$$

式中,τ_c 为单向水流条件下泥沙起动临界床面剪切力;u_* 为摩阻流速,$u_* = \sqrt{\frac{\tau}{\rho}}$;$\nu$ 为水的运动黏滞系数。

根据大量实验资料,希尔兹得到了由式(7.2.5)表示的起动条件关系曲线,即希尔兹曲线。

许多学者对希尔兹起动关系曲线能否用于波浪作用下的泥沙起动条件做

了验证试验,回答是肯定的。不过因为波浪中水质点速度是随时间变化的,对于泥沙起动起控制作用的是床面切应力的最大值,故希尔兹参数中的切应力应取这个最大值。因而起动判数可写为

$$\psi_m = \frac{\tau_m}{(\rho_s - \rho)gD} = f(\frac{u_{w*} D}{\nu}) \tag{7.2.6}$$

式中,τ_m 为床面最大切应力;u_{w*} 为波浪作用下的摩阻速度;D 为泥沙粒径;ρ_s 和 ρ 分别为泥沙和水密度;g 为重力加速度。

图 7.2.1 是波浪作用下泥沙起动的实验资料与希尔兹曲线的比较。竖的短线表示各家得到的波浪作用下泥沙起动实验数据的分布范围,从图中可以看到,实验数据在希尔兹曲线附近。

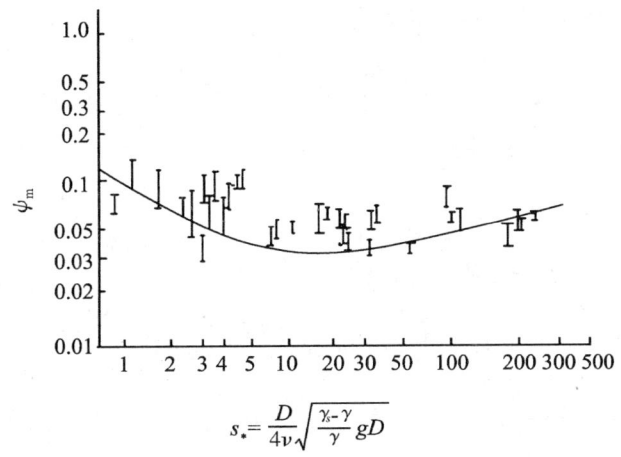

图 7.2.1　波浪作用下泥沙起动希尔兹曲线

7.2.2　波、流共同作用下的床面剪切力

海岸泥沙运动由水动力边界层和床面剪切力控制。床面剪切力和床面边界层有密切的关系。但当波浪和水流共同存在时,由于波浪和水流(包括潮流)分别属于高、低频率的流动水体;波浪水质点除水平流速外,还有竖向流速,而水流只有水平流速;波浪和水流之间的相互作用为非线性,因此使得流态十分复杂。由于缺乏现场或实验室资料,波、流共同作用下的边界层研究和床面剪切力的研究仍处于探索、试验和论证阶段。

在此利用边界层理论,推导波、流共同作用下的床面剪切力公式。

在波、流共存的边界层副层内,床面剪切力可由下式表示:

$$\tau_{cw}=\rho\nu\frac{\partial u_{cw}}{\partial z} \qquad (7.2.7)$$

由于边界层副层厚度 δ 很小,速度分布为直线,因此可得

$$\tau_{cw}=\rho\nu\frac{u_{cw\cdot\delta}}{\delta} \qquad (7.2.8)$$

式中,δ 为边界层副层厚度;$u_{cw\cdot\delta}$ 为边界层副层顶部的速度。

边界层副层为层流状态,边界层副层雷诺数 $Re_\delta=\frac{u_{cw\cdot\delta}\delta}{\nu}$,今采用参数 $k_\delta=1/Re_\delta=\frac{\nu}{u_{cw\cdot\delta}\delta}$,代入式(7.2.8),得

$$\tau_{cw}=\rho k_\delta(u_{cw\cdot\delta})^2 \qquad (7.2.9)$$

将 $u_{cw\cdot\delta}$ 分解为定常和非定常两部分:

$$u_{cw\cdot\delta}=\bar{u}_{1\cdot\delta}+\hat{u}_{2\cdot\delta}\sin\theta \qquad (7.2.10)$$

式中,θ 为波浪运动的位相角。设 u_c 为水流主体中垂线平均流速,$\hat{u}_w$ 为水体底部波浪水质点水平速度振幅。令 $\bar{u}_{1\cdot\delta}=\alpha_c u_c$;$\hat{u}_{2\cdot\delta}=\alpha_w\hat{u}_w$,代入式(7.2.10)和(7.2.9),得

$$\tau_{cw}=\rho k_\delta(\alpha_c u_c+\alpha_w\hat{u}_w\sin\theta)^2 \qquad (7.2.11)$$

令 $f_c=k_\delta\alpha_c^2$;$f_w=2k_\delta\alpha_w^2$,则

$$\tau_{cw}=\left(\sqrt{\rho f_c}u_c+\sqrt{\frac{\rho f_w}{2}}\hat{u}_w\sin\theta\right)^2 \qquad (7.2.12)$$

根据惯用表示法,$\tau_c=\rho f_c u_c^2$,$\hat{\tau}_w=\frac{1}{2}\rho f_w\hat{u}_w^2$,则式(6.2.12)可表示为

$$\tau_{cw}=(\sqrt{\tau_c}+\sqrt{\tau_w}\sin\theta)^2 \qquad (7.2.13)$$

式中,τ_c 为水流的床面剪切力,$\tau_c=\rho f_c u_c^2$,f_c 为水流摩阻系数;$\hat{\tau}_w$ 为波浪的床面剪切力,$\hat{\tau}_w=\frac{1}{2}\rho f_w\hat{u}_w^2$,$f_w$ 为波浪摩阻系数。由式(7.2.13)不难得出

$$u_{*cw}=u_{*c}+\hat{u}_{*w}\sin\theta \qquad (7.2.14)$$

式中,u_{*cw} 为波、流共存时的综合摩阻速度,$u_{*cw}=\sqrt{\tau_{cw}/\rho}$;$u_{*c}$ 为水流摩阻速度,$u_{*c}=\sqrt{\tau_c/\rho}$;$\hat{u}_{*w}$ 为波浪摩阻速度,$\hat{u}_{*w}=\sqrt{\tau_w/\rho}$。

波、流共存时的剪切力也常表示为

$$\tau_{cw}=\rho f_{cw}u_{cw}^2 \qquad (7.2.15)$$

式中,f_{cw} 为综合摩阻系数,u_{cw} 为综合速度。比较式(7.2.12)和式(7.2.15),得

$$f_{cw}=\left(\sqrt{f_c}+\sqrt{\frac{f_w}{2}}\right)^2 \qquad (7.2.16)$$

$$u_{cw} = \frac{\sqrt{f_c}}{\sqrt{f_{cw}}} u_c + \frac{\sqrt{f_w}}{\sqrt{2f_{cw}}} u_w \tag{7.2.17}$$

7.2.3 波、流共同作用下的水体挟沙力

水体挟沙力是指水体中具有挟带造床悬浮泥沙的能力，它与水体速度和床面剪切力有关。床面剪切力对水体所做的功为

$$W = \tau_{cw} u_{cw} \cdot \delta \tag{7.2.18}$$

将式(7.2.10)和(7.2.12)代入式(7.2.18)得

$$W = \frac{\rho}{\sqrt{k_\delta}} \left(\sqrt{f_c} u_c + \frac{\sqrt{f_w}}{\sqrt{2}} \hat{u}_w \sin\theta \right)^3 \tag{7.2.19}$$

含沙水体的能量变化为

$$E = \frac{\rho_s - \rho}{\rho_s} g h S_* \omega_s \tag{7.2.20}$$

式中，ρ_s 为泥沙密度；ρ 为水密度；ω_s 为泥沙沉降速度；S_* 为水体挟沙力。

令 W 与 E 平衡，考虑二者之间的转化效率，令 $E = \eta W$，η 为效率系数，则由式(7.2.19)和(7.2.20)得

$$S_* = \eta \sqrt{\frac{f_c^3}{k_\delta}} \cdot \frac{\rho_s \rho}{\rho_s - \rho} \cdot \frac{(u_c + \sqrt{\frac{f_w}{2f_c}} u_w)^3}{g h \omega_s} \tag{7.2.21}$$

令 $\alpha = \eta \sqrt{\frac{f_c^3}{k_\delta}}$，$\beta = \sqrt{\frac{f_w}{2f_c}}$，则式(7.2.21)可写为

$$S_* = \alpha \frac{\rho_s \rho}{\rho_s - \rho} \cdot \frac{(u_c + \beta u_w)^3}{g h \omega_s} \tag{7.2.22}$$

式中，u_c 为流速；u_w 为波浪水质点速度；g 为重力加速度；h 为水深；其他符号意义同前。

7.2.4 波、流共同作用下的推移质输沙率

推移质输沙是泥沙研究中比较薄弱的环节，影响因素多，机理复杂，现场实测困难。目前一般的方法是利用一些水槽实验资料进行理论分析，建立半经验半理论公式。

参考已有文献，单宽无量纲推移质输沙函数 φ 与输沙水力强度函数 ψ 之间的关系可用下式表示：

$$\varphi = C(\psi - \psi_e)\psi^{1/2} \tag{7.2.23}$$

因为 $\varphi = \frac{q_b}{\rho_s g \omega_s D}$，$\psi = \frac{\tau}{(\rho_s - \rho) g D}$，则波、流共同作用下的推移质输沙率可用

下式进行计算：

$$q_b = \alpha_b \frac{\rho_s \rho}{\rho_s - \rho} \frac{\omega_s}{\sqrt{D}} (1 - \frac{u^2}{u_e^2}) \frac{u^3}{g} \tag{7.2.24}$$

式中，ψ_c 为泥沙临界起动水力强度函数；τ 为床面剪切应力；τ_c 为泥沙起动时临界床面剪切应力；ω_s 为泥沙沉降速度；D 为泥沙粒径；α_b 为待定系数，应通过试验或现场实测资料来确定；ρ_s 为泥沙密度；ρ 为水密度；u 为流速；u_e 为临界起动流速。

7.2.5 波、流共同作用下的悬移质输沙率

在细颗粒泥沙为主的海岸，泥沙运动形式以悬移质运动为主。引起泥沙悬浮的动力主要是水流的紊动。波浪水体内的紊动主要有 2 个来源：一是表面波的破碎；二是近底波浪水流在沙纹背后形成的旋涡以及这种旋涡的跃起与分解。后者是水流紊动的主要来源，也是泥沙悬扬的主要原因。

为讨论波、流共同作用下的悬移质输沙率，必须先建立含沙量沿垂线分布模型。

将海底取作 z 轴原点，垂直向上为正，则泥沙的基本运动方程为

$$S \cdot \omega = \varepsilon \frac{dS}{dz} \tag{7.2.25}$$

式中，S 为水体含沙量；ε 为泥沙垂向扩散系数；ω 为泥沙沉降速度。

根据水槽试验及现场资料可知，泥沙分布上小下大，粒径上细下粗，沉降速度上小下大，因此可设

$$\omega = \omega_b \frac{z}{h} + \omega_s (\frac{h-z}{h}) \tag{7.2.26}$$

式中，ω_b 为临底泥沙沉降速度；ω_s 为表层泥沙沉降速度；h 为水深。

水流紊动由底部向上发展，可采用 Kajiura 假设

$$\varepsilon = \kappa u_* (h - z) \tag{7.2.27}$$

式中，κ 为卡门系数（$\kappa = 0.4$）；u_* 为摩阻流速。

将式(7.2.26)和(7.2.27)代入式(7.2.25)后积分，并取 $z = 0.65h$ 时含沙量为平均含沙量 $\bar{S}$，得悬移质含沙量分布

$$S = \bar{S} \left(\frac{h-z}{h-0.65h}\right)^{-\frac{\omega_b}{\kappa u_*}} \exp\left(-\frac{(\omega_b - \omega_s)(z - 0.65h)}{\kappa u_* h}\right) \tag{7.2.28}$$

悬移质含沙量和输沙率计算公式可采用以下 2 式：

$$S = \alpha_s \frac{\rho_s \rho}{\rho_s - \rho} \frac{(u_c + \beta u_w)^3}{g h \omega_s} \tag{7.2.29}$$

$$q_s = Shu \tag{7.2.30}$$

式中,q_s 为悬移质输沙率;h 为水深;u 为流速;α_s 为系数;ω_s 为泥沙沉降速度;β 为系数;其他符号意义同前。

7.2.6 波、流共同作用下的流移质输沙率

粉砂质海岸上,在波浪、潮流等海洋动力作用下,泥沙运动形态有 3 类:悬移质、推移质和流移质。这里所说的流移质是指临底高浓度含沙水体,它不同于泥质海岸的"浮泥流",也不同于泥沙异重流,它是上层悬移质过渡的中间运移形态。在流移质中,既有悬移质也有推移质,这种泥沙形态很不稳定,在水动力增大时,易转化为悬移质,在水动力减弱时,又易转化为推移质。虽然这种泥沙运移形态很不稳定,但在一定的波浪、潮流作用下,它又相对稳定地存在。在现场测验和水槽实验中,经常可以发现,而且有规律地重现。如河北黄骅港外航道开挖后的边滩上,以及粉砂在波、流共同作用下的水槽实验中,均有发现。由于这种临底高浓度含沙水体是粉砂质海岸上特有的一种泥沙运移形态,和航道淤积及海床演变关系密切,它随水体而运动,同时含有悬移质和推移质,因此我们暂命名其为"流移质"。

根据现场观测、水槽实验,流移质有 2 种形式:一种是沉降型,如洋山港区的流移质,它是由港区西部浅滩上高浓度含沙水体随落潮进入港区,水动力相对减弱,悬沙沉降,但减弱后的水动力仍较强,悬沙仅沉降到临底,尚未沉积到床面时,接着就发生涨潮,动力较强,但其强度又不足以使临底高浓度含沙水体悬扬到整个水体,如此往复,在临底形成了流移质。另一种是悬扬型,如黄骅港和波、流水槽实验中所发现的,它是由底部低浓度含沙水体,在水动力较强时发生悬扬,但因动力强度还不足以使悬扬沙进入全部水体,或悬扬时间较短,水动力即开始减弱或转向,因而在临底形成高浓度含沙水体。以上 2 种形态流移质的共同特点为:①存在由一种泥沙运移类型向另一种泥沙运移类型转变的必要水、沙条件,但水动力条件不充分;②水动力呈周期性变化。

流移质的输沙率可用下式计算:

$$q_{bs} = S_b h_b u_b \tag{7.2.31}$$

式中,q_{bs} 为流移质输沙率;S_b 为底部高浓度含沙水体的含沙量;h_b 为底部厚度;u_b 为底部流速。为了确定 S_b, h_b, u_b,赵冲久从理论上进行了研究,并通过实验进行了验证。设 $S_b = A_s S$;$h_b = A_h h$;$u_b = A_u u$,并令 $A = A_s A_h A_u$,则上式可写成

$$q_{bs} = AShu \tag{7.2.32}$$

式中,A 为系数,根据现场实测和水槽实验得 A 可取 $0.10 \sim 0.30$;其他符号意义同式(7.2.30)。

7.2.7 沿岸输沙

沿岸带泥沙顺岸做纵向运动称为沿岸输沙,是沿岸带最重要的泥沙搬运形式。在砂质海岸上,沿岸输沙主要发生在破波带内,主要动力是波浪破碎及其产生的沿岸流。在淤泥质和粉砂质海岸上,潮流也是泥沙运动的重要动力因素,不仅破波带内发生沿岸输沙,破波带外也会发生。至今,国内外对其沿岸输沙研究得很少,这里重点介绍砂质海岸的沿岸输沙问题。

砂质海岸沿岸输沙主要是波浪斜向入射破碎后引起的。波浪破碎强烈紊动可以掀起大量泥沙,而斜向入射波产生的沿岸流对泥沙起到了搬运作用,使得这些泥沙随沿岸水流沿岸输送,形成沿岸输沙。

沿岸输沙的机理是波浪掀沙,沿岸流输沙。因此,波浪的非线性影响退居次要位置,可忽略不计。因而沿岸输沙问题与横向输沙相比较易处理,研究成果也较多。关于沿岸流的研究基本可分为2类:一是应用动量守恒原理研究破波带内整个水体的平均沿岸流流速,二是利用辐射应力理论研究破波带内沿岸流流速横向分布。这里介绍基于前一种沿岸流研究方法的沿岸输沙率计算。

破波带内的平均沿岸输沙率

$$Q_l = \bar{V}_l \cdot \bar{d}_b \cdot \bar{S}_b \cdot X_b \tag{7.2.33}$$

式中,$\bar{V}_l$ 为破波带内的平均沿岸流流速,$\bar{V}_l = 20.7 m(gH_b)^{1/2}\sin2\alpha_b$,$m$ 为破波带的海滩坡度,H_b 为破波波高,α_b 为破波波峰线与岸线的夹角;$\bar{d}_b$ 为破波带内平均水深,$\bar{d}_b = 0.5 d_b$;X_b 为破波带宽度,$X_b = d_b/m$;$\bar{S}_b$ 为破波带内平均含沙量。

破波带内平均含沙量的公式为

$$\bar{S}_b = 6.852 \times 10^{-3} \gamma_s \left(\frac{H_b}{d_b}\right)^2 F^{1/F} \tag{7.2.34}$$

故破波带内沿岸输沙率为

$$Q_l = 70.6 \times 10^{-3} \gamma_s g^{1/2} H_b^{5/2} F^{1/F} \sin2\alpha_b \tag{7.2.35}$$

式中,γ_s 为泥沙容重(kg·m^{-3});F 为修正系数,$F = \dfrac{D_0}{D_K + a/D_K}$;$D_0$ 为特定粒径,$D_0 = 0.11$ mm;a 为特定面积,$a = 0.0024$ mm^2;D_K 为 $\geqslant 0.03$ mm 的泥沙粒径。若泥沙为小于 0.03 mm 的分散体,则取 0.03 mm 作为絮凝当量粒径。

7.2.8 横向输沙

海岸泥沙的横向运动是泥沙的重力、浅水波浪的非线性性质和泥沙的运动形式共同影响的结果。泥沙的自重趋于使泥沙做离岸运动,质量输移流趋于使泥沙做向岸运动;当泥沙做推移运动或悬移运动时,波浪水质点运动的不对称性趋于使泥沙做向岸运动或离岸运动。在破波带内,破波引起的紊动也趋于使泥沙悬移做离岸运动。这些因素的综合作用最终决定泥沙是做向岸运动还是做离岸运动。由于对上述因素研究不足,目前只能对海岸泥沙横向运动的某些宏观性质进行定性描述。

海岸坡度和泥沙组成不同,由破波形成的海岸类型也不一样。淤泥质海岸,岸滩坡度平缓,浅水海域宽阔,波浪在向岸传播途中水深变化缓慢,破波多属崩波型破碎。这种破波水体施于海底的冲击作用较均匀地分布在宽阔的范围内,因此,岸滩剖面上一般不存在明显的沙坝深槽地貌。对于缺少泥沙来源的淤泥质海岸,剖面可能出现下蚀。在波浪作用强烈的岸边,泥沙粗化,局部岸坡变陡,但整个海岸仍属淤泥质海岸或粉砂淤泥质海岸。

砂质海岸,岸滩坡度较陡,波浪在向岸传播过程中,水深变化快,破波多属卷波型破碎。波浪破波时,波峰形成水舌冲击原来堆积在近岸滩肩上的泥沙,使之大量掀起并被返回水流带向海里,造成岸滩冲蚀。但泥沙颗粒粗,沉降速度大,因而迅速堆积在破波线的向海一侧,形成沿岸水下沙坝,称为沙坝型剖面或侵蚀型剖面(见图 7.2.2a)。这类剖面形态多出现在暴风浪季节,又称为暴风浪剖面。暴风季节过后,海况多属涌浪性质,在这种小波陡的波浪作用下,水下沙坝堆积的泥沙逐步被推向岸边,又形成滩肩,水边线向海边推进,称为堆积型剖面(见图 7.2.2c)。介于两者之间的剖面称为中性型剖面(见图 7.2.2b)。

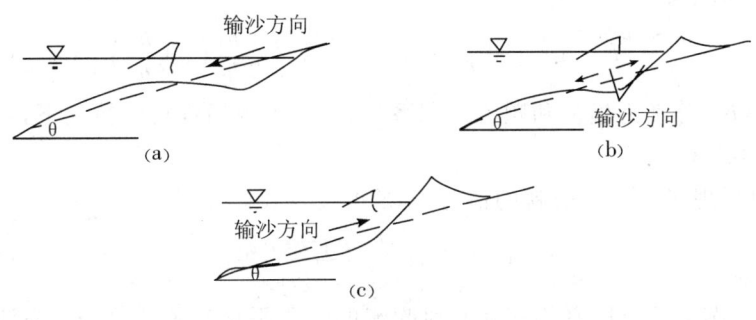

图 7.2.2　砂质海岸剖面类型

7.2.9　海岸泥沙淤积的计算

1. 淤泥质海岸工程泥沙问题

我国淤泥质海岸分布较广,主要分布在大河入海平原沿岸和河口。这类海岸特点是:岸滩坡度平坦,潮间带滩涂宽广。如渤海湾地区,潮差 2.5 m 左右,滩地平均坡度为 1/1 000～1/2 000,滩涂宽为 3～5 km;江苏沿岸,潮差为 2～

4 m,滩地坡度为1/1 000～1/5 000,潮间带特别宽广,有的宽达13 km。淤泥质海岸泥沙以黏性细颗粒泥沙为主,泥沙中值粒径小于0.031 mm。如连云港泥沙中值粒径为0.003 5 mm,天津港为0.005 mm。波浪掀沙、潮流输沙是这种海岸泥沙运动机理,泥沙运移形态以悬移质为主,在沙源充沛的地区,也会发现"浮泥"现象。细颗粒泥沙在波浪、潮流等海洋动力的作用下运动,且在海水中具有絮凝作用,常引起岸滩的冲淤变化、港口和航道的淤积。

对于淤泥质海岸,促使海岸演变的基本动力过程是波浪掀沙、潮流输沙,其泥沙运移形态以悬移质为主,因此,造成航道、港池淤积的主要因素是悬沙。现对其回淤计算作如下介绍。

(1) 外航道回淤计算

在水流越过航道时,由于水深增大,水流速度减小,挟沙能力降低。大部分悬移质随水流运移到下游,其余落淤到航道中。航道回淤强度(淤积厚度)可按式(7.2.36)或(7.2.37)计算:

$$\Delta = \frac{\alpha \omega_s S t}{\gamma_s}\left[1-\left(\frac{h_1}{h_2}\right)^{0.56}\cos^2\theta - \left(\frac{h_1}{h_2}\right)^3\sin^2\theta\right] \quad (7.2.36)$$

式中,Δ 为平均淤积厚度;S 为对应于附近浅水海域平均水深为 h_1 的平均含沙量;ω_s 为黏性泥沙絮凝沉速,一般为 0.000 4～0.000 5 m·s^{-1};γ_s 为淤积土干容重;t 为时间;α 为沉积系数;h_1, h_2 分别为航道边坡处水深和航道水深;θ 为水流与航道轴线夹角。

$$\Delta = \frac{\omega_s S t}{\gamma_s}\left\{K_1\left[1-\left(\frac{h_1}{h_2}\right)^3\right]\sin\theta + K_2\left[1-\frac{1}{2}\frac{h_1}{h_2}\left(1+\frac{h_1}{h_2}\right)\right]\cos\theta\right\} \quad (7.2.37)$$

式中,K_1, K_2 分别为横流和顺流淤积系数,在缺少现场资料的情况下,可分别取为0.35和0.13。

在缺少现场含沙量资料的情况下,S 可按下式计算:

$$S = 0.027\,3\gamma_s\frac{(|u_c|+|u_w|)^2}{gh_1} \quad (7.2.38)$$

式中,u_c 为潮流的时段平均流速和风吹流的时段平均流速之和;u_w 为波浪水质点平均水平速度。

(2) 口门以内回淤计算

港内淤积量是指港池和内航道淤积的总量,通常采用以下公式计算。

$$\Delta = \frac{KS\omega_s t}{\gamma_s}\left[1-\left(\frac{h_1}{h_2}\right)^3\right]\exp\left[\frac{1}{2}\left(\frac{A}{A_0}\right)^{1/3}\right] \quad (7.2.39)$$

$$M = \frac{706 A_0 \bar{h} S}{\gamma_s}\eta \quad (7.2.40)$$

式中，M 为年淤积量；K 为经验系数，其变化幅度为 $0.14\sim0.17$；S 为口门处水体年平均含沙量；h_1，h_2 分别为航道边坡处水深和港池、内航道水深；A 为掩护区内浅滩水域面积；A_0 为防波堤掩护区总水域面积；$\bar{h}$ 为平均潮差；η 为回淤率；706 为全年涨潮次数。

利用实测资料整理回淤率和 $\dfrac{A}{A_0}$ 之间的关系曲线如图 7.2.3。

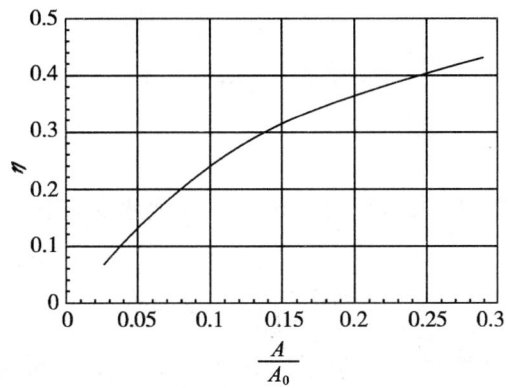

图 7.2.3　η 与 $\dfrac{A}{A_0}$ 的关系曲线

(3) 港池回淤计算

淤泥质海岸港池回淤以悬移质落淤为主，它的回淤强度与进港水体含沙量、港池开挖水深、港口布置形式、港内尚未利用的浅滩水域面积以及泥沙特征等有关。一般来说，港池可归为两大类：开敞式港池(图 7.2.4)和掩护式港池(图 7.2.5)。不同类型的港池，其淤积强度计算公式也不一样。

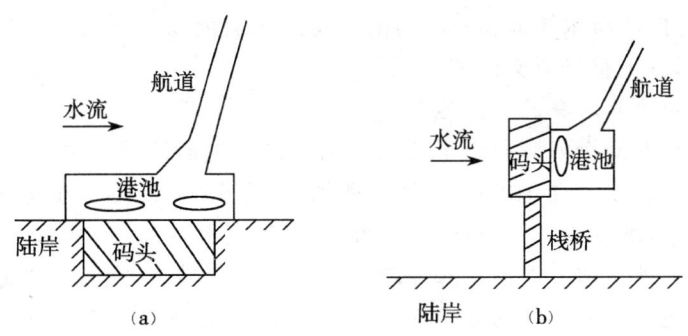

图 7.2.4　开敞式港池

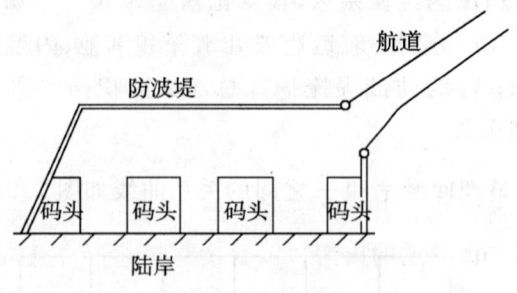

图 7.2.5　掩护式港池

A. 开敞式港池

当港池长宽比 $L/B>10$，且浅滩水深与港池水深之比 $h_1/h_2>0.6$，其回淤强度可按下式计算：

$$\Delta_b = \frac{\alpha_1 \omega_s St}{\gamma_s}\left[1 - \frac{u_2}{u_1}(1+\frac{h_1}{h_2})\right] \tag{7.2.41}$$

式中，u_1，u_2 分别为开挖前和后的流速；α_1 为经验系数，可取为 0.13。

当港池长宽比 $L/B<10$ 和/或 $h_1/h_2<0.6$，港池回淤强度可按下式计算：

$$\Delta_b = \frac{\alpha_2 \omega_s St}{\gamma_s}\left[1 - (\frac{h_1}{h_2})^3\right] \tag{7.2.42}$$

式中，α_2 为经验系数，可取为 0.35；其他符号意义同前。

B. 掩护式港池

掩护式港池其回淤强度可按以下经验公式计算：

$$\Delta_b = \frac{\alpha_0 \omega_s St}{\gamma_s}\left[1-(\frac{h_1}{h_2})^3\right]\exp\left[\frac{1}{2}(\frac{A}{A_0})^{1/3}\right] \tag{7.2.43}$$

式中，A 为港内浅滩水域面积；A_0 为港内总的水域面积；α_0 为经验系数，可取为 0.14～0.17；其他符号意义同前。

2. 粉砂质海岸工程泥沙问题

我国由东北沿渤海湾向南至长江口北存在不少粉砂质海岸段，如大连庄河港，河北京唐港、黄骅港，山东滨州港、潍坊港、东营港，江苏如东港等。粉砂质海岸岸滩平缓，坡度为 1/3 000～1/4 000。泥沙既有悬移质，又有推移质，还有底部高浓度含沙水体。泥沙在海洋动力作用下易起易沉，在海水中基本不存在絮凝现象。泥沙中值粒径为 0.031～0.125 mm。如黄骅港海岸泥沙中值粒径 D_{50} 为 0.032～0.034 mm，如东港海岸 D_{50} 为 0.044～0.049 mm。

粉砂质海岸泥沙活跃，在海洋动力作用下运动复杂，以往在此类海岸建港实例很少，曾一度视粉砂质海岸为禁区，对其泥沙运动研究成果甚少。近年来，随着我国沿海地区经济的飞速发展,这些地区相继提出了建港辟航的要求,有些工程在筹建阶段,有些已经运营,但都出现了比较严重的泥沙问题。黄骅港的泥沙问题较为严重,研究成果也较多,下面以黄骅港为重点介绍粉砂质海岸的工程泥沙问题。

(1) 黄骅港简介

黄骅港地处渤海湾西南岸,北距天津港 105 km,南至黄河入海口 156 km,是我国西煤东运第二大通道的出海口。自1984年起,为论证黄骅港建设的可行性,在该海域开展了大量勘测、试验和研究工作。如今,黄骅港已投产运营,但出现了较严重的泥沙淤积问题。其中港池和内航道淤积尚属正常,但外航道在大风浪天气条件下也发生了严重的骤淤现象,影响到船舶满载出港,造成港口效益受损。

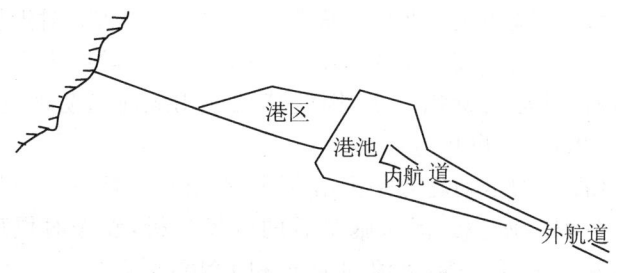

图 7.2.6 黄骅港港池与航道布置

(2) 海洋动力作用下的泥沙分析

黄骅港海区属于强潮弱浪型,泥沙运动主要是波浪掀起后随潮流输移,强风天气下风吹流对泥沙的搬运也起到一定作用。因为该海区主要强浪向为 NE,ENE 和 E,与岸线夹角不大,再加上海域岸滩平缓,波浪经过长距离的传播变形后基本与岸线垂直,且平缓岸滩波浪破碎不剧烈,引起的沿岸流也不大,故该海岸泥沙运动趋势以横向搬运为主。另外,通过数学模型和遥感图均发现在大风天,堤头南侧"搓"出一个旋涡,快速旋转的旋涡不仅能使细颗粒泥沙悬浮的时间更长、扩散距离更远,而且能使滩面上的泥沙做径向运动,指向涡心。旋涡在向外海运动的过程中,如遇到外航道,做径向运动的泥沙会沉积下来。

黄骅港海区泥沙属于细颗粒泥沙,其主要构成为淤泥或粉砂,泥沙运动形式有推移质、悬移质和底部高浓度含沙水体。在实验室和现场都观察到了高浓度含沙水体的存在,在实验水深为 30~40 cm 时,层厚 3~5 cm,层内含沙浓度可达上层水体含沙浓度的 5 倍左右;在现场近底含沙浓度可达到 20~30 kg·m^{-3}。底部高浓度含沙水体对航道淤积起着重要作用。泥沙来源主要包括三部分:航道两侧滩面泥沙、近岸泥沙和疏浚弃土。在泥沙的运动过程中,波浪冲蚀使泥沙产生分选,粗颗粒泥沙首先沉积,细颗粒泥沙被水流带到深海沉积下来,形成了黄骅港海域浅滩泥沙由浅到深泥沙颗粒越来越细的趋势,并形成了目前黄骅港附近海域广泛分布的浅滩表层粗化层——沙席,厚者20 cm左右,薄者只有几厘米。构成"沙席"的泥沙粒径一般为0.05~0.07 mm,它的存在对黄骅港外航道构成了主要威胁。

(3)黄骅港外航道减淤工程措施及分析

就目前对粉砂质海岸的认识水平和黄骅港的自然条件,延长防波堤是可行的整治方案。

①防波(沙)堤延伸的平面布置

防波堤的平面布置一般有2种形式:顺航道走、与航道走向成一交角。顺航道走向防波堤基于减弱航道两侧滩面泥沙运动的影响,而对近岸泥沙运动考虑较少。与航道走向成一交角的布置以考虑海岸泥沙运动为主。因黄骅港外航道以两侧滩面泥沙运动淤积为主,因此建议采用顺航道防波堤布置,这样既可以减弱航道淤积,投资也相对较小。

黄骅港海区泥沙的运动趋势是由南向北,在航道南侧修建单堤可以减弱水流横穿航道、减少泥沙淤积。但从施工后的流场分析,涨潮时堤后局部区域存在大的环流区,从波浪场分析,大浪向为E和ENE,堤后形成阴影区,这两者都为泥沙的淤积创造了环境。另外,单是南侧防波堤对北岸近岸泥沙的作用不能消除或减弱,堤前反射波对滩面作用加剧。因此,黄骅港防波堤的布置宜采用双堤方案。

②延伸防波堤的堤顶高程

防波堤按堤顶高程划分有3种形式。

A. 明堤

明堤的实施能确保沿堤段及港内的减淤效益,且能增加沿堤段航道淤积物的可挖性。但造价高,且沿堤流和口门横流明显,会造成近岸泥沙向外输移,口门横流对船舶的航行也会带来一定影响。

B. 中水堤

从黄骅港的泥沙淤积形态看,降低堤顶高程是一种可行的方案。堤顶高程主要取决于减淤效益、航道可挖性、口门横流和沿堤流的改善情况。通过理论分析,认为采用中水堤可以在以下方面得到改善:a. 淤强减小:中水堤实施后,直接从两堤外侧进入航道的沙量减少约80%,淤强减少47%;b. 航道的可挖性提高:方案实施后,淤积物中值粒径减小,可挖性增大。c. 缓解口门的横流和沿堤流:根据现场观测和二维潮流数模计算结果表明,中水堤实施后,口门横流和沿堤流明显减弱。

C. 潜堤

潜堤的优点是工程造价低。当潜堤实施后,沿堤流和口门横流相对较小,对堤头以外航道淤积量和淤积物粒径粗化影响较小。经分析知,潜堤实施后淤强比实施前减小22%,减淤效果不明显。因其挡沙效果差,航道内淤积物的粒径减小不大,可挖性不会有明显改善。

综合以上分析,建议黄骅港防淤减淤方案采用顺航道走向的中水堤,堤顶高程和长度还需物理模型试验和现场观测、测量来确定。一项投资大的工程项目,其前期观测、试验及理论研究等是必不可少的,需要长期的论证过程才能确定具体的实施方案。

(4) 开敞航道的淤积计算

计算粉砂质海岸开敞航道的淤积要考虑3方面内容。

① 主水体悬移质淤积

主水体悬移质进入航道后,因流速减小、挟沙力降低而发生淤积,平均淤积强度(以厚度计)可用下式计算:

$$\Delta_{s1} = \frac{k_s h_1 u_1 S_1}{\gamma_s b}\left[1-\left(\frac{h_1}{h_2}\right)^{0.6}\cos^2\theta-\left(\frac{h_1}{h_2}\right)^3\sin^2\theta\right]\sin\theta \quad (7.2.44)$$

式中,S_1 为对应于附近浅水海域平均水深为 h_1 的平均含沙量;γ_s 为淤积土干容重;k_s 为沉积系数;h_1,h_2 分别为航道边坡处水深和航道水深;θ 为水流与航道轴线夹角。

② 临底高浓度含沙水体的淤积

由于临底高浓度含沙水体的厚度很小,该水体进入航道后悬沙全部落淤在航道内,这是与主体水中悬沙进入航道后的落淤不同之处,此时航道平均淤积强度可表示为

$$\Delta_{s2} = \frac{k_s h_1 u_1 S_1}{\gamma_s b} A\sin\theta \quad (7.2.45)$$

则悬移质总淤积量可由合并式(7.2.44)和(7.2.45)后求得:

$$\Delta_s = \Delta_{s1}+\Delta_{s2} = \frac{k_s h_1 u_1 S_1}{\gamma_s b}\left[1+A-\left(\frac{h_1}{h_2}\right)^{0.6}\cos^2\theta-\left(\frac{h_1}{h_2}\right)^3\sin^2\theta\right]\sin\theta$$

或

$$\Delta_s = \frac{k_s \omega_s S}{\gamma_s}\left[1+A-\left(\frac{h_1}{h_2}\right)^{0.6}\cos^2\theta-\left(\frac{h_1}{h_2}\right)^3\sin^2\theta\right]\beta_s,\ \beta_s=\frac{h_1 u_1 \sin\theta}{\omega_s b}$$

$$(7.2.46)$$

式中,Δ_s 为平均淤积总强度;ω_s 为泥沙沉速;β_s 为航道宽度修正系数,其物理意义是悬移质横越航道时落淤距离与航道宽之比,当 $\beta_s \geqslant 1$ 时,取 $\beta_s=1$;其他符号

意义同前。

式(7.2.46)中的系数 k_s 和 A 与当地海洋动力和泥沙条件有关,应通过现场实测资料和水槽实验确定。根据黄骅港区泥沙水槽实验得出:A 为 $0.10\sim0.40$;k_s 为 $0.34\sim0.73$,平均为 0.53。

③推移质淤积

推移质输沙进入航道后全部淤积,因此航道内平均回淤强度可表示为

$$\Delta_b = \frac{\beta\omega_s\rho_s}{\gamma_b b \sqrt{gD_{50}}}(1-\frac{u_c^2}{u^2})u^3\sin\theta \tag{7.2.47}$$

式中,u_c 为泥沙临界起动流速;u 为流速;γ_b 为推移质泥沙重度;β 为待定系数,可通过实测资料确定。根据水槽试验,潍坊港的 β 为 $2.52\times10^{-4}\sim1.69\times10^{-3}$,平均为 8.45×10^{-4};黄骅港的 β 为 $1.51\times10^{-3}\sim7.33\times10^{-3}$,平均为 4.77×10^{-3}。

(5)外航道淤积计算公式

外航道淤积受众多条件控制,如淤积环境、泥沙特性、泥沙运移形态、海洋动力、航道尺度等因素,均对航道淤积有影响。为了解航道淤积,通常采用物理模型、数值模拟和分析计算等方法,其中分析计算因方法简单,费用经济而广为应用。

淤泥质海岸的泥沙运移形态以悬移质为主,泥沙沉速接近常值,淤积条件明确,因此分析计算方法比较成熟,有不少实用公式。但对粉砂质海岸,由于控制外航道淤积的因素变化很大,影响航道淤积的机理更加复杂,因此至今尚无比较合适的航道淤积计算公式。下面将利用"有效风能"的概念,建立粉砂质海岸简单的淤积预报公式。

①有效风能的概念

航道淤积由泥沙运移产生,泥沙运移的能量来源于波浪,波浪的能量来源于风,风对水体输入的能量是由风在水面剪切力对水体作功而形成的,即

$$E'_w = \tau_w u \tag{7.2.48}$$

式中,E'_w 为风对水体所做的功;τ_w 为风在水面处的剪切力;u 为风引起的水体运动速度。

风对水面的剪切力 τ_w 可由下式计算:

$$\tau_w = \rho_a f_w w^2 \tag{7.2.49}$$

式中,ρ_a 为空气密度;f_w 为风摩阻系数;w 为风速。

风引起的水体速度 u 可由下式计算:

$$u = \alpha_v w \tag{7.2.50}$$

式中,α_v 为系数,根据已有试验观测资料,其值为 $0.02\sim0.03$。

将式(7.2.49)和(7.2.50)代入式(7.2.48),得

$$E'_w = \alpha_v f_w \rho_a w^3 \tag{7.2.51}$$

风速为 w 和历时为 t 的大风对水体输入的能量可用下式表示：

$$E_w = \alpha_v f_w \rho_a w^3 t \tag{7.2.52}$$

大风过程中，风速和历时不断变化，因此，一场大风对水体输入的能量应用下式表示：

$$E_w = \alpha_v f_w \rho_a \sum w^3 t \tag{7.2.53}$$

泥沙运移存在阈值，只有水体运动超过此阈值，泥沙才有可能发生运移，并对航道形成淤积。根据现场观测，只有当风速达到 6 级以上，且历时达到 2 h 后，航道才发生明显淤积。因此，造成航道淤积的有效风能为

$$E_w = \alpha_v f_w \rho_a [w_6^3(t_6-t_0) + w_7^3 t_7 + w_8^3 t_8 + w_9^3 t_9] \tag{7.2.54}$$

式中，w_6, w_7, w_8, w_9 分别为 6 级、7 级、8 级、9 级风速；t_6, t_7, t_8, t_9 分别为下标对应风级的风时；t_0 为临界历时，可取 $t_0 = 2$ h。

②航道淤积公式

利用"有效风能"的概念建立的淤积预报公式为

$$Q = \frac{\alpha_{Qw} bl}{gh_a}[w_6^3(t_6-t_0) + w_7^3 t_7 + w_8^3 t_8 + w_9^3 t_9] \tag{7.2.55}$$

式中，Q 为总淤积量；α_{Qw} 为淤积系数，应通过实测资料求得；l 为航道全长；b 为航道宽度；h_a 为航道边滩平均深度，可用下式计算：$\frac{1}{h_a} = \frac{1}{n}\sum_{i=1}^{n}(\frac{1}{h_i})$。

利用现场资料由式(7.2.55)确定系数 α_{Qw} 时，由于该式有量纲，为了使结果具有通用性，可采用如下无量纲参数：

$$\varphi_{Qw} = \frac{Q}{blh_a} \tag{7.2.56}$$

$$\psi_{Qw} = (w_6^3 t_6 + w_7^3 t_7 + w_8^3 t_8 + w_9^3 t_9)/gh_a^2 \tag{7.2.57}$$

$$\psi_{0w} = w_6^3 t_0/gh_a^2 \tag{7.2.58}$$

式(7.2.55)可写成无量纲通用公式：

$$\varphi_{Qw} = A_Q(\psi_{Qw} - \psi_{0w})^{B_Q} = A_Q(1 - \frac{\psi_{0w}}{\psi_{Qw}})^{B_Q} \psi_{Qw}^{B_Q} \tag{7.2.59}$$

将式(7.2.56)～(7.2.58)代入上式得

$$Q = A_Q \frac{blh_a}{(gh_a^2)^{B_Q}} \left(1 - \frac{w_6^3 t_0}{\sum_{i=6}^{9} w_i^3 t_i}\right)^{B_Q} \left(\sum_{i=6}^{9} w_i^3 t_i\right)^{B_Q} \tag{7.2.60}$$

式中，A_Q, B_Q 为待定系数，由实测资料确定。根据 2002～2003 年数次大风骤淤资料算得

$$A_Q = 0.00354; B_Q = 1.7581$$

经2002~2003年四场大风实际淤积量检验,其预报误差在±20%以内(表7.2.1)。因此,可以采用此淤积量计算公式进行大风引起的淤积量预报。

表 7.2.1 大风作用下外航道相应淤积量表

日期	有效风能 ×10⁹	淤积量实测值 ×10⁴ m³	有效风能法预测值 ×10⁴ m³	误差 %
2003.10.10	21.2	876	970	11
2003.04.17	8.74	282	319	13
2003.05.07	4.02	136	115	−15
2002.10.18	6.94	290	235	−19

§7.3 海岸泥沙数学模型

波浪、水流作用下的泥沙运动形态非常复杂,有悬移运动、底沙输移、浮泥流,还有流移质(底部高浓度含沙水体)。泥沙运动不仅与波浪、水流等水动力因素有关,还和泥沙粒径、容重、物理特性及泥沙的水力特性有关。

模拟海岸泥沙运动,可采用物模和数模两种方法。和物模相比,数模在研究海岸泥沙运动方面,具有投资小、周期短、可长期保留等优点,因此数值模拟成为研究海岸泥沙运动的有力工具,在海岸带开发的工程建设中获得较为广泛的应用。

7.3.1 平面二维悬沙数值模拟

悬沙扩散方程

$$\frac{\partial}{\partial t}(hS) + u\frac{\partial}{\partial x}(hS) + v\frac{\partial}{\partial y}(hS) + \frac{\partial}{\partial x}\left[D_x \frac{\partial}{\partial x}(hS)\right] + \frac{\partial}{\partial y}\left[D_y \frac{\partial}{\partial y}(hS)\right] = F_s \tag{7.3.1}$$

海床演变方程

$$\gamma_s \frac{\partial z_b}{\partial t} + \frac{\partial q_{bx}}{\partial x} + \frac{\partial q_{by}}{\partial y} + F_s = 0 \tag{7.3.2}$$

式中,h 为水深;S 为含沙量;D_x, D_y 分别为 x, y 向悬沙扩散系数;γ_s 为泥沙干容重;Z_b 为海床坐标位置;q_{bx}, q_{by} 分别为推移质在 x, y 向分量;F_s 为冲淤函数。

$$F_s = \alpha_i \omega_s S \left(1 - \frac{S_*}{S}\right)\left(1 - \frac{\tau}{\tau_i}\right) \mathrm{sign}\left(\frac{\partial \tau}{\partial t}\right) \tag{7.3.3}$$

式中,α_i 为待定系数;τ 为床面剪切力;ω_s 为泥沙沉降速度;τ_i 为临界床面剪切力;sign 为符号函数;S_* 为水体挟沙力。

7.3.2 垂向二维泥沙数值模拟

泥沙对流扩散方程

$$\frac{\partial S}{\partial t}+\frac{u}{B}\frac{\partial (BS)}{\partial x}+w\frac{\partial S}{\partial z}=\frac{1}{B}\frac{\partial}{\partial x}(BD_x\frac{\partial S}{\partial x})+\frac{\partial}{\partial z}(D_z\frac{\partial S}{\partial z}) \quad (7.3.4)$$

若 ξ 为潮位,即多年平均海平面以上(下)的水面高程,h 为水深,令 $H=\xi+h$,设 $z^*=(z+h)/H$,则坐标变换后泥沙方程为

$$\frac{\partial S}{\partial t}++\frac{u}{B}\frac{\partial (BS)}{\partial x}+w_e\frac{\partial S}{\partial z^*}=\frac{1}{B}\frac{\partial}{\partial x}(BD_x\frac{\partial S}{\partial x})+\frac{1}{H^2}\frac{\partial}{\partial z^*}(D_z\frac{\partial S}{\partial z^*})$$
$$(7.3.5)$$

式中,S 为含沙量;w_e 为泥沙有效沉速,$w_e=w_s-w$,w_s 为泥沙沉降速度,w 为流速在 z 向的分量;D_x,D_z 分别为 x 和 z 向泥沙紊动扩散系数。

7.3.3 三维悬沙数值模拟

泥沙对流扩散方程

$$\frac{\partial S}{\partial t}+u\frac{\partial S}{\partial x}+v\frac{\partial S}{\partial y}-w_e\frac{\partial S}{\partial z}=\frac{\partial}{\partial x}\left[D_x\frac{\partial S}{\partial x}\right]+\frac{\partial}{\partial y}\left[D_y\frac{\partial S}{\partial y}\right]+\frac{\partial}{\partial z}\left[D_z\frac{\partial S}{\partial z}\right]$$
$$(7.3.6)$$

除了增加一维空间 y,上式中符号意义同式(7.3.5)。

海床演变方程

$$\gamma_s\frac{\partial \eta_b}{\partial t}-w_{eb}S_b=D_{zb}\frac{\partial S_b}{\partial z} \quad (7.3.7)$$

式中,η_b 为床面冲淤厚度;S_b 为临底水体含沙量;w_{eb} 为临底处泥沙有效沉速;D_{zb} 为临底处 z 向泥沙紊动扩散系数。

令 $\sigma=\frac{z-\xi}{h}$,w 为 σ 速度分量,经 σ 变换后的控制方程为

$$\frac{\partial (hS)}{\partial t}+\frac{\partial (huS)}{\partial x}+\frac{\partial (hvS)}{\partial y}-w_e\frac{\partial S}{\partial \sigma}+S\frac{\partial W}{\partial \sigma}=hD_x\frac{\partial^2 S}{\partial x^2}+hD_y\frac{\partial^2 S}{\partial y^2}+\frac{1}{h}\cdot\frac{\partial}{\partial \sigma}(D_z\frac{\partial S}{\partial \sigma})$$
$$(7.3.8)$$

$$\gamma_s\frac{\partial \eta_b}{\partial t}-w_{eb}S_b=\frac{D_{zb}}{h}\cdot\frac{\partial S_b}{\partial \sigma} \quad (7.3.9)$$

式中,符号意义同前。

7.3.4 浮泥流数值模拟

浮泥流是淤泥质海岸河口地区特有的一种泥沙运动状态。浮泥是贴近海

底的一层高浓度含沙水体,它与上层水体有明显的界面,流动性很大。

浮泥流运动控制方程

连续方程

$$\frac{\partial h_m}{\partial t}+\frac{\partial}{\partial x}(u_m h_m)+\frac{\partial}{\partial y}(v_m h_m)-\frac{F_s}{\rho_m}+\frac{F_{bm}}{\rho_b}+F_{cm}=0 \qquad (7.3.10)$$

动量方程

$$\frac{\partial u_m}{\partial t}+u_m\frac{\partial u_m}{\partial x}+v_m\frac{\partial u_m}{\partial y}+g\frac{\rho}{\rho_m}\frac{\partial \zeta}{\partial x}+g\frac{\Delta\rho}{\rho_m}\frac{\partial \zeta_m}{\partial x}+\frac{1}{\rho_m h_m}(\tau_{ix}+\tau_{By}-\tau_{bx})=\varepsilon\Delta u_m$$
$$(7.3.11)$$

$$\frac{\partial u_m}{\partial t}+u_m\frac{\partial u_m}{\partial x}+v_m\frac{\partial v_m}{\partial y}+g\frac{\rho}{\rho_m}\frac{\partial \zeta}{\partial y}+g\frac{\Delta\rho}{\rho_m}\frac{\partial \zeta_m}{\partial y}+\frac{1}{\rho_m h_m}(\tau_{iy}+\tau_{By}-\tau_{by})=\varepsilon\Delta v_m$$
$$(7.3.12)$$

式中,下标"m"表示浮泥;ε 为泥沙竖直扩散系数;F_{bm} 为浮泥与海底间的冲淤函数;F_{cm} 为浮泥固结压缩函数;τ_{ix},τ_{iy} 分别为浮泥与海底的剪切应力在 x,y 方向的分量,τ_{Bx},τ_{By} 分别为宾汉体的临界剪切应力;τ_{bx},τ_{by} 为上层水体对浮泥面的剪切应力;ζ_m 为浮泥面的变化值;ρ 为水体密度;ρ_m 为浮泥密度;$\Delta\rho=\rho_m-\rho$。

第八章 地震与海啸

地震是一种灾害性的自然现象。全世界每年约发生 5×10^6 次地震,其中绝大部分属于微震或无感地震。虽然大地震的发生次数少,但其造成的损失难以估计。例如 1976 年河北唐山地震,震级近 8 级,死亡 2.4×10^5 人。强震区内的房屋、工业厂房、交通及水电设施等都受到极其严重的破坏。因此,在地震多发区建造海洋建筑物,要充分考虑地震的影响,以保证建筑物的安全。

此外,海底地震可以引发海啸,海面在短时间内骤涨,波高可达十几米至几十米不等,对沿海城镇及工程设施造成巨大的破坏。例如 2004 年 12 月 26 日印度尼西亚苏门答腊岛附近海域发生了里氏 8.9 级的强烈地震,并引发海啸(见图 8.0.1)。10 米高的海浪席卷了灾区村庄和海滨度假区,波及的国家包括

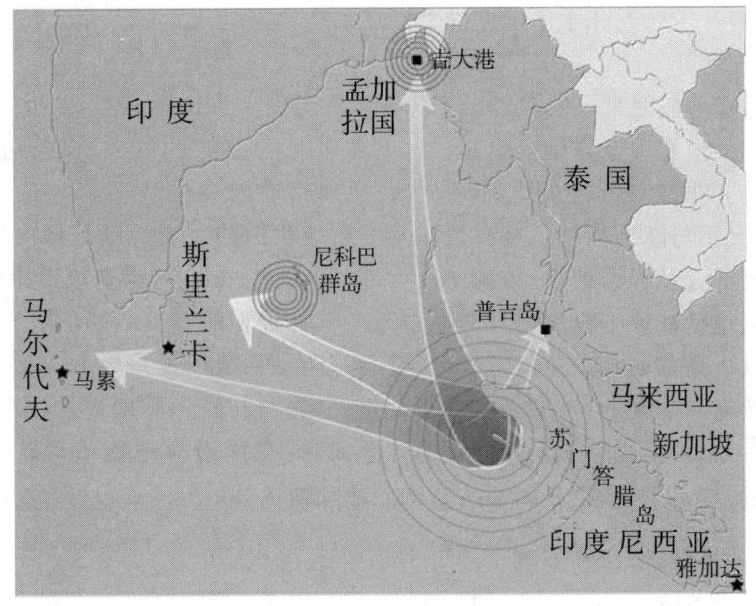

图 8.0.1 2004 年 12 月 26 日印度尼西亚地震海啸示意图

印度尼西亚、斯里兰卡、印度、泰国、马尔代夫、缅甸和马来西亚，造成的损失难以估计。因此，在海岸与近海工程的规划建设中，必须对其予以足够的重视。

§8.1 地震

8.1.1 地震的成因及分布

按照板块构造学说，地震是由于板块构造运动而引起的，是岩石圈岩层中长期积累的变形在极短时间内转换为动能的结果。板块构造学说把岩石圈分为六大板块，即欧亚、太平洋、美洲、非洲、印澳和南极板块。大板块之间还可有若干较小的板块。当两个相向运动的板块互相冲撞，其中一个板块插入另一板块之下时，上部板块在剪力作用下产生剪切变形从而积累应变能，当变形超过极限值时，某处比较薄弱的岩层即突然断裂。断裂后的板块急速向未变形前的位置回弹，从而将地球内部积累的弹性应变能变为动能释放出来，形成地震。地震一般都在岩石圈上部的地壳中发生。大陆地震的震源深度一般为几千米到几十千米。一次地震释放能量的断层面积很大，走向长达几千米到几百千米，纵深为几千米到几十千米。以上所述称为构造地震。90%以上的地震属于构造地震。

除构造地震之外，还有火山地震与陷落地震。火山地震由火山爆发引起，陷落地震由地壳中空穴陷落引起。这2种地震数量很少，危害相对较小。

地震并非都发生在板块边缘，在板块内部有断裂构造活动时也会发生地震，震级大小与断裂活动强度有关。发生在板块内的地震活动称板内地震。板内地震大部分是构造地震，震源深度大都为 10～30 km，容易造成严重震害。

我国地处环太平洋地震带与地中海—喜马拉雅地震带之间，是一个地震多发的国家。地震的特点是震源浅、烈度高、分布广、区域性差异大。我国地震活动区大致有6个：①台湾省及其附近海域；②喜马拉雅山脉地带；③秦岭南北地带；④天山地震活动区；⑤华北地震活动区；⑥东南沿海地震活动区。这些区域，从地质构造来看，都是断裂构造剧烈活动地区。

8.1.2 地震波、震级和烈度

地震发生时，岩层积累的巨大变形能突然释放，一部分转化为热能，一部分以波的形式向四周传播，这种波就是地震波。地震波分为体波和面波。体波又分为纵波和横波。纵波是由震源向外传递的伸缩波，又称 P 波，在 P 波中介质质点运动的方向与波的前进方向一致。P波的特点是周期短、振幅小,在地壳内一般以 5～6 km·s^{-1} 的速度传播。横波是由震源向外传递的剪切波,又称S波,在S波中介质质点的运动方向与波的前进方向垂直。横波传播时,所有质点均做水平运动的称 SH 波,所有质点在传播方向的垂直平面内运动的称为 SV 波。横波的特点是周期长、振幅大,衰减也较纵波慢,其在地壳内的传播速度一般为 3～4 km·s^{-1}。面波是沿地面传播的波,面波分为 Rayleigh(R)波和 Love(L)波,见图 8.1.1。R 波传播时,介质质点在波的传播方向与地面法线所组成的平面内运动,质点的运动轨迹是椭圆。R 波的形成与体波在地表面的反射有关,因此,R 波在震中附近并不出现。L 波是体波在地表面反射和两层介质界面上的反射与折射后产生的次生波。L 波在地表面呈蛇形运动。面波的周期长而振幅大,其速度为 S 波的 0.9 倍左右,但面波衰减较慢,故能传播到很远的地方。总之,P 波传播最快,S 波次之,面波最慢。

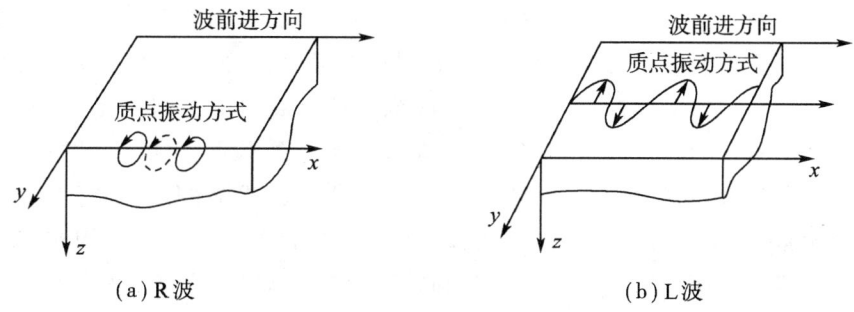

图 8.1.1 面波的 2 种形式

震源是指地震发生的点,即地震能量释放的中心。震中是指震源在地面的垂直投影。震源与震中之间的垂直距离称为震源深度。地面某处到震源和震中的距离分别称为震源距和震中距。

震级是指地震大小的等级,用符号 M 表示。它是指离震中 100 km 处用 Wood-Anderson 标准地震仪(摆的自振周期为 0.8 s,阻尼为 0.8,放大倍数为 2 800 倍)所记录的最大水平位移(即振幅 A,单位为 μm)的常用对数值。震级 M 的表达式为

$$M = \lg A \tag{8.1.1}$$

上述震级的定义是 1935 年里希特(C. F. Richter)给出的,故称为里氏震级。

震级的大小与震源释放的能量 E(单位为 J)之间的关系为

$$\lg E = 4.8 + 1.5M \tag{8.1.2}$$

一般说来,2 级以下的地震人是感觉不到的,称为微震;2~4 级的地震称为有感地震;5 级以上的地震会在地表面造成不同程度的破坏,称为破坏地震;7 级以上称为强烈地震或大地震;8 级以上称为特大地震。

地震烈度是指某一地区的地面及建筑物遭受一次地震影响和破坏的强弱程度。同一次地震在不同地方所表现的强烈程度和造成的破坏是不同的。任何一次地震,总是震中区烈度最高,随着震中距的加大,烈度逐渐降低。另外,地震烈度还与震源深度有关,同级地震,其震源越浅造成的危害越大。我国抗震设计规范把地震烈度分为基本烈度和设防烈度。一个地区的基本烈度是指该地区在今后一定时期(100 年)内,可能遭遇的最大地震烈度,即现行全国地震区划烈度图所规定的烈度。设防烈度是经国家抗震主管部门审定的某个地区抗震的防御目标,是抗震设计时实际采用的烈度。震害调查表明:烈度为 6 度地区的港口中小型建筑物损坏轻微,7 度则比较显著,因此《水运工程抗震设计规范(JTJ225—1998)》(简称《水运抗震规范》)把抗震设防的起点定为 7 度,即小于 7 度的地区的港口建筑物设计时一般不需要抗震设防。大于 9 度的地区,地震影响非常大,对结构物的抗震应进行专门研究。我国《海上固定平台入级与建造规范》规定,在海洋平台的地震作用分析中,设防烈度一般采用所在海域的基本烈度。对次生灾害严重的平台和特殊重要的平台,可将基本烈度提高 1 度作为设防烈度。

8.1.3 场地类别与地基土液化

场地是指抗震工程中建筑物所在地区的地质、地形条件的总称,包括基岩及其覆盖层的条件。震害调查表明,在同一个烈度区内,由于地质、地形条件不同,建筑物的破坏程度有很大差异。

1. 场地土的类型

场地土的类型是表层土软硬程度的表征,它反映土的刚度特征。一般地,软弱地基比坚硬地基的地面运动振幅大,周期长,持续时间长,震害严重。

场地土的类型可根据工程地质的勘察资料按剪切波速划分。地表土层的组成通常较为复杂。单一性质场地土的情况是很少见的,一般取地表层(地面以下 15 m)范围内各土层的剪切波速,根据土层厚度计算加权平均值 V_{sm}。场地土的类型按表 8.1.1 来划分。

表 8.1.1　场地土的类型划分

场地土类型	土层的剪切波速/m·s^{-1}	场地土类型	土层的剪切波速/m·s^{-1}
坚硬场地土	$V_s > 500$	中软场地土	$140 < V_{sm} \leqslant 250$
中硬场地土	$250 < V_{sm} \leqslant 500$	软弱场地土	$V_{sm} \leqslant 140$

注：V_s 为土层的剪切波速；V_{sm} 为土层厚度加权的剪切波速。

令 f_k 为地基土静承载力标准值(kPa)，对于不太重要的建筑物，当无剪切波速资料时，可参照下列条件划分土的类型。

(1)坚硬场地土：稳定岩石，密实的碎石土。

(2)中硬场地土：中密、稍密的碎石土，中密、密实的砾、粗、中砂，$f_k > 200$ kPa 的黏性土和粉土。

(3)中软场地土：稍密的砾、粗、中砂，除松散的细、粉砂，$f_k \leqslant 200$ kPa 的黏性土和粉土，$f_k \geqslant 130$ kPa 的填土。

(4)软弱场地土：淤泥，淤泥质土，松散的砂，新近沉积的黏性土和粉土，$f_k < 130$ kPa 的填土。

2.场地的类别

场地条件直接影响结构的地震反应。目前各国对场地类别的划分标准并不一致。我国《水运抗震规范》在总结经验的基础上，根据场地土类别和场地覆盖层厚度(地面至剪切波速大于 500 m·s^{-1} 的土层或坚硬场地土顶面的距离)，把建筑物所在的场地分为Ⅰ、Ⅱ、Ⅲ、Ⅳ四类，可按表 8.1.2 确定。

表 8.1.2　场地类别的划分

场地土类型	场地覆盖层厚度/m				
	0	0~3	3~9	9~80	>80
坚硬场地土	Ⅰ	—			
中硬场地土		Ⅰ		Ⅱ	
中软场地土	—	Ⅰ	Ⅱ		Ⅲ
软弱场地土		Ⅰ	Ⅱ	Ⅲ	Ⅳ

应该指出，场地土仅反映土的性质，而场地则反映土层剖面的性质。

3.地基土的液化

地震时某些地基土会发生液化。液化时土突然丧失其剪切强度，犹如液体一样。震害调查表明，很多建筑物受地震破坏就是由于地基中饱和细砂发生液化使地基失效而造成的。

目前，工程上判别饱和非黏性土是否液化的方法有 3 种：经验法、标准贯入试验判别法和动力分析与动力试验对照法。前两种方法适用于水平地基土层，后一种方法则不受限制。

当建筑物地基有饱和砂土或饱和粉土时，应经过勘察试验确定其在地震时是否液化。当设计烈度为 7～9 度时，应对饱和土进行液化判别和相应的地基处理；当设计烈度为 6 度时，可不进行液化判别，但对液化敏感的码头、船闸结构，可按 7 度考虑。一般地面以下 20 m 内存在饱和砂土或粉土层时，应对液化进行判别。判别可分 2 步进行。

(1) 初步判别

《水运抗震规范》规定，饱和的砂土或粉土，当符合下列条件之一时可初步判别为不液化或不考虑液化影响：①地质年代为第四纪晚更新世及其以前时；②当采用六偏磷酸钠作为散剂的测定方法测得的粉土，其粘粒（粒径小于 0.005 mm 的颗粒）含量的百分点数，7 度、8 度和 9 度分别不小于 10，13 和 16 时。

若初步判别为可能液化或需考虑液化影响，则应采取标准贯入试验判别法进行地基土的液化判别。

(2) 标准贯入试验判别

标准贯入试验判别法的原理是：标准贯入锤击数 N 值与砂的原位相对密度 D_r 之间有很好的相关性。震害调查与分析也发现 N 值与砂的液化性质之间存在某种联系。因而，此法在工程上被广泛采用。

标准贯入锤击实验设备是由标准贯入器、触探杆和重为 63.5 kg 的穿心锤三部分组成。实施测定时，先用钻具钻至试验土层标高以上 15 cm 处，然后在自由落距是 76 cm 的条件下，记录重锤每打入土层 30 cm 的锤击数，此锤击数记为 $N_{63.5}$，称为标准贯入值。若 $N_{63.5}$ 小于临界值 C_{cr}，则应判断为可液化土，否则为不可液化土。C_{cr} 按下式计算：

$$C_{cr} = N_0 [0.9 + 0.1(d_s - d_w)] \sqrt{\frac{3}{M_c}} \qquad (8.1.3)$$

式中，C_{cr} 表示液化判别标准锤击数临界值；N_0 为液化判别标准锤击数基准值，烈度 7 度时取 6，8 度时取 10，9 度时取 16；d_s 为饱和土标准贯入点深度(m)；d_w 为地下水位深度(m)；M_c 为粘粒含量百分点数，当小于 3 和为砂土时，均应取 3。

建筑物建成后和建造前的地面高程和地下水位有较大变化时，式(8.1.3)中各项应采用建成后的相应值，且标准贯入基数可按下式修正：

$$N'_{63.5} = N_{63.5} \frac{d_s' + d_w' + 7.8}{d_s + d_w + 7.8} \tag{8.1.4}$$

式中,$N'_{63.5}$ 表示建筑物建成后的饱和土标准贯入锤击数修正值;d_s' 为建筑物建成后的饱和土标准贯入点深度(m);d_w' 为建筑物建成后的地下水位深度(m)。

需要指出的是:标准贯入试验判别法是一种半经验的方法,有一定的地区局限性。各国的标准贯入试验从工具到操作方法都不尽相同,基于以往地震中土层是否液化的记录,许多国家或地区建立了适用于本国、本地区的判别方法。

8.1.4 地震作用的计算

结构由于地震激发而振动,从而产生随时间变化的位移、速度、加速度、内力和变形。结构上的质量因加速度的存在而产生的惯性力称为地震作用。地震作用可视为结构在地震中受到地震影响大小的"等效荷载",工程上称为地震荷载,它有别于直接作用于结构上的一般荷载。

对地震作用的计算主要经历了以下3个阶段。

(1)静力理论 19世纪末20世纪初,日本学者首先提出水平最大加速度绝对值是地震破坏的主要因素。他们把结构物看成刚性地连接于地面的刚体,利用静力等效的方法给出最大水平作用力(最大惯性力)的公式 $P = \frac{W}{g} a_{\max} = K_H W$,提出了"水平烈度"$K_H$ 的定义,即建筑物在地震时受到的水平地震惯性力为建筑物自重的倍数。随着地震资料的积累和城市与工业建设的飞速发展,人们认识到刚性结构假定忽略了结构物的弹性性质、阻尼性质及相应的动力性质。

(2)反应谱理论 20世纪40年代,美国首先提出反应谱概念。1943年 M. Aiat 发表了以实际地震记录求得的加速度反应谱。这种方法既具有动力法的内容又具有静力法的形式,故称之为拟静法或半动力法。此理论是以地震地面运动的实测记录,通过计算分析所绘制的加速度反应谱曲线为依据的。所谓加速度反应谱曲线,就是单质点弹性体系在一定地震作用下,最大反应加速度与体系自振周期的函数曲线。如果已知体系的自振周期,那么利用加速度反应谱曲线或相应公式就可以很方便地确定体系的反应加速度,进而求出地震作用。此处需要注意的是,反应谱法只能用于线性结构体系和单分量地震作用的分析。

(3)动力法 20世纪60年代随着计算机的广泛应用和数值分析法的飞速发展,抗震设计可以在运动方程中输入地震加速度记录,求得反应的时间历程,使人们能够获得更多的反应信息。这种方法称时程分析法,亦称动力法。动力法由线性分析发展到非线性分析,由弹性分析扩展到弹塑性分析,将逐渐成为抗震设计理论的重要组成部分。

目前,反应谱理论仍是抗震设计中的主要理论,因为它方法简单,便于掌握,所以为各国工程界所广泛应用。

我国现行的《水运抗震规范》根据场地类别和结构的自振周期描绘了设计反应谱曲线,见图 8.1.2。它的纵坐标是动力系数 β,横坐标是自振周期 $T(s)$,由此设计反应谱我们可以确定 β 值。有了设计反应谱就可以确定结构所受到的地震力。应用反应谱理论进行计算的要点:计算结构的自振周期和结构的自身重量 W;根据场地类别、设防烈度,由反应谱确定参数;确定单自由度体系的最大地震反应(最大水平地震惯性力);若是多自由度体系的结构可以分解为单自由度体系结构进行计算,然后把这些单自由度体系的地震反应进行组合从而求得原有结构的地震反应。这种分解与组合都是按结构的振型进行的。

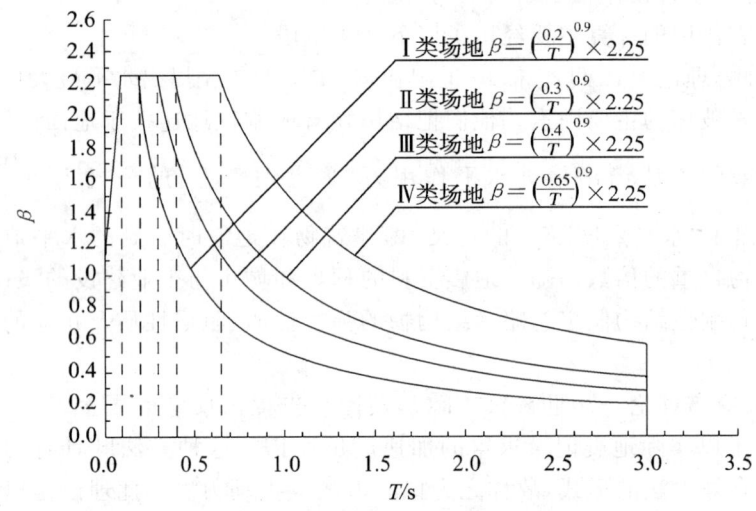

图 8.1.2 动力系数与建筑物自振周期关系曲线

图 8.1.2 中,T 为建筑物自振周期,可由原型振动观测或借助动力模型试验求得;缺乏资料时,可根据同类结构的实测资料,按照经验公式来确定;β 为动力系数,即单质点弹性体系在地震作用下,以地面最大加速度为单位的加速度反应谱。

理论分析和实测记录表明,不同的场地土质对反应谱曲线的形状影响较大,应分别考虑。由图 8.1.2 中可以看出设计反应谱除了考虑地震动力特性外,还包含了场地土对体系的地震反应影响。Ⅰ类场地对自振周期短的体系有强烈的反应,而Ⅳ类场地(软弱地基土),对自振周期长的体系会发生强烈的反应。

在进行地震惯性力计算时,海洋建筑物根据结构类型及特性大致分为2类。第1类是上部结构自重较大而下部为弹性结构,例如透空式高桩码头等,可以将这种结构简化为弹性柱上单质点或多质点的运动体系,计算其自振周期,再用反应谱法计算其地震惯性力。第2类是对于后面有回填土的岸臂式结构,例如重力式岸臂码头、船闸闸墙和船坞坞墙等,它们本身的刚度很大,受墙后填土的约束也很大,所以地震时的振动特性是自振周期短、阻尼大、动力反应差,因此在计算时可忽略结构的自振周期,将建筑物当作刚性体,采用拟静力法进行计算。

下面介绍2种具有代表性的海洋建筑物地震自重惯性力的计算。

1. 桩式建筑物

在海洋工程中,桩基被广泛采用,用来加固建筑物的深厚软弱地基,并成为基础的一部分。地震时桩基所承载的上部结构受水平惯性力作用,地基土也主要受水平剪切振动作用,这时桩基和地基土以及上部结构的水平向振动的联合作用决定了各部分的地震反应。其中由地震产生的桩基横向变位和弯矩的大小是桩基在地震时是否安全的关键。桩式建筑物的地震惯性力通常采用反应谱法进行计算。

(1) 水平地震惯性力

高桩码头是一弹性结构。这种结构在地震作用下要产生强迫振动,内力和变形随时间变化而变化。由于实际的结构振动问题很复杂,所以进行结构振动计算时,需做一定的简化工作以便于计算。根据动力学原理可知:结构振动的最基本型式是单质点弹性体系。所谓单质点振动弹性体系,就是将结构中参与振动的质量全部集中在一点上,用无质量的弹性杆件支撑在地面上(图8.1.3)。

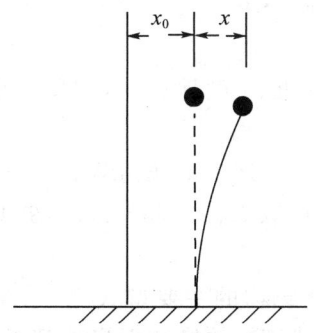

图8.1.3　单质点弹性体系计算图式

这样,就可采用反应谱理论来计算地震对结构的作用。求解单质点弹性体系的振动问题,要知道结构本身的动力特性(自振周期、阻尼、振型型式)。

根据惯性力原理,作用在高桩码头上的最大水平地震惯性力为

$$P_H = C_Z K_H \beta W_H \quad (8.1.5a)$$

$$W_H = W_1 + W_2 + \eta W_3 \quad (8.1.5b)$$

式中,K_H 为水平地震系数,按表 8.1.3 采用;β 为动力系数,按相应计算方向的建筑物自振周期和场地类别查设计反应谱求得;W_H 为换算质点的总重力标准值(kN);W_1 为上部结构及固定设备重力标准值(kN);W_2 为建筑物上的荷载重力标准值(kN);W_3 为嵌固点以上桩身重力标准值(kN);η 为桩身重力折减系数,桩顶和上部结构为固接时取 0.37,铰接时取 0.24;C_Z 为综合影响系数,取 0.3,对于接岸的窄桩台码头,视岸坡土质适当提高,但不超过 0.5。这是由于地震理论尚不能全面考虑所有因素,如地基与建筑物的相互影响、建筑材料和施工质量等问题,因此由理论计算出的结果与建筑物的实际地震反应存在差异,用综合影响系数加以修正。

表 8.1.3 水平地震系数 K_H

地震烈度	7 度	8 度	9 度
水平地震系数	0.1	0.2	0.4

高桩码头的自振周期 T 可通过实测确定;无实测资料时,可按下式近似计算:

$$T = 2\pi \sqrt{\frac{W_H}{gK}} \quad (8.1.6)$$

式中,W_H 为桩顶换算质点的重力(kN);K 为码头结构刚度,即引起码头在桩顶处单位水平位移所需的力(kN·m^{-1})。

(2)竖向地震惯性力

对修建在基本烈度为 8 度、9 度地震区,主要承受恒载的大跨度及悬臂结构,应考虑竖向地震惯性力

$$P_V = C_Z K_V \beta W_H \quad (8.1.7)$$

式中,K_V 为竖向地震系数,可取 $K_V = 2/3 K_H$;C_Z,β,W_H 的意义同式(8.1.5)。

2. 重力式建筑物

重力式建筑物是海洋建筑物的主要型式之一。其稳定性是靠建筑物本身的重力来保证的,所以这类建筑物的横断面尺寸都很大。在非岩石地基(土基)上的重力式建筑物,其主体结构的变形与地基的弹性变形相比是很小的,因此

不论是静力分析还是动力分析,主体结构都可视为刚性,其变形可忽略不计。因此,在求取因自重产生的地震力时,在地震作用下建筑物自身振动的影响可以忽略不计,采用拟静力法进行计算。

(1)水平地震惯性力

考虑到地震加速度沿结构纵向分布的不同,根据具体情况,计算将结构沿纵向划分为若干部分,把每一部分的重心作为它的质点,作用于质点 i 的水平地震惯性力

$$P_{Hi}=C_Z K_H \alpha_i W_i \tag{8.1.8}$$

式中,K_H 为水平地震系数(见表 8.1.3);W_i 为验算截面以上集中于质点 i 的重力标准值(kN),水上和水下部分均按在空气中的重力计算;C_Z 为综合影响系数,取 0.25;α_i 为沿结构纵向的地震加速度分布系数,如图 8.1.4 所示。图中,H 为码头的总高度(m);H_i 为验算截面以上的结构重心至结构底的高度(m);h_i 为验算截面至结构底的高度(m)。

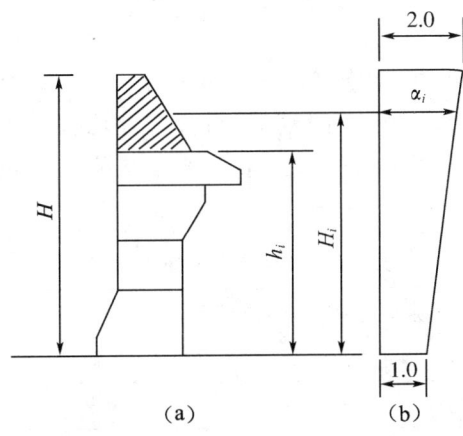

图 8.1.4 沿结构纵向加速度分布系数
(a)重力式码头结构图;(b)加速度分布系数

当建筑物顶面上有物体时,由它们引起的水平地震力作用于建筑物顶面上。

若在计算中建筑物水下部分已按浮重 W_i'(kN),则该部分的水平地震力宜按下式计算:

$$P_{Hi}=C_Z K_H' \alpha_i W_i' \tag{8.1.9}$$

式中,W_i' 为浮重;K_H' 为水中的水平地震系数,即

$$K_H' = \frac{\gamma}{\gamma - \gamma_w} K_H \qquad (8.1.10)$$

式中,γ 为建筑物材料的容重;γ_w 为水的容重;其他符号意义同前。

(2)竖向地震惯性力

对修建于地震基本烈度为 8 度、9 度地区的重力式码头建筑物,应考虑竖向地震惯性力。沿建筑物纵向作用于质点 i 的竖向地震惯性力

$$P_{Vi} = C_Z K_V \alpha_i W_i \qquad (8.1.11)$$

式中,K_V 为竖向地震系数,可取 $K_V = 2/3 K_H$;C_Z,α_i,W_i 的意义同式(8.1.8)。

海洋工程建筑物遭受的地震作用属偶然设计荷载,因此对设防的海洋建筑物进行抗震强度和抗震稳定性的验算,而不是进行正常使用极限状态验算。本节主要介绍了地震惯性力的计算。限于篇幅,有关地震作用的动土压力和动水压力的计算以及地震与其他荷载的组合验算请参照相关的抗震设计规范。

§8.2 海啸

海啸掀起的狂涛骇浪,高度可达十几米至几十米,形成"水墙"。另外,海啸波长很大,可以传播几千千米而能量损失很小。因此,如果海啸到达岸边,"水墙"就会冲上陆地,对人类生命和财产造成严重威胁。表 8.2.1 所列是历史上的重大海啸。

表 8.2.1 历史上的重大海啸

时 间	海啸发生海域	浪高/m	诱 因	死亡人数
1498 年 9 月 20 日	日本东海道	20	地震	4×10^4
1755 年 11 月 1 日	葡萄牙里斯本附近	10	地震	$>6 \times 10^4$
1792 年 5 月 21 日	日本有明海	50	山崩	1.5×10^4
1883 年 8 月 27 日	印尼巽他海峡	35	火山喷发	$>3.6 \times 10^4$
1896 年 6 月 15 日	日本三陆外海	25	地震	$>2.7 \times 10^4$
1917 年 6 月 26 日	萨摩亚群岛	26	地震	—
1933 年 3 月 3 日	日本三陆外海	24	地震	3×10^3
1946 年 4 月 1 日	阿留申群岛	35	地震	1.59×10^2
1960 年 5 月 22 日	智利奥索尔诺附近	25	地震	$>9 \times 10^2$
1964 年 3 月 28 日	阿拉斯加湾	70	大面积海底运动	1.5×10^2
1978 年 7 月 17 日	巴布亚新几内亚	10	地震	$>7 \times 10^3$

(续表)

时 间	海啸发生海域	浪高/m	诱 因	死亡人数
1994年6月3日	印尼东爪哇	60	地震	1.28×10^2
1998年7月17日	巴布亚新几内亚	49	地震引发的海底滑坡	$>2 \times 10^3$
2004年12月26日	印尼苏门答腊岛附近	10	地震	$>2.8 \times 10^5$

8.2.1 海啸的形成

海底地震、火山爆发、塌陷和滑坡等激起的水体波动,在涌向海湾内和海港时所形成的破坏性的大浪称为海啸。破坏性的地震海啸出现于垂直断层上,且当里氏震级大于6.5级的条件下才能发生。全球地震海啸发生区的分布基本上与地震带一致。当海底地震导致海底变形时,变形地区附近的水体产生巨大波动,海啸就发生了。

在开阔海面海啸波很低,海啸波在大洋中移行时,波长可达数十甚至数百千米,波高仅为1 m左右,周期为2~200 min。海啸的传播速度与它移行的水深成正比。在太平洋,海啸的传播速度一般为200~1 000 km/h。海啸不会在深海大洋上造成灾害,正在航行的船只甚至很难察觉这种波动。海啸发生时,越在外海越安全,因此,准备靠岸或者停靠在岸边的船只及时向外海转移就可以化险为夷。

一旦海啸进入大陆架,由于深度急剧变浅,波高骤增,可达20~30 m,这种巨浪可带来毁灭性灾害。海啸挟带海底沉积物、船只、树木等重物一直冲入海岸线以上几百米的地方。海啸登陆时的速度可达160 km/h。

海啸产生的巨浪可能是一个或多个,其间可能间隔几分钟或几小时。地面震动并伴随突然退潮是海啸发生的先兆。另外,海啸并不总是以巨浪的形式登陆。它们更有可能是快速涨潮,伴随着水下旋涡。可以把人卷入水下,能卷起重物,有时可以吞噬整个海滩。图8.2.1是由约翰·尼尔夫妇拍摄的2004年印度尼西亚海啸发生过程。

8.2.2 海啸的分布

全球各大洋均有海啸发生,尽管不是所有海震都能引起海啸,但由于90%的海底大地震发生于太平洋,太平洋沿岸无疑是海啸的高发区域。据统计,1900~1983年太平洋地区共发生海啸405次,其中造成伤亡和显著经济损失的有84次。即便如此,不同地区受到海啸袭击的频率及程度有很大差异。在接近海啸发源地的海岸,受到的冲击比较频繁和激烈,如日本、萨哈林岛、堪察加

图 8.2.1 2004 年 12 月 26 日印度尼西亚海啸发生过程

半岛、阿留申群岛和智利等地沿岸。位于北太平洋中部的夏威夷也是海啸的多发区。太平洋沿岸的其他地区遭受的海啸灾害不那么严重,例如,澳大利亚东海岸由于受到离岸小岛及群礁的保护,海啸的影响很小;美国与新西兰海岸的水位虽有升高,但往往小于 2 m。

从地质构造上看,我国除了郯庐大断裂穿越渤海外,沿海地区很少有大的断裂带,海区内也很少有岛弧和海沟。由于 6 级及其以下的地震基本不可能引发海啸,因此,我国不具备发生海啸的大地震条件。就海区而言,只有海深达 1~2 km 才会给海啸发生提供可能。我国有发育良好的宽广的大陆架,水较浅,大都在 200 m 以内,特别是渤海平均深度 18 m,黄海平均深度 44 m,不利于地震海啸形成和传播。实际上,即使世界其他地方发生海啸,从深海传播到我国海区后的能量也不大会构成威胁。比如智利大海啸发生时,对菲律宾乃至日本都造成了灾害,但海啸传至上海时,在吴淞口验潮站只记录到 15~20 cm 的海啸波高。

即便如此,根据历史记载,我国也发生过海啸。2000 年来,我国发生过 10 次地震海啸,平均 200 年左右出现一次。其中 1867 年 12 月 18 日在台湾省基隆北海中发生的海啸;导致数百人丧生。1992 年 1 月 4~5 日在南海西南方海域海底发生群震,最大震级为 3.7,震源深度 8~12 km,受其影响,海南榆林观测站 5 日 16 时记录到 0.78 m 的海啸,周期为 17 min,这是我国近海浅源地震诱发海啸的首次仪器记录,说明我国近海地震引发海啸的可能性是存在的,但不会造成大的灾害。

8.2.3 海啸的等级

日本是世界上海啸影响最多的国家之一,其中源于海底地震的海啸超过 90%。表 8.2.2 是日本采用的海啸级别与开敞海岸海啸波高及其造成的破坏程度的关系。

表 8.2.2 海啸级别、波高及危害程度

海啸级别 m	海啸波高 H /m	危害程度
−1	0.5	无
0	1	损失很小
1	2	海岸及船舶损坏
2	4~6	沿海陆上有生命财产损失
3	10~20	有重大破坏的海岸线超过 400 km
4	30	有重大破坏的海岸线超过 500 km

根据资料统计,海啸级别 m 与地震震级 M 有以下关系:
$$m = 2.61M - 18.44 \tag{8.2.1}$$

由上式可知,6.4级以下的地震不会产生海啸,7级以下的地震不会形成破坏性很大的海啸。

海啸波能量 E_T(单位为 J)与海啸级别的关系为

$$\lg E_T = 14.4 + 0.6m \tag{8.2.2}$$

地震级别 M 与断层长度 l(km)有如下关系:

$$M = 6.27 + 0.63 \lg l \tag{8.2.3}$$

断层长度表示产生海啸区域的广度。日本采用绘制反向折射图的方法寻找海啸的发源地。结果表明:产生海啸的区域近似为椭圆形。

日本海岸地区出现的海啸波周期一般为 5~15 min,海啸波的最常见的周期 T_e(min)与地震震级的关系如下:

$$\lg T_e = 0.57M - 2.85 \tag{8.2.4}$$

8.2.4 海啸的特性

1. 海底地震产生的海啸

由拉普拉斯方程式

$$\frac{\partial^2 \varphi}{\partial x^2} + \frac{\partial^2 \varphi}{\partial y^2} + \frac{\partial^2 \varphi}{\partial z^2} = 0 \tag{8.2.5}$$

海面处($z=0$)的边界条件为

$$\left. \begin{aligned} \frac{\partial \eta}{\partial t} &= \frac{\partial \varphi}{\partial z} \\ \eta &= -\frac{1}{g} \frac{\partial \varphi}{\partial t} \end{aligned} \right\} \tag{8.2.6}$$

海底处($z=-h$)的边界条件为

$$\left. \begin{aligned} \frac{\partial \varphi}{\partial z} &= W_B \quad (|x|<b, |y|<c, 0<t<T) \\ \frac{\partial \varphi}{\partial z} &= 0 \quad (|x|>b, |y|>c, t>T) \end{aligned} \right\} \tag{8.2.7}$$

式中,W_B 为海底地面隆起的速度;T 为隆起的持续时间;$b \times c$ 为海底发生地壳运动的矩形区域。海底全部隆起的高度 $\int_0^\infty W_B dt$ 比水深小得多,同样 $\eta \ll h$。基于上述假定可导得二维条件下得海底隆起速度

$$W_B = A \exp\left(-\frac{x^2}{a^2}\right) \exp\left(-\frac{t^2}{\tau^2}\right) \tag{8.2.8}$$

本多和中村(1951年)取 $h=4\,000$ m, $a=50$ km, $\tau=2$ s 算得海底最大隆起为 3 m。海底的隆起引起水面变化,最初水平上升,然后中心处的水位下降,周围形成孤立波,逐渐变成周期波动,波速 $C=\sqrt{gh}$。图 8.2.2 表示波动随时间变化的情况。

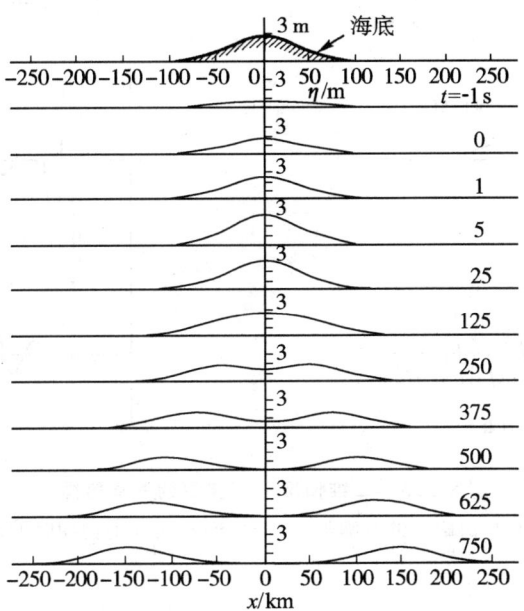

图 8.2.2　海底隆起引起的海啸波

2. *海面受到冲击而产生的海啸*

水无限深时,假设海面上升 Q_0 或海面受到点压力 P_0,在二维情况下,在作用点的周围产生 Cauchy-Poisson 波。距离作用点 x 处的波振幅为

$$\left.\begin{array}{l}\eta_e \approx \dfrac{Q_0}{\sqrt{\pi}}\dfrac{k^{1/2}}{x^{1/2}}\cos(kx-\dfrac{\pi}{4})\\[2mm]\eta_i \approx -\dfrac{P_0}{\sqrt{\pi}}\dfrac{k^{1/2}\sigma}{\rho g x^{1/2}}\cos(kx+\dfrac{\pi}{4})\\[2mm]k=\dfrac{gt^2}{4x^2},\quad \sigma=\dfrac{gt}{2x}\end{array}\right\} \quad (8.2.9)$$

式中,η_e 和 η_i 分别表示海面上升 Q_0 和海面受到点压力 P_0 以后的波动振幅;ρ 为海水密度;t 为时间;x 表示与作用点的距离。由上式所得海面波动情况如图

8.2.3 所示。由图可见,距离作用点 x 处,随着时间的增加,波周期缩短,波高增加。海啸产生一定时间 t_1 后,随着与作用点距离的增加,波高减小,波长增加。

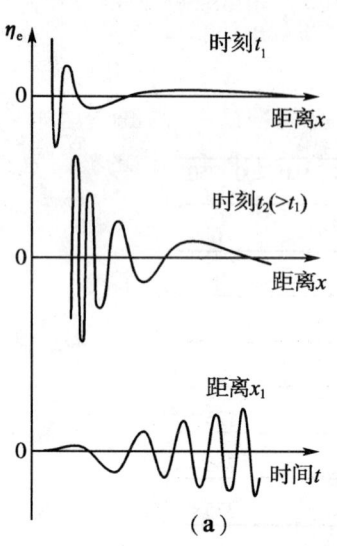
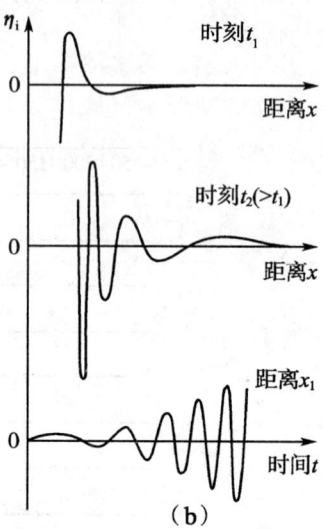

图 8.2.3 二维情况下点波源的海啸传播

(a)水面上升初期时的海啸波　　(b)水面冲击初期时的海啸波

在三维情况下,以 r 代替 x,得到距离波源较远处的波振幅为

$$\left.\begin{aligned} \eta_e &\approx \frac{Q_0 k}{\sqrt{2}\pi r}\cos(kr) \\ \eta_i &\approx -\frac{P_0 k\sigma}{\sqrt{2}\pi\rho g r}\sin(kr) \\ k &= \frac{gt^2}{4r^2}, \quad \sigma = \frac{gt}{2r} \end{aligned}\right\} \qquad (8.2.10)$$

式中,各符号的意义同式(8.2.9)。三维情况下的波动振幅随着 r 的增加而减小,而二维情况下的波动振幅随着 $x^{1/2}$ 的增加而减小,并且相位相差 $\pi/4$。波动情况与图 8.2.3 的波动情况相似。

8.2.5 海啸的传播

海啸从发源地向周围传播,其波速为 $C=\sqrt{gh}$。可见,当海洋深度变化时,海啸波可发生折射。若 L 表示波长,当 $\dfrac{h}{L} \gg \dfrac{\partial h}{\partial x}$ 时,可近似看做无折射现象发生。但是,当海洋深处存在山脊或海啸波在大陆架上传播时,则不能忽略折射的影响。侵入大陆架的海啸波在到达海岸之前,除了折射,还会发生反射和绕射,并可能引起大陆架的水体振动。

海啸波从深水区域进入浅水区域,如果没有能量损失,则波高增加。而水面的变化,也会引起波高的变化。根据 Green 定律,可得海湾内的波高为

$$\frac{H}{H_0} = \left(\frac{b_0}{b}\right)^{1/2} \left(\frac{h_0}{h}\right)^{1/4} \tag{8.2.11}$$

式中,H 为海湾内某处的波高;b 为海面宽度;h 为水深;"$_0$"表示深水区域。

习 题

1. 某港连续 20 年最大风速如下表,试用 P-Ⅲ型分布进行风速的长期统计分析,求该港的 100 年一遇、50 年一遇和 10 年一遇的风速值。

年份	1960	1961	1962	1963	1964	1965	1966	1967	1968	1969
风速/m·s^{-1}	20	21	18	22	21	38	28	22	22	22
年份	1970	1971	1972	1973	1974	1975	1976	1977	1978	1979
风速/m·s^{-1}	21	21	24	20	22	24	25	22	22	28

2. 波浪的统计分析:

(1) 将观测波高序列按大小排列,见下表,表中 n_i 为波高观测次数。求波系的 $H_{1\%}, H_{4\%}, H_{13\%}, H_{1/10}, H_{1/3}$:

H_i/m	n_i	H_i/m	n_i	H_i/m	n_i	H_i/m	n_i
2.6	1	1.8	2	1.2	4	0.6	7
2.3	1	1.7	2	1.1	7	0.5	6
2.2	2	1.6	10	1.0	5	0.4	8
2.1	7	1.5	7	0.9	5	0.3	4
2.0	4	1.4	2	0.8	5	0.2	1
1.9	2	1.3	9	0.7	10		

(2) 按深水波高的理论分布求 $H_{1\%}, H_{4\%}, H_{13\%}, H_{1/10}, H_{1/3}$,并与实际统计值比较。

3. 在某深水海域测得一场波浪,其谱的形式为 $S(\omega) = \dfrac{A}{\omega^p} \exp\left(-\dfrac{B}{\omega^q}\right)$,式中,$A = 0.78, B = 0.20, p = 5, q = 4$。求这场波浪的 $\overline{H}, H_{1/3}, H_{1/10}, H_{10\%}, \overline{T}, \overline{L}$。

4. 某海洋观测站连续 20 年最大波高如下表,试用多种理论分布进行波高的长期统计分析,求该港的 100 年一遇、50 年一遇和 10 年一遇的波高值。

序号	1	2	3	4	5	6	7	8	9
波高/m	5.7	5.0	4.4	4.3	3.9	3.9	3.6	3.4	3.3
序号	10	11	12	13	14	15	16	17	18
波高/m	3.1	3.0	2.9	2.9	2.7	2.7	2.5	2.5	2.5
序号	19	20	21	22	23	24	25	26	
波高/m	2.5	2.4	2.4	2.4	2.4	2.3	2.2	2.0	

5. 某港有连续 14 年的波浪观测资料,其中 SW 向各年最大波高值($H_{1/10}$)列于下表中,求:50 年一遇及 25 年一遇的设计波高($H_{1/10}$),并按深水条件换算成建筑物设计所需 $H_{1\%}$,$H_{5\%}$ 及 $H_{13\%}$。表中的最大波高 7.1 m 按特大值处理,其重现期经调查约为 150 年。

序号	1	2	3	4	5	6	7
$H_{1/10}$/m	7.1	4.0	3.7	3.0	2.7	2.5	2.3
序号	8	9	10	11	12	13	14
$H_{1/10}$/m	2.2	2.2	2.0	2.0	1.8	1.7	1.5

6. 某海洋观测站连续 20 年最大周期如下表,试用多种理论分布进行周期的长期统计分析,求该港的 100 年一遇、50 年一遇和 10 年一遇的周期值。

序号	1	2	3	4	5	6	7	8	9
周期/s	10.0	9.9	9.5	8.9	8.5	8.0	7.8	7.8	7.7
序号	10	11	12	13	14	15	16	17	18
周期/s	7.6	7.1	6.8	6.7	6.6	6.6	6.4	6.2	6.0
序号	19	20	21	22	23	24	25	26	
周期/s	6.0	5.9	5.9	5.8	5.4	5.2	5.0	4.9	

7. 已知某海洋观测站短期测波资料如下表,试推算 100 年一遇、50 年一遇设计波高值。

$H_{1/10}$/m	Δm	$H_{1/10}$/m	Δm	$H_{1/10}$/m	Δm
≥4.2	1	2.7~2.9	12	1.2~1.4	192
3.9~4.1	1	2.4~2.6	34	0.9~1.1	284
3.6~3.8	7	2.1~2.3	50	0.6~0.8	325
3.3~3.5	3	1.8~2.0	67	0.3~0.5	174
3.0~3.2	19	1.5~1.7	121	0.0~0.2	154

8. 某观测站风速记录如下表,试根据气象资料推算该场风浪的最大有效波高与周期。计算时取风距 $F=200$ km,水深 $d=20$ m。

日期	时间	风速/m
11月30日	8:00	7
	14:00	6
	20:00	10
12月1日	2:00	10
	8:00	10
	14:00	10
	20:00	7
12月2日	2:00	7

9. 已知:某时刻台风中心位于北纬 40°处,$P_\infty = 1\,013.3$ hPa,$P_0 = 920.1$ hPa(1 hPa=0.75 mmHg),$R=70$ km,$V_F=14$ m·s^{-1}。求:深水最大有效波高及其对应的最大有效周期以及台风移动方向垂直右侧和顺台风移动方向离台风中心200 km后方的有效波高及其对应的有效周期。

10. 某海岸地区进行码头建设,对外海波浪进行波浪折射图的绘制,折射开始与结束的两条波浪折射线的间距分别为 b_0 和 b_1,水深与波浪条件如下,计算要求的设计波高。计算点处的海底坡度 $i<1/50$。

(1) $b_0=1.7$ cm,$b_1=1.3$ cm,$d_0=30$ m,$d_1=8$ m,$\overline{H}_0=3$ m,$\overline{T}_0=7$ s,求点1处的 $H_{1\%}$,$H_{5\%}$,$H_{13\%}$。

(2) $b_0=3.5$ cm,$b_1=2.1$ cm,$d_0=30$ m,$d_1=8$ m,$\overline{H}_0=3$ m,$\overline{T}_0=7$ s,求点1处的 $H_{1\%}$,$H_{5\%}$,$H_{13\%}$。

(3) $b_0=1.56$ cm,$b_1=1.80$ cm,$d_0=30$ m,$d_1=8$ m,$\overline{H}_0=3$ m,$\overline{T}_0=7$ s,求

点 1 处的 $H_{1\%}$, $H_{5\%}$, $H_{13\%}$。

11. 某港有一年潮位观测资料,统计得各低潮位出现次数如下表,试求设计低潮位。

潮位分级间隔/cm	观测次数	潮位分级间隔/cm	观测次数	潮位分级间隔/cm	观测次数	潮位分级间隔/cm	观测次数
180～189	1	130～139	16	80～89	43	30～39	97
170～179	2	120～129	39	70～79	46	20～29	41
160～169	6	110～119	38	60～69	61	10～19	22
150～159	10	100～109	50	50～59	71	0～9	21
140～149	18	90～99	44	40～49	72	－10～－1	8

12. 某港连续20年最高潮位从大到小排列于下表,计算该港的极端高潮位。

序号	最高潮位/cm	序号	最高潮位/cm	序号	最高潮位/cm	序号	最高潮位/cm
1	376	6	351	11	336	16	326
2	365	7	350	12	334	17	323
3	356	8	350	13	333	18	322
4	352	9	349	14	330	19	320
5	351	10	340	15	326	20	317

13. 两观测站同步水位(m)如下表,请补足乙站其余年份相应水位值。

年份	甲站	乙站	年份	甲站	乙站	年份	甲站	乙站
1949	44.49		1957	43.44	44.83	1965	43.51	
1950	44.83		1958	43.88	45.20	1966	43.93	
1951	43.36	44.69	1959	43.19	44.56	1967	42.83	
1952	43.89	45.21	1960	43.01		1968	44.93	
1953	43.15	44.42	1961	43.29		1969	43.10	
1954	44.67	46.01	1962	44.35		1970	42.71	
1955	43.74	45.08	1963	42.66				
1956	44.19	45.41	1964	43.93				

14. 某港历年最高潮位如下表,据调查,在1940年曾出现+4.94 m的特高潮位,求该港的极端高水位。

年份	1956	1957	1958	1959	1960	1961	1962	1963	1964	1965
潮位/cm	356	322	320	365	317	336	333	352	351	349
年份	1966	1967	1968	1969	1970	1971	1972	1973	1974	1975
潮位/cm	326	376	326	340	334	350	323	330	351	350

15. 影响海冰挤压强度的因素有哪些,如何影响?

16. 若桩径1.0 m,平整冰厚0.4 m,海冰压缩强度2 MPa,计算平整冰对桩的冰压力。

17. 海床泥沙粒径为0.2 mm,水深8 m,波周期3 s,问:泥沙在多大波高作用下开始起动?若已知泥沙起动波高为3 m,临界起动水深为多少?

18. 已知高浓度含沙水体厚度为0.5 m,含沙量为5 kg·m^{-3},流速为0.25 m·s^{-1},求输沙率。

19. 若航道平均水深为10 m,宽度为140 m,长21 km,t_0为2 h,6级风刮了10 h,7级风刮了15 h,8级风刮了15 h,9级风刮了8 h,求这场大风造成的淤积量。

20. 泥沙密度为2 650 kg·m^{-3},水密度为1 000 kg·m^{-3},沉降速度为0.000 3 m·s^{-1},水流速度为0.8 m·s^{-1},波浪水质点速度为0.6 m·s^{-1},α,β分别取值0.7和0.5,求水体挟沙力。

21. 海岸泥沙运动和河流泥沙运动在动力作用方面有哪些不同?

22. 简述有效风能的概念,并说明如何利用其建立航道的淤积预报公式。

23. 建筑物地震反应的计算经历了几个阶段?各阶段的主要特点是什么?

24. 某地基土在-5.5~-8.8 m处有一层粉细砂,标准贯入击数$N=13$(试验点标高为-6.5 m)。地下水位标高为3.50 m,地震设计烈度为7度,试判别地基土是否发生液化。

附 录

附表 1　Pearson-Ⅲ型累积频率曲线的模比系数 K_p 值表

(一) $C_s = C_v$

C_v \ $p/\%$	0.1	0.2	0.5	1	2	5	10	20	50	75	90	95	99
0.05	1.16	1.15	1.13	1.12	1.11	1.09	1.07	1.04	1.00	0.97	0.94	0.92	0.89
0.10	1.32	1.30	1.27	1.24	1.21	1.17	1.13	1.08	1.00	0.93	0.87	0.84	0.78
0.15	1.50	1.46	1.41	1.37	1.32	1.26	1.20	1.13	1.00	0.90	0.81	0.77	0.67
0.20	1.68	1.62	1.55	1.49	1.43	1.34	1.26	1.17	0.99	0.86	0.75	0.68	0.56
0.25	1.86	1.80	1.70	1.63	1.55	1.43	1.33	1.21	0.99	0.83	0.69	0.61	0.47
0.30	2.06	1.97	1.86	1.76	1.66	1.52	1.39	1.25	0.98	0.79	0.63	0.54	0.37
0.35	2.26	2.16	2.02	1.91	1.78	1.61	1.46	1.29	0.98	0.76	0.57	0.47	0.28
0.40	2.47	2.34	2.18	2.05	1.90	1.70	1.53	1.33	0.97	0.72	0.51	0.39	0.19
0.45	2.69	2.54	2.35	2.19	2.03	1.79	1.60	1.37	0.97	0.69	0.45	0.33	0.10
0.50	2.91	2.74	2.52	2.34	2.16	1.89	1.66	1.40	0.96	0.65	0.39	0.26	0.02
0.55	3.14	2.95	2.70	2.49	2.29	1.98	1.73	1.44	0.95	0.61	0.34	0.20	-0.06
0.60	3.38	3.16	2.88	2.65	2.41	2.08	1.80	1.48	0.94	0.57	0.28	0.13	-0.13
0.65	3.62	3.38	3.07	2.81	2.55	2.18	1.87	1.52	0.93	0.53	0.23	0.07	-0.20
0.70	3.87	3.60	3.25	2.97	2.68	2.27	1.93	1.55	0.92	0.50	0.17	0.01	-0.27
0.75	4.13	3.84	3.45	3.14	2.82	2.37	2.00	1.59	0.91	0.46	0.12	-0.05	-0.33
0.80	4.39	4.08	3.65	3.31	2.96	2.47	2.07	1.62	0.90	0.42	0.06	-0.10	-0.39
0.85	4.67	4.33	3.86	3.49	3.11	2.57	2.14	1.66	0.88	0.37	0.01	-0.16	-0.44
0.90	4.95	4.57	4.06	3.66	3.25	2.67	2.21	1.69	0.86	0.34	-0.04	-0.22	-0.49
0.95	5.24	4.83	4.28	3.84	3.40	2.78	2.28	1.73	0.85	0.31	-0.09	-0.27	-0.55
1.00	5.53	5.09	4.49	4.02	3.54	2.86	2.34	1.76	0.84	0.27	-0.13	-0.32	-0.59
1.05	5.83	5.35	4.72	4.21	3.69	2.98	2.41	1.78	0.82	0.22	-0.17	-0.37	-0.63
1.10	6.14	5.62	4.94	4.40	3.84	3.08	2.47	1.81	0.80	0.19	-0.21	-0.41	-0.67
1.15	6.45	5.90	5.17	4.59	3.99	3.19	2.54	1.85	0.79	0.14	-0.26	-0.45	-0.71
1.20	6.77	6.18	5.39	4.78	4.14	3.29	2.61	1.88	0.77	0.11	-0.30	-0.49	-0.74
1.25	7.10	6.48	5.63	4.98	4.31	3.40	2.68	1.91	0.75	0.07	-0.34	-0.53	-0.77
1.30	7.44	6.77	5.86	5.17	4.47	3.50	2.74	1.94	0.73	0.04	-0.38	-0.56	-0.79
1.35	7.78	7.08	6.11	5.38	4.63	3.61	2.81	1.97	0.71	0.01	-0.42	-0.60	-0.82
1.40	8.13	7.38	6.36	5.58	4.79	3.72	2.88	1.99	0.69	-0.02	-0.46	-0.64	-0.85
1.45	8.48	7.70	6.62	5.79	4.95	3.82	2.94	2.02	0.66	-0.06	-0.50	-0.67	-0.87
1.50	8.85	8.02	6.87	6.00	5.11	3.92	3.00	2.04	0.64	-0.10	-0.53	-0.70	-0.89

(二) $C_s = 1.5C_v$

C_v \ $p/\%$	0.1	0.2	0.5	1	2	5	10	20	50	75	90	95	99
0.05	1.16	1.15	1.13	1.12	1.10	1.08	1.06	1.04	1.00	0.97	0.94	0.92	0.89
0.10	1.33	1.31	1.27	1.24	1.21	1.17	1.13	1.08	1.00	0.93	0.87	0.84	0.78
0.15	1.51	1.47	1.42	1.37	1.32	1.26	1.19	1.12	1.00	0.90	0.81	0.77	0.68
0.20	1.70	1.65	1.57	1.51	1.44	1.35	1.26	1.16	1.00	0.86	0.75	0.69	0.58
0.25	1.91	1.83	1.73	1.65	1.56	1.44	1.33	1.20	0.99	0.83	0.69	0.62	0.49
0.30	2.12	2.03	1.90	1.80	1.68	1.53	1.40	1.25	0.98	0.79	0.63	0.55	0.40
0.35	2.35	2.23	2.07	1.95	1.81	1.62	1.46	1.28	0.97	0.75	0.58	0.49	0.33
0.40	2.58	2.44	2.25	2.10	1.94	1.72	1.53	1.32	0.96	0.71	0.52	0.42	0.25
0.45	2.83	2.66	2.44	2.26	2.07	1.82	1.60	1.35	0.95	0.68	0.47	0.36	0.18
0.50	3.08	2.89	2.64	2.43	2.21	1.92	1.67	1.39	0.94	0.64	0.41	0.30	0.11
0.55	3.35	3.13	2.84	2.60	2.35	2.02	1.73	1.42	0.93	0.60	0.36	0.25	0.06
0.60	3.63	3.38	3.04	2.78	2.50	2.12	1.80	1.46	0.91	0.56	0.31	0.19	0.00
0.65	3.92	3.64	3.25	2.95	2.64	2.22	1.87	1.49	0.90	0.52	0.27	0.14	-0.04
0.70	4.22	3.90	3.48	3.12	2.79	2.32	1.94	1.52	0.88	0.48	0.22	0.09	-0.08
0.75	4.53	4.17	3.70	3.32	2.87	2.42	2.00	1.55	0.87	0.45	0.18	0.05	-0.12
0.80	4.85	4.46	3.93	3.52	2.96	2.53	2.07	1.58	0.85	0.41	0.14	0.01	-0.16
0.85	5.18	4.75	4.16	3.72	3.19	2.63	2.19	1.61	0.83	0.37	0.10	-0.02	-0.19
0.90	5.52	5.05	4.40	3.92	3.42	2.74	2.21	1.65	0.80	0.33	0.06	-0.06	-0.22
0.95	5.87	5.37	4.50	4.12	3.58	2.84	2.27	1.67	0.78	0.30	0.02	-0.09	-0.24
1.00	6.23	5.68	4.91	4.33	3.74	2.95	2.33	1.69	0.76	0.27	-0.02	-0.13	-0.26
1.05	6.60	6.01	5.17	4.54	3.91	3.05	2.39	1.71	0.74	0.24	-0.05	-0.16	-0.27
1.10	6.98	6.34	5.43	4.76	4.08	3.16	2.45	1.74	0.71	0.21	-0.08	-0.19	-0.29
1.15	7.37	6.68	5.70	4.97	4.25	3.27	2.51	1.75	0.69	0.18	-0.10	-0.20	-0.30
1.20	7.77	7.01	5.98	5.20	4.42	3.38	2.58	1.77	0.66	0.14	-0.13	-0.22	-0.31
1.25	8.17	7.37	6.26	5.32	4.59	3.48	2.64	1.79	0.63	0.10	-0.15	-0.23	-0.31
1.30	8.59	7.72	6.54	5.65	4.76	3.59	2.70	1.81	0.61	0.07	-0.17	-0.25	-0.32
1.35	9.02	8.09	6.83	5.88	4.93	3.69	2.75	1.82	0.59	0.04	-0.19	-0.26	-0.32
1.40	9.46	8.46	7.12	6.12	5.10	3.80	2.81	1.83	0.55	0.01	-0.22	-0.28	-0.32
1.45	9.90	8.84	7.42	6.36	5.28	3.90	2.85	1.83	0.52	0.00	-0.23	-0.29	-0.33
1.50	10.36	9.22	7.72	6.60	5.47	4.00	2.90	1.84	0.49	-0.05	-0.25	-0.30	-0.33

(三) $C_s = 2C_v$

C_v \ $p/\%$	0.1	0.2	0.5	1	2	5	10	20	50	75	90	95	99
0.05	1.16	1.15	1.13	1.12	1.11	1.08	1.06	1.04	1.00	0.97	0.94	0.92	0.89
0.10	1.34	1.31	1.27	1.25	1.21	1.17	1.13	1.08	1.00	0.93	0.87	0.84	0.78
0.15	1.54	1.48	1.43	1.38	1.33	1.26	1.20	1.12	0.99	0.90	0.81	0.77	0.69
0.20	1.73	1.67	1.59	1.52	1.45	1.35	1.26	1.16	0.99	0.86	0.75	0.70	0.59
0.25	1.96	1.87	1.77	1.67	1.58	1.45	1.33	1.20	0.98	0.82	0.70	0.63	0.52
0.30	2.19	2.08	1.94	1.83	1.71	1.54	1.40	1.24	0.97	0.78	0.64	0.56	0.44
0.35	2.44	2.31	2.13	2.00	1.84	1.64	1.47	1.28	0.96	0.75	0.59	0.51	0.37
0.40	2.70	2.54	2.32	2.16	1.98	1.74	1.54	1.31	0.95	0.71	0.53	0.45	0.30
0.45	2.98	2.80	2.53	2.33	2.13	1.84	1.60	1.35	0.93	0.67	0.48	0.40	0.26
0.50	3.27	3.05	2.74	2.51	2.27	1.94	1.67	1.38	0.92	0.64	0.44	0.34	0.21
0.55	3.58	3.32	2.97	2.70	2.42	2.04	1.74	1.41	0.90	0.59	0.40	0.30	0.16
0.60	3.89	3.59	3.20	2.89	2.57	2.15	1.80	1.44	0.89	0.56	0.35	0.26	0.13
0.65	4.22	3.89	3.44	3.09	2.74	2.25	1.87	1.47	0.87	0.52	0.31	0.22	0.10
0.70	4.56	4.19	3.68	3.29	2.90	2.36	1.94	1.50	0.85	0.49	0.27	0.18	0.08
0.75	4.93	4.52	3.93	3.50	3.06	2.46	2.00	1.52	0.82	0.45	0.24	0.15	0.06
0.80	5.30	4.84	4.19	3.71	3.22	2.57	2.06	1.54	0.80	0.42	0.21	0.12	0.04
0.85	5.69	5.17	4.46	3.93	3.39	2.68	2.12	1.56	0.77	0.39	0.18	0.10	0.03
0.90	6.08	5.51	4.74	4.15	3.56	2.78	2.19	1.58	0.75	0.35	0.15	0.08	0.02
0.95	6.48	5.86	5.02	4.38	3.74	2.89	2.25	1.60	0.72	0.31	0.13	0.07	0.01
1.00	6.91	6.22	5.30	4.61	3.91	3.00	2.30	1.61	0.69	0.29	0.11	0.05	0.01
1.05	7.35	6.59	5.59	4.84	4.08	3.10	2.35	1.62	0.66	0.26	0.09	0.04	0.01
1.10	7.79	6.97	5.88	5.08	4.26	3.20	2.41	1.63	0.64	0.23	0.07	0.03	0.00
1.15	8.24	7.36	6.19	5.32	4.44	3.30	2.46	1.64	0.61	0.21	0.06	0.02	0.00
1.20	8.70	7.76	6.50	5.57	4.62	3.41	2.51	1.65	0.58	0.18	0.05	0.02	0.00
1.25	9.18	8.16	6.82	5.81	4.80	3.51	2.56	1.65	0.55	0.16	0.04	0.01	0.00
1.30	9.67	8.57	7.14	6.06	4.98	3.61	2.60	1.65	0.52	0.14	0.03	0.01	0.00
1.35	10.17	8.99	7.46	6.31	5.16	3.71	2.65	1.65	0.50	0.12	0.02	0.01	0.00
1.40	10.67	9.41	7.78	6.56	5.35	3.81	2.69	1.64	0.47	0.10	0.02	0.01	0.00
1.45	11.20	9.85	8.11	6.82	5.54	3.91	2.73	1.64	0.44	0.09	0.01	0.00	0.00
1.50	11.73	10.30	8.44	7.08	5.73	4.00	2.77	1.63	0.42	0.07	0.01	0.00	0.00

(四) $C_s = 2.5 C_v$

C_v \ $p/\%$	0.1	0.2	0.5	1	2	5	10	20	50	75	90	95	99
0.05	1.16	1.15	1.14	1.12	1.11	1.08	1.07	1.04	1.00	0.97	0.94	0.92	0.89
0.10	1.35	1.31	1.28	1.25	1.22	1.17	1.13	1.08	1.00	0.93	0.88	0.84	0.79
0.15	1.55	1.50	1.44	1.39	1.34	1.26	1.20	1.12	0.99	0.89	0.82	0.77	0.70
0.20	1.76	1.70	1.61	1.54	1.46	1.35	1.26	1.16	0.98	0.86	0.76	0.70	0.61
0.25	2.00	1.92	1.79	1.70	1.60	1.45	1.33	1.20	0.97	0.82	0.70	0.64	0.54
0.30	2.25	2.14	1.98	1.86	1.73	1.55	1.40	1.24	0.96	0.78	0.65	0.58	0.47
0.35	2.53	2.39	2.19	2.03	1.87	1.65	1.47	1.27	0.95	0.75	0.60	0.53	0.41
0.40	2.81	2.64	2.40	2.21	2.02	1.75	1.54	1.30	0.94	0.71	0.55	0.47	0.36
0.45	3.12	2.91	2.62	2.40	2.17	1.85	1.60	1.33	0.92	0.67	0.51	0.43	0.32
0.50	3.44	3.19	2.85	2.59	2.32	1.96	1.67	1.36	0.90	0.63	0.47	0.39	0.29
0.55	3.79	3.50	3.10	2.79	2.48	2.07	1.73	1.39	0.88	0.60	0.43	0.35	0.26
0.60	4.14	3.81	3.35	3.00	2.64	2.17	1.80	1.42	0.86	0.56	0.39	0.32	0.24
0.65	4.52	4.14	3.61	3.21	2.81	2.27	1.86	1.44	0.83	0.53	0.36	0.30	0.23
0.70	4.90	4.47	3.88	3.43	2.98	2.39	1.92	1.46	0.81	0.50	0.33	0.27	0.22
0.75	5.31	4.82	4.16	3.66	3.15	2.49	1.98	1.47	0.78	0.46	0.31	0.26	0.21
0.80	5.73	5.18	4.44	3.89	3.33	2.60	2.04	1.49	0.75	0.43	0.28	0.24	0.21
0.85	6.17	5.55	4.73	4.12	3.50	2.70	2.10	1.50	0.72	0.40	0.27	0.23	0.21
0.90	6.61	5.93	5.03	4.36	3.68	2.80	2.15	1.50	0.70	0.37	0.25	0.22	0.20
0.95	7.09	6.33	5.34	4.60	3.86	2.90	2.20	1.51	0.67	0.35	0.24	0.21	0.20
1.00	7.55	6.73	5.65	4.85	4.04	3.01	2.25	1.52	0.64	0.33	0.23	0.21	0.20
1.05	8.04	7.14	5.97	5.10	4.22	3.11	2.29	1.52	0.61	0.31	0.22	0.20	0.20
1.10	8.54	7.56	6.29	5.35	4.41	3.21	2.34	1.52	0.58	0.29	0.21	0.20	0.20
1.15	9.06	8.00	6.62	5.60	4.59	3.30	2.38	1.51	0.55	0.27	0.21	0.20	0.20
1.20	9.58	8.44	6.95	5.86	4.78	3.40	2.42	1.50	0.53	0.26	0.21	0.20	0.20
1.25	10.12	8.90	7.29	6.12	4.97	3.50	2.44	1.49	0.50	0.25	0.21	0.20	0.20
1.30	10.67	9.37	7.64	6.38	5.16	3.60	2.47	1.48	0.48	0.24	0.20	0.20	0.20
1.35	11.24	9.84	8.00	6.64	5.34	3.68	2.50	1.46	0.45	0.23	0.20	0.20	0.20
1.40	11.81	10.31	8.35	6.91	5.52	3.76	2.53	1.45	0.43	0.23	0.20	0.20	0.20
1.45	12.40	10.79	8.70	7.17	5.70	3.83	2.56	1.43	0.40	0.22	0.20	0.20	0.20
1.50	12.99	11.28	9.06	7.44	5.88	3.91	2.58	1.44	0.37	0.22	0.20	0.20	0.20

(五) $C_s = 3C_v$

C_v \ $p/\%$	0.1	0.2	0.5	1	2	5	10	20	50	75	90	95	99
0.05	1.17	1.15	1.14	1.12	1.11	1.08	1.07	1.04	1.00	0.97	0.94	0.92	0.89
0.10	1.35	1.32	1.29	1.25	1.22	1.17	1.13	1.08	0.99	0.93	0.88	0.85	0.79
0.15	1.56	1.51	1.45	1.40	1.35	1.26	1.20	1.12	0.99	0.89	0.82	0.78	0.70
0.20	1.79	1.72	1.63	1.55	1.47	1.35	1.27	1.16	0.98	0.86	0.76	0.71	0.62
0.25	2.05	1.95	1.82	1.72	1.61	1.46	1.34	1.20	0.97	0.82	0.71	0.65	0.56
0.30	2.32	2.19	2.02	1.89	1.75	1.56	1.40	1.23	0.96	0.78	0.66	0.60	0.50
0.35	2.61	2.46	2.24	2.07	1.90	1.66	1.47	1.26	0.94	0.74	0.61	0.55	0.46
0.40	2.92	2.73	2.46	2.26	2.05	1.76	1.54	1.28	0.92	0.70	0.57	0.50	0.42
0.45	3.26	3.03	2.70	2.46	2.21	1.87	1.60	1.32	0.90	0.67	0.53	0.47	0.39
0.50	3.62	3.34	2.96	2.67	2.37	1.98	1.67	1.35	0.88	0.64	0.49	0.44	0.37
0.55	3.99	3.66	3.21	2.88	2.54	2.08	1.73	1.36	0.86	0.60	0.46	0.41	0.36
0.60	4.38	4.01	3.49	3.10	2.71	2.19	1.79	1.38	0.83	0.57	0.44	0.39	0.35
0.65	4.81	4.36	3.77	3.33	2.88	2.29	1.85	1.40	0.80	0.53	0.41	0.37	0.34
0.70	5.23	4.73	4.06	3.56	3.05	2.40	1.90	1.41	0.78	0.50	0.39	0.36	0.34
0.75	5.68	5.12	4.36	3.80	3.24	2.50	1.96	1.42	0.76	0.48	0.38	0.35	0.34
0.80	6.14	5.50	4.66	4.05	3.42	2.61	2.01	1.43	0.72	0.46	0.36	0.34	0.34
0.85	6.62	5.92	4.98	4.29	3.59	2.71	2.06	1.43	0.69	0.44	0.35	0.34	0.34
0.90	7.11	6.33	5.30	4.54	3.78	2.81	2.10	1.43	0.67	0.42	0.35	0.34	0.33
0.95	7.62	6.76	5.62	4.80	3.96	2.91	2.14	1.43	0.64	0.39	0.34	0.34	0.33
1.00	8.15	7.20	5.96	5.05	4.15	3.00	2.18	1.42	0.61	0.38	0.34	0.34	0.33
1.05	8.68	7.66	6.31	5.32	4.34	3.10	2.21	1.41	0.58	0.37	0.34	0.33	0.33
1.10	9.24	8.13	6.65	5.57	4.50	3.19	2.23	1.40	0.56	0.36	0.34	0.33	0.33
1.15	9.81	8.59	7.00	5.83	4.70	3.26	2.26	1.38	0.54	0.35	0.34	0.33	0.33
1.20	10.40	9.08	7.36	6.10	4.89	3.35	2.30	1.36	0.51	0.35	0.33	0.33	0.33
1.25	11.00	9.57	7.72	6.36	5.07	3.43	2.31	1.34	0.49	0.35	0.33	0.33	0.33
1.30	11.60	10.06	8.09	6.64	5.25	3.51	2.33	1.31	0.47	0.34	0.33	0.33	0.33
1.35	12.21	10.57	8.45	6.91	5.42	3.59	2.34	1.30	0.45	0.34	0.33	0.33	0.33
1.40	12.83	11.09	8.88	7.17	4.61	3.66	2.34	1.27	0.43	0.34	0.33	0.33	0.33
1.45	13.47	11.62	9.20	7.45	5.77	3.72	2.35	1.23	0.42	0.34	0.33	0.33	0.33
1.50	14.13	12.15	9.58	7.72	5.95	3.78	2.35	1.21	0.40	0.33	0.33	0.33	0.33

(六) $C_s = 3.5C_v$

C_v \ $p/\%$	0.1	0.2	0.5	1	2	5	10	20	50	75	90	95	99
0.05	1.17	1.16	1.14	1.12	1.11	1.09	1.07	1.04	1.00	0.97	0.94	0.92	0.89
0.10	1.36	1.33	1.29	1.26	1.22	1.17	1.13	1.08	0.99	0.93	0.88	0.85	0.79
0.15	1.58	1.52	1.46	1.41	1.35	1.27	1.20	1.12	0.99	0.89	0.82	0.78	0.71
0.20	1.82	1.74	1.64	1.56	1.48	1.36	1.27	1.16	0.98	0.86	0.76	0.72	0.64
0.25	2.09	1.99	1.85	1.74	1.62	1.46	1.34	1.19	0.96	0.82	0.71	0.66	0.58
0.30	2.38	2.24	2.06	1.92	1.77	1.57	1.40	1.22	0.95	0.78	0.67	0.61	0.53
0.35	2.70	2.52	2.29	2.11	1.92	1.67	1.47	1.26	0.93	0.74	0.62	0.57	0.50
0.40	3.04	2.82	2.53	2.31	2.08	1.78	1.53	1.28	0.91	0.71	0.58	0.53	0.47
0.45	3.40	3.14	2.79	2.52	2.25	1.88	1.60	1.31	0.89	0.67	0.55	0.50	0.45
0.50	3.78	3.48	3.06	2.74	2.42	1.99	1.66	1.33	0.86	0.64	0.52	0.48	0.44
0.55	4.20	3.83	3.34	2.96	2.58	2.10	1.72	1.34	0.84	0.60	0.50	0.46	0.44
0.60	4.62	4.20	3.62	3.20	2.76	2.20	1.77	1.35	0.81	0.57	0.48	0.45	0.43
0.65	5.08	4.58	3.92	3.44	2.94	2.30	1.83	1.36	0.78	0.55	0.46	0.44	0.43
0.70	5.54	4.98	4.23	3.68	3.12	2.41	1.88	1.37	0.75	0.53	0.45	0.44	0.43
0.75	6.02	5.38	4.55	3.92	3.30	2.51	1.92	1.38	0.72	0.50	0.44	0.43	0.43
0.80	6.53	5.81	4.87	4.18	3.49	2.61	1.97	1.37	0.70	0.49	0.44	0.43	0.43
0.85	7.05	6.25	5.20	4.43	3.67	2.70	2.00	1.36	0.67	0.47	0.44	0.43	0.43
0.90	7.59	6.71	5.54	4.69	3.86	2.80	2.04	1.35	0.64	0.46	0.43	0.43	0.43
0.95	8.15	7.18	5.89	4.95	4.05	2.89	2.06	1.34	0.61	0.45	0.43	0.43	0.43
1.00	8.72	7.65	6.25	5.22	4.23	2.97	2.09	1.32	0.59	0.45	0.43	0.43	0.43
1.05	9.31	8.13	6.60	5.49	4.41	3.05	2.11	1.29	0.56	0.44	0.43	0.43	0.43
1.10	9.91	8.62	6.97	5.76	4.59	3.13	2.13	1.28	0.54	0.44	0.43	0.43	0.43
1.15	10.51	9.13	7.33	6.03	4.76	3.20	2.14	1.26	0.53	0.43	0.43	0.43	0.43
1.20	11.14	9.65	7.71	6.29	4.95	3.28	2.15	1.23	0.51	0.43	0.43	0.43	0.43
1.25	11.78	10.18	8.10	6.56	5.12	3.34	2.16	1.20	0.50	0.43	0.43	0.43	0.43
1.30	12.44	10.70	8.46	6.84	5.29	3.40	2.16	1.18	0.48	0.43	0.43	0.43	0.43
1.35	13.11	11.24	8.84	7.11	5.45	3.44	2.16	1.14	0.47	0.43	0.43	0.43	0.43
1.40	13.78	11.78	9.23	7.37	5.62	3.49	2.15	1.11	0.47	0.43	0.43	0.43	0.43
1.45	14.46	12.34	9.61	7.64	5.73	3.55	2.14	1.07	0.46	0.43	0.43	0.43	0.43
1.50	15.17	12.90	10.01	7.89	5.93	3.59	2.12	1.04	0.45	0.43	0.43	0.43	0.43

(七) $C_s = 4C_v$

C_v \ $p/\%$	0.1	0.2	0.5	1	2	5	10	20	50	75	90	95	99
0.05	1.17	1.16	1.14	1.12	1.11	1.08	1.06	1.04	1.00	0.97	0.94	0.92	0.89
0.10	1.37	1.34	1.30	1.26	1.23	1.18	1.13	1.08	0.99	0.93	0.88	0.85	0.80
0.15	1.59	1.54	1.47	1.41	1.35	1.27	1.20	1.12	0.98	0.89	0.82	0.78	0.72
0.20	1.85	1.77	1.66	1.58	1.49	1.37	1.27	1.16	0.97	0.85	0.77	0.72	0.65
0.25	2.13	2.02	1.87	1.76	1.64	1.47	1.34	1.19	0.96	0.82	0.72	0.67	0.60
0.30	2.44	2.30	2.10	1.94	1.79	1.57	1.40	1.22	0.94	0.78	0.68	0.63	0.56
0.35	2.78	2.60	2.34	2.14	1.95	1.68	1.47	1.25	0.92	0.74	0.64	0.59	0.54
0.40	3.15	2.92	2.60	2.36	2.11	1.78	1.53	1.27	0.90	0.71	0.60	0.56	0.52
0.45	3.54	3.25	2.87	2.58	2.28	1.89	1.59	1.29	0.87	0.68	0.58	0.54	0.51
0.50	3.96	3.61	3.15	2.80	2.46	2.00	1.65	1.30	0.84	0.64	0.55	0.53	0.51
0.55	4.39	3.99	3.44	3.04	2.63	2.10	1.70	1.31	0.82	0.62	0.54	0.52	0.50
0.60	4.35	4.38	3.75	3.29	2.81	2.21	1.76	1.32	0.79	0.59	0.52	0.51	0.50
0.65	5.34	4.78	4.07	3.53	2.99	2.31	1.80	1.32	0.76	0.57	0.51	0.50	0.50
0.70	5.84	5.21	4.39	3.78	3.18	2.41	1.85	1.32	0.73	0.55	0.51	0.50	0.50
0.75	6.36	5.65	4.72	4.04	3.36	2.50	1.88	1.32	0.71	0.54	0.51	0.50	0.50
0.80	6.90	6.11	5.06	4.30	3.55	2.60	1.91	1.30	0.68	0.53	0.50	0.50	0.50
0.85	7.46	6.58	5.42	4.55	3.74	2.68	1.94	1.29	0.65	0.52	0.50	0.50	0.50
0.90	8.05	7.06	5.77	4.82	3.92	2.76	1.97	1.27	0.63	0.51	0.50	0.50	0.50
0.95	8.65	7.55	6.13	5.09	4.10	2.84	1.99	1.25	0.60	0.51	0.50	0.50	0.50
1.00	9.25	8.05	6.50	5.37	4.27	2.92	2.00	1.23	0.59	0.50	0.50	0.50	0.50
1.05	9.87	8.57	6.87	5.63	4.46	3.00	2.01	1.20	0.57	0.50	0.50	0.50	0.50
1.10	10.52	9.10	7.25	5.91	4.63	3.06	2.01	1.18	0.56	0.50	0.50	0.50	0.50
1.15	11.18	9.62	7.62	6.18	4.80	3.12	2.01	1.15	0.54	0.50	0.50	0.50	0.50
1.20	11.85	10.17	8.01	6.45	4.96	3.16	2.01	1.11	0.53	0.50	0.50	0.50	0.50
1.25	12.52	10.71	8.40	6.71	5.12	3.21	2.00	1.07	0.53	0.50	0.50	0.50	0.50
1.30	13.22	11.27	8.79	6.96	5.29	3.25	1.99	1.04	0.52	0.50	0.50	0.50	0.50
1.35	13.92	11.83	9.17	7.24	5.44	3.30	1.97	1.00	0.52	0.50	0.50	0.50	0.50
1.40	14.64	12.40	9.55	7.50	5.59	3.32	1.94	0.96	0.51	0.50	0.50	0.50	0.50
1.45	15.37	13.09	9.95	7.77	5.74	3.36	1.91	0.93	0.51	0.50	0.50	0.50	0.50
1.50	16.10	13.57	10.34	8.02	5.88	3.38	1.88	0.90	0.51	0.50	0.50	0.50	0.50

(八) $C_s = 5C_v$

C_v \ $p/\%$	0.1	0.2	0.5	1	2	5	10	20	50	75	90	95	99
0.05	1.17	1.16	1.14	1.13	1.11	1.09	1.07	1.04	1.00	0.97	0.94	0.92	0.89
0.10	1.38	1.35	1.30	1.27	1.23	1.18	1.13	1.08	0.99	0.93	0.88	0.85	0.80
0.15	1.63	1.57	1.49	1.43	1.36	1.27	1.20	1.12	0.98	0.89	0.82	0.79	0.73
0.20	1.91	1.82	1.70	1.60	1.51	1.38	1.27	1.15	0.97	0.85	0.77	0.74	0.68
0.25	2.22	2.10	1.93	1.80	1.66	1.48	1.34	1.18	0.95	0.81	0.74	0.69	0.65
0.30	2.67	2.40	2.17	2.00	1.82	1.58	1.40	1.21	0.93	0.78	0.69	0.66	0.62
0.35	2.95	2.74	2.44	2.21	1.99	1.69	1.46	1.23	0.90	0.75	0.67	0.64	0.61
0.40	3.36	3.09	2.72	2.44	2.16	1.80	1.52	1.24	0.88	0.72	0.64	0.62	0.60
0.45	3.81	3.47	3.01	2.68	2.34	1.90	1.56	1.25	0.85	0.69	0.63	0.61	0.60
0.50	4.28	3.87	3.32	2.92	2.52	2.00	1.62	1.26	0.82	0.67	0.61	0.60	0.60
0.55	4.77	4.28	3.65	3.17	2.71	2.11	1.67	1.26	0.79	0.65	0.61	0.60	0.60
0.60	5.29	4.72	3.98	3.43	2.88	2.20	1.71	1.25	0.77	0.63	0.61	0.60	0.60
0.65	5.83	5.18	4.32	3.69	3.08	2.30	1.73	1.24	0.74	0.62	0.60	0.60	0.60
0.70	6.40	5.66	4.68	3.95	3.26	2.38	1.76	1.22	0.71	0.62	0.60	0.60	0.60
0.75	7.00	6.14	5.03	4.22	3.44	2.46	1.79	1.20	0.68	0.61	0.60	0.60	0.60
0.80	7.60	6.64	5.40	4.50	3.61	2.54	1.80	1.18	0.67	0.61	0.60	0.60	0.60
0.85	8.23	7.16	5.77	4.76	3.80	2.61	1.81	1.15	0.65	0.60	0.60	0.60	0.60
0.90	8.88	7.69	6.15	5.03	3.97	2.66	1.81	1.13	0.64	0.60	0.60	0.60	0.60
0.95	9.55	8.22	6.53	5.30	4.14	2.72	1.81	1.10	0.63	0.60	0.60	0.60	0.60
1.00	10.20	8.77	6.92	5.57	4.30	2.77	1.80	1.06	0.62	0.60	0.60	0.60	0.60
1.05	10.92	9.33	7.31	5.82	4.47	2.81	1.79	1.03	0.62	0.60	0.60	0.60	0.60
1.10	11.63	9.89	7.69	6.09	4.61	2.85	1.77	0.99	0.61	0.60	0.60	0.60	0.60
1.15	12.34	10.48	8.08	6.36	4.76	2.89	1.74	0.95	0.61	0.60	0.60	0.60	0.60
1.20	13.08	11.06	8.46	6.62	4.90	2.91	1.71	0.92	0.61	0.60	0.60	0.60	0.60
1.25	13.83	11.64	8.86	6.88	5.03	2.93	1.68	0.88	0.60	0.60	0.60	0.60	0.60

(九) $C_s = 6C_v$

C_v \ $p/\%$	0.1	0.2	0.5	1	2	5	10	20	50	75	90	95	99
0.05	1.18	1.16	1.14	1.13	1.11	1.09	1.06	1.04	1.00	0.97	0.94	0.93	0.91
0.10	1.40	1.36	1.31	1.28	1.24	1.18	1.13	1.08	0.99	0.93	0.88	0.86	0.81
0.15	1.66	1.60	1.51	1.45	1.38	1.28	1.20	1.12	0.98	0.89	0.83	0.81	0.76
0.20	1.96	1.86	1.73	1.63	1.52	1.38	1.27	1.15	0.96	0.85	0.78	0.75	0.71
0.25	2.31	2.16	1.98	1.83	1.69	1.48	1.33	1.17	0.94	0.82	0.75	0.72	0.69
0.30	2.69	2.50	2.24	2.05	1.86	1.59	1.40	1.19	0.92	0.78	0.72	0.69	0.67
0.35	3.11	2.87	2.53	2.28	2.03	1.69	1.45	1.21	0.89	0.76	0.70	0.68	0.67
0.40	3.57	3.25	2.83	2.52	2.21	1.80	1.50	1.22	0.86	0.73	0.68	0.67	0.67
0.45	4.06	3.66	3.15	2.77	2.39	1.90	1.54	1.22	0.83	0.71	0.68	0.67	0.67
0.50	4.58	4.10	3.48	3.02	2.58	2.00	1.59	1.21	0.80	0.69	0.67	0.67	0.67
0.55	5.12	4.50	3.83	3.28	2.76	2.09	1.62	1.20	0.78	0.69	0.67	0.67	0.67
0.60	5.70	5.04	4.18	3.55	2.94	2.18	1.65	1.18	0.75	0.68	0.67	0.67	0.67
0.65	6.30	5.53	4.54	3.82	3.12	2.25	1.66	1.16	0.73	0.68	0.67	0.67	0.67
0.70	6.92	6.05	4.91	4.09	3.30	2.33	1.67	1.13	0.71	0.67	0.67	0.67	0.67
0.75	7.56	6.57	5.29	4.36	3.47	2.39	1.68	1.10	0.70	0.67	0.67	0.67	0.67
0.80	8.23	7.11	5.67	4.63	3.64	2.44	1.67	1.07	0.69	0.67	0.67	0.67	0.67
0.85	8.91	7.66	6.06	4.89	3.80	2.49	1.66	1.03	0.68	0.67	0.67	0.67	0.67
0.90	9.61	8.22	6.45	5.16	3.96	2.53	1.65	1.00	0.68	0.67	0.67	0.67	0.67
0.95	10.33	8.80	6.83	5.42	4.10	2.56	1.62	0.96	0.67	0.67	0.67	0.67	0.67
1.00	11.07	9.38	7.22	5.68	4.25	2.59	1.59	0.93	0.67	0.67	0.67	0.67	0.67
1.05	11.82	9.97	7.62	5.94	4.38	2.61	1.56	0.89	0.67	0.67	0.67	0.67	0.67

附表 2　Gumbel 分布的 $\lambda_{p,n}$ 值表

n	频率 $p/\%$							
	0.1	0.2	0.5	1	2	4	5	10
8	7.103	6.336	5.321	4.551	3.779	3.001	2.749	1.953
9	6.909	6.162	5.174	4.425	3.673	2.916	2.670	1.895
10	6.752	6.021	5.055	4.322	3.587	2.847	2.606	1.848
11	6.622	5.905	4.957	4.238	3.516	2.789	2.553	1.809
12	6.513	5.807	4.874	4.166	3.456	2.741	2.509	1.777
13	6.418	5.723	4.802	4.105	3.405	2.699	2.470	1.748
14	6.337	5.650	4.741	4.052	3.360	2.663	2.437	1.724
15	6.265	5.586	4.687	4.005	3.321	2.632	2.408	1.703
16	6.196	5.523	4.634	3.939	3.283	2.601	2.379	1.682
17	6.137	5.471	4.589	3.921	3.250	2.575	2.355	1.664
18	6.087	5.426	4.551	3.888	3.223	2.552	2.335	1.649
19	6.043	5.387	4.518	3.860	3.199	2.533	2.317	1.636
20	6.006	5.354	4.490	3.836	3.179	2.517	2.302	1.625
22	5.933	5.288	4.435	3.788	3.139	2.484	2.272	1.603
24	5.870	5.232	4.387	3.747	3.104	2.457	2.246	1.584
26	5.816	5.183	4.346	3.711	3.074	2.433	2.224	1.568
28	5.769	5.141	4.310	3.680	3.048	2.412	2.205	1.553
30	5.727	5.104	4.279	3.653	3.026	2.393	2.188	1.541
35	5.642	5.027	4.214	3.598	2.979	2.356	2.153	1.515
40	5.576	4.968	4.164	3.554	2.942	2.326	2.126	1.495
45	5.522	4.920	4.123	3.519	2.913	2.303	2.104	1.479
50	5.479	4.881	4.090	3.491	2.889	2.283	2.087	1.466
60	5.410	4.820	4.038	3.446	2.852	2.253	2.059	1.446
70	5.359	4.774	4.000	3.413	2.824	2.230	2.038	1.430
80	5.319	4.738	3.970	3.387	2.802	2.213	2.022	1.419
90	5.287	4.710	3.945	3.366	2.784	2.199	2.008	1.409
100	5.261	4.686	3.925	3.349	2.770	2.187	1.998	1.401
200	5.130	4.568	3.826	3.263	2.698	2.129	1.944	1.362
500	5.032	4.481	3.752	3.200	2.645	2.086	1.905	1.333
1 000	4.992	4.445	3.722	3.174	2.623	2.069	1.889	1.321
∞	4.936	4.395	3.679	3.137	2.592	2.044	1.886	1.305

(续附表 2)

n	频率 $p/\%$							
	25	50	75	90	95	97	99	99.9
8	0.842	−0.130	−0.897	−1.458	−1.749	−1.923	−2.224	−2.673
9	0.814	−0.133	−0.879	−1.426	−1.709	−1.879	−2.172	−2.609
10	0.790	−0.136	−0.865	−1.400	−1.677	−1.843	−2.129	−2.556
11	0.771	−0.138	−0.854	−1.378	−1.650	−1.813	−2.095	−2.514
12	0.755	−0.139	−0.844	−1.360	−1.628	−1.788	−2.065	−2.478
13	0.741	−0.141	−0.836	−1.345	−1.609	−1.769	−2.040	−2.447
14	0.729	−0.142	−0.829	−1.331	−1.592	−1.748	−2.018	−2.420
15	0.718	−0.143	−0.823	−1.320	−1.578	−1.732	−1.999	−2.396
16	0.708	−0.145	−0.817	−1.308	−1.564	−1.716	−1.980	−2.373
17	0.699	−0.146	−0.811	−1.299	−1.552	−1.703	−1.965	−2.354
18	0.692	−0.146	−0.807	−1.291	−1.541	−1.691	−1.951	−2.338
19	0.685	−0.147	−0.803	−1.283	−1.532	−1.681	−1.939	−2.323
20	0.680	−0.147	−0.800	−1.277	−1.525	−1.673	−1.930	−2.311
22	0.669	−0.149	−0.794	−1.265	−1.510	−1.657	−1.910	−2.287
24	0.659	−0.150	−0.788	−1.255	−1.497	−1.642	−1.893	−2.266
26	0.651	−0.151	−0.783	−1.246	−1.486	−1.630	−1.879	−2.249
28	0.644	−0.152	−0.779	−1.239	−1.477	−1.619	−1.866	−2.233
30	0.638	−0.153	−0.776	−1.232	−1.468	−1.610	−1.855	−2.219
35	0.625	−0.154	−0.768	−1.218	−1.451	−1.591	−1.832	−2.191
40	0.615	−0.155	−0.762	−1.208	−1.438	−1.576	−1.814	−2.170
45	0.607	−0.156	−0.758	−1.198	−1.427	−1.564	−1.800	−2.152
50	0.601	−0.157	−0.754	−1.191	−1.418	−1.553	−1.788	−2.138
60	0.591	−0.158	−0.748	−1.180	−1.404	−1.538	−1.770	−2.115
70	0.583	−0.159	−0.744	−1.172	−1.394	−1.526	−1.756	−2.098
80	0.577	−0.159	−0.740	−1.165	−1.386	−1.517	−1.746	−2.085
90	0.572	−0.160	−0.737	−1.160	−1.379	−1.510	−1.737	−2.075
100	0.568	−0.160	−0.735	−1.155	−1.374	−1.504	−1.720	−2.066
200	0.549	−0.162	−0.723	−1.134	−1.347	−1.474	−1.694	−2.023
500	0.535	−0.164	−0.714	−1.117	−1.326	−1.451	−1.668	−1.990
1 000	0.529	−0.164	−0.710	−1.110	−1.318	−1.442	−1.657	−1.976
∞	0.520	−0.164	−0.705	−1.110	−1.306	−1.428	−1.641	−1.957

附表3 泊松-冈贝尔分布 γ 值表

重现期/a	n \ N	10	15	20	25	30	40	50
100	8	4.298	3.846	3.524	3.274	3.069	2.743	2.489
	10	4.317	3.887	3.582	3.344	3.149	2.841	2.601
	12	4.347	3.933	3.638	3.409	3.221	2.925	2.693
	14	4.381	3.978	3.691	3.468	3.286	2.997	2.773
	16	4.412	4.017	3.737	3.519	3.341	2.059	2.839
	18	4.446	4.058	3.783	3.568	3.393	3.117	2.901
	20	4.485	4.103	3.831	3.620	3.447	3.174	2.962
	22	4.519	4.141	3.872	3.664	3.493	3.223	3.014
	24	4.551	4.177	3.911	3.704	3.536	3.269	3.062
	26	4.581	4.211	3.947	3.743	3.576	3.311	3.106
	28	4.611	4.243	3.982	3.779	3.613	3.351	3.147
	30	4.639	4.274	4.015	3.813	3.649	3.389	3.187
	35	4.706	4.346	4.091	3.893	3.730	3.474	3.275
	40	4.768	4.412	4.159	3.963	3.803	3.550	3.353
	45	4.824	4.472	4.221	4.027	3.868	3.618	3.423
	50	4.876	4.527	4.278	4.086	3.928	3.679	3.486
	60	4.971	4.625	4.380	4.190	4.034	3.788	3.598
	70	5.054	4.711	4.468	4.280	4.126	3.882	3.693
	80	5.128	4.788	4.547	4.360	4.207	3.965	3.778
	90	5.195	4.858	4.618	4.432	4.280	4.040	3.853
	100	5.257	4.920	4.682	4.497	4.345	4.106	3.921
50	8	3.518	3.063	2.738	2.483	2.274	1.941	1.679
	10	3.576	3.144	2.836	2.595	2.398	2.083	1.837
	12	3.633	3.216	2.919	2.688	2.498	2.196	1.960
	14	3.686	3.281	2.992	2.768	2.583	2.291	2.062
	16	3.732	3.336	3.054	2.834	2.655	2.369	2.147
	18	3.778	3.389	3.112	2.896	2.720	2.440	2.222
	20	3.826	3.442	3.169	2.957	2.783	2.507	2.292
	22	3.867	3.488	3.219	3.009	2.837	2.565	2.353
	24	3.906	3.531	2.264	3.057	2.887	2.618	2.409
	26	3.943	3.571	3.307	3.101	2.933	2.667	2.460
	28	3.977	3.609	3.346	3.143	2.976	2.712	2.507
	30	4.010	3.644	3.384	3.182	3.016	2.755	2.551
	35	4.086	3.726	3.470	3.271	3.108	2.850	2.650
	40	4.155	3.799	3.545	3.349	3.188	2.934	2.736
	45	4.217	3.864	3.613	3.419	3.259	3.008	2.812
	50	4.274	3.924	3.675	3.482	3.324	3.074	2.880
	60	4.376	4.030	3.784	3.593	3.437	3.191	3.001
	70	4.464	4.121	3.878	3.689	3.535	3.291	3.101
	80	4.543	4.203	3.961	3.774	3.620	3.378	3.190
	90	4.614	4.275	4.035	3.849	3.697	3.456	3.269
	100	4.678	4.341	4.102	3.917	3.765	3.526	3.340

(续附表 3)

重现期/a	n \ N	10	15	20	25	30	40	50
25	8	2.726	2.263	1.929	1.667	1.449	1.098	0.816
	10	2.825	2.386	2.072	1.826	1.622	1.294	1.034
	12	2.909	2.487	2.186	1.950	1.755	1.443	1.196
	14	2.982	2.573	2.280	2.052	1.863	1.563	1.325
	16	3.044	2.644	2.359	2.136	1.953	1.661	1.431
	18	3.102	2.710	2.430	2.212	2.032	1.747	1.522
	20	3.159	2.773	2.497	2.282	2.106	1.825	1.605
	22	3.209	2.827	2.556	2.344	2.169	1.893	1.676
	24	3.255	2.877	2.609	2.399	2.227	1.954	1.740
	26	3.297	2.924	2.658	2.450	2.280	2.010	1.799
	28	3.337	2.967	2.703	2.498	2.329	2.062	1.853
	30	3.375	3.007	2.745	2.542	2.375	2.110	1.903
	35	3.460	3.099	2.841	2.641	2.476	2.216	2.013
	40	3.536	3.179	2.925	2.727	2.565	2.308	2.108
	45	3.604	3.250	2.999	2.803	2.643	2.389	2.191
	50	3.666	3.315	3.065	2.871	2.713	2.461	2.265
	60	3.775	3.429	3.182	2.991	2.834	2.586	2.393
	70	3.869	3.526	3.282	3.093	2.938	2.692	2.502
	80	3.953	3.612	3.370	3.182	3.028	2.785	2.596
	90	4.027	3.688	3.448	3.261	3.108	2.866	2.679
	100	4.094	3.757	3.518	3.332	3.180	2.940	2.753
10	8	1.629	1.138	0.775	0.479	0.225	-0.215	-0.615
	10	1.790	1.332	0.996	0.726	0.498	0.113	-0.216
	12	1.916	1.479	1.160	0.907	0.693	0.340	0.045
	14	2.019	1.597	1.291	1.048	0.845	0.512	0.238
	16	2.104	1.694	1.398	1.163	0.967	0.649	0.390
	18	2.180	1.779	1.490	1.261	1.072	0.764	0.515
	20	2.252	1.857	1.573	1.349	1.163	0.863	0.622
	22	2.313	1.924	1.645	1.425	1.243	0.950	0.715
	24	2.369	1.985	1.710	1.493	1.314	1.026	0.797
	26	2.421	2.041	1.769	1.555	1.379	1.095	0.870
	28	2.468	2.092	1.823	1.612	1.437	1.158	0.936
	30	2.512	2.140	1.873	1.664	1.491	1.215	0.996
	35	2.612	2.246	1.984	1.779	1.610	1.341	1.128
	40	2.698	2.337	2.079	1.878	1.712	1.447	1.239
	45	2.775	2.418	2.163	1.964	1.800	1.539	1.334
	50	2.844	2.490	2.237	2.040	1.878	1.621	1.419
	60	2.963	2.614	2.366	2.172	2.013	1.760	1.562
	70	3.066	2.720	2.474	2.283	2.126	1.876	1.681
	80	3.155	2.812	2.569	2.379	2.223	1.977	1.784
	90	3.234	2.894	2.652	2.463	2.309	2.064	1.874
	100	3.305	2.967	2.726	2.539	2.386	2.143	1.953

附表 4　二项-对数正态分布的 x_p 值表

n	T/a 10	25	50	100	n	T/a 10	25	50	100
	$p/\%$ 10	4	2	1		$p/\%$ 10	4	2	1
30	2.696	2.998	3.206	3.402	220	3.303	3.560	3.740	3.912
40	2.791	3.084	3.288	3.479	230	3.315	3.571	3.752	3.923
50	2.862	3.150	3.350	3.538	240	3.327	3.583	3.762	3.933
60	2.919	3.203	3.400	3.587	250	3.338	3.593	3.772	3.943
70	2.967	3.247	3.442	3.627	260	3.349	3.603	3.782	3.953
80	3.008	3.285	3.478	3.661	270	3.360	3.613	3.792	3.961
90	3.043	3.318	3.510	3.691	280	3.370	3.623	3.801	3.970
100	3.075	3.347	3.538	3.718	290	3.379	3.632	3.809	3.978
110	3.103	3.374	3.562	3.742	300	3.389	3.640	3.818	3.986
120	3.129	3.397	3.585	3.763	310	3.398	3.649	3.826	3.994
130	3.152	3.419	3.606	3.783	320	3.406	3.657	3.834	4.002
140	3.174	3.439	3.625	3.802	330	3.415	3.665	3.841	4.009
150	3.194	3.458	3.643	3.819	340	3.423	3.673	3.848	4.016
160	3.212	3.475	3.660	3.835	350	3.431	3.680	3.856	4.023
170	3.230	3.492	3.675	3.850	360	3.438	3.687	3.862	4.030
180	3.246	3.507	3.690	3.864	370	3.446	3.694	3.869	4.036
190	3.261	3.521	3.703	3.877	380	3.453	3.701	3.876	4.042
200	3.276	3.535	3.716	3.889	390	3.460	3.707	3.882	4.048
210	3.290	3.547	3.729	3.901	400	3.467	3.714	3.888	4.054

附表 5 浅水波高、波速和波长与相对水深的关系表

$\dfrac{d}{L_0}$	$\dfrac{d}{L}$	$\dfrac{C}{C_0}$ 和 $\dfrac{L}{L_0}$	$\dfrac{H}{H_0}$	$\dfrac{d}{L_0}$	$\dfrac{d}{L}$	$\dfrac{C}{C_0}$ 和 $\dfrac{L}{L_0}$	$\dfrac{H}{H_0}$
0.002 0	0.017 9	0.111 9	2.119 0	0.105 0	0.145 3	0.722 6	0.929 0
0.002 5	0.020 0	0.125 0	2.005 0	0.110 0	0.149 6	0.735 2	0.925 7
0.003 0	0.021 9	0.136 9	1.917 0	0.115 0	0.153 9	0.747 4	0.922 8
0.003 5	0.023 7	0.147 7	1.847 0	0.120 0	0.158 1	0.758 9	0.920 4
0.004 0	0.025 3	0.157 9	1.788 0	0.125 0	0.162 4	0.770 0	0.918 6
0.004 5	0.026 9	0.167 4	1.737 0	0.130 0	0.166 5	0.780 4	0.916 9
0.005 0	0.028 4	0.176 4	1.692 0	0.135 0	0.170 8	0.790 5	0.915 6
0.005 5	0.029 8	0.184 8	1.654 0	0.140 0	0.174 9	0.800 2	0.914 6
0.006 0	0.031 1	0.192 9	1.620 0	0.145 0	0.179 1	0.809 4	0.913 9
0.006 5	0.032 4	0.200 7	1.589 0	0.150 0	0.183 3	0.818 3	0.913 3
0.007 0	0.033 6	0.208 2	1.561 0	0.155 0	0.187 5	0.826 7	0.913 1
0.007 5	0.034 8	0.215 4	1.536 0	0.160 0	0.191 7	0.834 9	0.913 0
0.008 0	0.036 0	0.222 3	1.512 0	0.165 0	0.195 8	0.842 7	0.913 1
0.008 5	0.037 1	0.229 0	1.491 0	0.170 0	0.200 0	0.850 1	0.913 4
0.009 0	0.038 2	0.235 6	1.471 0	0.175 0	0.204 2	0.857 2	0.913 9
0.009 5	0.039 3	0.241 9	1.452 0	0.180 0	0.208 3	0.864 0	0.914 5
0.010 0	0.040 3	0.248 0	1.435 0	0.185 0	0.212 5	0.870 6	0.915 2
0.015 0	0.049 6	0.302 2	1.307 0	0.190 0	0.216 7	0.876 7	0.916 1
0.020 0	0.057 6	0.347 0	1.226 0	0.195 0	0.220 9	0.882 7	0.917 0
0.025 0	0.064 8	0.386 0	1.168 0	0.200 0	0.225 1	0.888 4	0.918 1
0.030 0	0.071 4	0.420 5	1.125 0	0.205 0	0.229 3	0.893 9	0.919 3
0.035 0	0.077 5	0.451 7	1.092 0	0.210 0	0.233 6	0.899 1	0.920 5
0.040 0	0.083 3	0.480 2	1.064 0	0.215 0	0.237 8	0.904 1	0.921 8
0.045 0	0.088 8	0.506 6	1.062 0	0.220 0	0.242 1	0.908 8	0.923 1
0.050 0	0.094 2	0.531 0	1.023 0	0.225 0	0.246 3	0.913 4	0.924 5
0.055 0	0.099 3	0.553 8	1.007 0	0.230 0	0.250 6	0.917 8	0.926 1
0.060 0	0.104 3	0.575 3	0.993 2	0.235 0	0.254 9	0.921 9	0.927 6
0.065 0	0.109 3	0.595 4	0.981 5	0.240 0	0.259 2	0.925 9	0.929 1
0.070 0	0.113 9	0.614 4	0.971 3	0.245 0	0.263 5	0.929 6	0.930 7
0.075 0	0.118 6	0.632 4	0.962 4	0.250 0	0.267 9	0.933 2	0.932 3
0.080 0	0.123 2	0.649 3	0.954 8	0.255 0	0.272 2	0.936 7	0.934 0
0.085 0	0.127 7	0.665 5	0.948 1	0.260 0	0.276 6	0.940 0	0.935 6
0.090 0	0.132 2	0.680 8	0.942 2	0.265 0	0.281 0	0.943 1	0.937 3
0.095 0	0.136 6	0.695 3	0.937 1	0.270 0	0.285 4	0.946 1	0.939 0
0.100 0	0.141 0	0.709 3	0.932 7	0.275 0	0.289 8	0.949 0	0.940 6

(续附表 5)

$\dfrac{d}{L_0}$	$\dfrac{d}{L}$	$\dfrac{C}{C_0}$ 和 $\dfrac{L}{L_0}$	$\dfrac{H}{H_0}$	$\dfrac{d}{L_0}$	$\dfrac{d}{L}$	$\dfrac{C}{C_0}$ 和 $\dfrac{L}{L_0}$	$\dfrac{H}{H_0}$
0.280 0	0.294 2	0.951 6	0.942 3	0.405 0	0.409 8	0.988 5	0.977 0
0.285 0	0.298 7	0.954 2	0.944 0	0.410 0	0.414 5	0.989 1	0.978 0
0.290 0	0.303 1	0.956 7	0.945 6	0.415 0	0.419 3	0.989 8	0.979 0
0.295 0	0.307 6	0.959 0	0.947 3	0.420 0	0.424 1	0.990 4	0.979 8
0.300 0	0.312 1	0.961 1	0.949 0	0.425 0	0.428 9	0.990 9	0.980 8
0.305 0	0.316 6	0.963 3	0.950 5	0.430 0	0.433 7	0.991 4	0.981 6
0.310 0	0.321 1	0.965 3	0.952 2	0.435 0	0.438 5	0.991 9	0.982 4
0.315 0	0.325 7	0.967 2	0.953 8	0.440 0	0.443 4	0.992 4	0.983 2
0.320 0	0.330 2	0.969 0	0.955 3	0.445 0	0.448 2	0.992 9	0.983 9
0.325 0	0.334 9	0.970 7	0.956 8	0.450 0	0.453 1	0.993 3	0.984 7
0.330 0	0.339 4	0.972 3	0.958 3	0.455 0	0.457 9	0.993 7	0.985 2
0.335 0	0.344 0	0.973 8	0.959 8	0.460 0	0.462 8	0.994 1	0.986 0
0.340 0	0.346 8	0.975 3	0.961 3	0.465 0	0.467 6	0.994 4	0.986 7
0.345 0	0.353 2	0.976 7	0.962 6	0.470 0	0.472 5	0.994 7	0.987 3
0.350 0	0.357 9	0.978 0	0.964 0	0.475 0	0.477 4	0.995 1	0.987 8
0.355 0	0.362 5	0.979 2	0.965 4	0.480 0	0.482 2	0.995 3	0.988 5
0.360 0	0.367 2	0.980 4	0.966 7	0.485 0	0.487 1	0.995 6	0.989 0
0.365 0	0.371 9	0.981 5	0.968 0	0.490 0	0.492 0	0.995 9	0.989 6
0.370 0	0.376 6	0.982 5	0.969 3	0.495 0	0.496 9	0.996 1	0.990 0
0.375 0	0.381 3	0.983 5	0.976 5	0.500 0	0.501 8	0.996 4	0.990 5
0.380 0	0.386 0	0.984 5	0.971 7	0.600 0	0.600 6	0.999 0	0.996 5
0.385 0	0.390 7	0.985 4	0.972 8	0.700 0	0.700 2	0.999 7	0.998 8
0.390 0	0.395 5	0.986 2	0.973 9	0.800 0	0.800 1	0.999 9	0.999 6
0.395 0	0.400 2	0.987 0	0.975 0	0.900 0	0.900 0	1.000 0	0.999 9
0.400 0	0.405 0	0.987 7	0.976 1	1.000 0	1.000 0	1.000 0	1.000 0

参考文献

1 曹祖德,唐士芳,李蓓.波、流共存时床面剪切力.水道港口,2001,22(2):1~9
2 曹祖德,王运洪.水动力泥沙数值模拟.天津:天津大学出版社,1994
3 曹祖德,杨树森,杨华.粉砂质海岸的界定及其泥沙运动特点.水运工程,2003(5):1~4
4 陈上及,马继瑞.海洋数据处理分析方法及其应用.北京:海洋出版社,1991
5 陈士荫,顾家龙,吴宋仁.海岸动力学.北京:人民交通出版社,1988
6 丁德文,工程海冰学概论.北京:海洋出版社,1999
7 董胜,郝小丽,李锋,等.海岸地区致灾台风风暴潮的长期分布模式.水科学进展,2005,16(1):42~46
8 董胜,李奉利,孙瑞文.风暴增水随机分析的过阈法及其统计计算模式.青岛海洋大学学报,2000,30(3):542~548
9 董胜,梁永超,郝小丽.异地海域年极值风暴增水同现规律的探讨.中国海洋大学学报,2004,34(3):468~474
10 董胜,刘德辅,孔令双.极值分布参数的非线性估计及其工程应用.海洋工程,2000,18(1):50~55
11 董胜,刘德辅,舒宁.不完整风暴增减水序列的统计分析.海洋通报,1999,18(6):63~70
12 董胜,余海静,郝小丽.基于浪潮组合的台风风暴潮强度等级划分.中国海洋大学学报,2005,35(1):152~156
13 董胜,于亚群,余海静.海岸带风暴潮减水的统计分析.自然灾害学报,2004,13(4):70~74
14 冯士筰,李凤岐,李少菁.海洋科学导论.北京:高等教育出版社,1999
15 盖斯维特 J.海洋环境与建筑物设计.吴宜倜译.北京:海洋出版社,1992
16 国家海洋局.海滨观测规范.北京:科学出版社,1987
17 国家海洋局.中国海洋灾害与减灾.中国减灾,2000,10(4):27~32
18 胡卫兵,何建.高层建筑与高耸结构抗风计算及风振控制.北京:中国建材工业出版社,2003
19 胡聿贤.地震工程学.北京:地震出版社,1988
20 孔令双,曹祖德,焦桂英,等.波、流共存时的床面剪切力和泥沙运动.水动力学研究与进展,2003,18(1):93~97
21 孔令双,曹祖德,李炎保.利用"有效风能"预报航道淤积.水道港口,2004,25(4):209~212
22 孔令双,焦桂英,曹祖德.粉砂质海岸上开敞航道的淤积计算.见:中国海洋工程学会编.

第十一届中国海岸工程学术讨论会论文集. 北京:海洋出版社,2003.331~337
23 李玉成,滕斌. 波浪对海上建筑物的作用. 北京:海洋出版社,2002
24 刘德辅,马逢时. 极值分布理论在计算波高多年分布中的应用. 应用数学学报,1976(1):23~37
25 刘德辅,施建刚,王铮. 海洋环境条件联合设计标准. 海洋学报,1994,16(2):116~123
26 刘德辅,温书琴,王利萍. 泊松-混合冈贝尔复合极值分布及其应用. 科学通报,2002,47(17):1 356~1 360
27 刘家驹,喻国华. 海岸工程泥沙的研究和应用. 水利水运科学研究,1995(3):221~233
28 马逢时,刘德辅. 海洋工程建筑中设计波高推算的新方法. 科学通报,1979,24(1):33~37
29 钱宁,万兆惠. 泥沙运动力学. 北京:科学出版社,1986
30 邱大洪. 工程水文学. 北京:人民交通出版社,1999
31 孙孚. 波浪周期与波高的联合分布. 海洋学报,1988,10(1):10~15
32 孙意卿. 海洋工程环境条件及其荷载. 上海:上海交通大学出版社,1989
33 天津大学水文水力学教研室. 海洋石油工程环境-水文分析计算. 北京:石油工业出版社,1983
34 王超. 海洋工程环境. 天津:天津大学出版社,1993
35 文圣常,宇宙文. 海浪理论与计算原理. 北京:科学出版社,1984
36 吴辉碇,杨国金,张方俭,等. 渤海海冰设计作业条件. 北京:海洋出版社,2001
37 徐德伦,于定勇. 随机海浪理论. 北京:高等教育出版社,2001
38 阎俊岳,陈乾金,张秀芝,等. 中国近海气候. 北京:科学出版社,1993
39 严恺,梁其荀. 海岸工程. 北京:海洋出版社,2002
40 杨宝国. 沿海风暴潮灾害. 自然灾害学报,1996,5(4):82~88
41 俞聿修. 随机波浪及其工程应用. 大连:大连理工大学出版社,2000
42 中华人民共和国行业标准. 港口工程荷载规范(JTJ215-1998). 北京:人民交通出版社,1998
43 中华人民共和国行业标准. 海港水文规范(JTJ213-1998). 北京:人民交通出版社,1998
44 中华人民共和国行业标准. 建筑结构荷载规范(GB50009-2001). 北京:中国建筑工业出版社,2002
45 中华人民共和国行业标准. 建筑抗震设计规范(GB50011-2001). 北京:中国建筑工业出版社,2001
46 中华人民共和国行业标准. 水运工程抗震设计规范(JTJ225-1998). 北京:人民交通出版社,1998
47 中华人民共和国能源部. 冰环境条件下海上固定结构规划、设计和建造的推荐做法. 中华人民共和国石油天然气行业标准(SY/T4803-1992). 1992
48 中山大学数学力学系. 概率论及数理统计. 北京:人民教育出版社,1980
49 岩垣雄一,椹木亨共著. 海岸工学. 日本东京都:共立出版株式会社,1985
50 API RP 2A-LRFD. Planning, designing and constructing for fixed offshore platforms load and

resistance factor design. American Petroleum Institute, USA. 1995(E):127-128

51 Cao Z D, Kong L S, Liu D F. Sediment movement in periodic alternating current. Journal of Ocean University of Qingdao, 2002, 1(2): 201-205

52 Dong S and Takayama T. Improved least square method for selecting design wave height. Proceedings of 12th International Offshore and Polar Engineering Conference, Kitakyushu, Japan, 2002, 60-65

53 Dong S, Wei Y, Hao X L, et al. Extreme prediction of storm surge elevation related to seasonal variation. Proceedings of 13th International Offshore and Polar Engineering Conference, Hawaii, USA, 2003, 878-883

54 Dong S, Wei Y, Li F, et al. New design criteria of coastal engineering for disaster prevention. The Proceedings of 13th International Offshore and Polar Engineering Conference, Hawaii, USA, 2003, 208-212

55 Dong S, Xu B, Wei Y. Joint probability calculation of typhoon-induced wave height and wind speed. Proceedings of 14th International Offshore and Polar Engineering Conference, Toulon, France, 2004, 101-104

56 Dykins J E. Ice engineering—tensile properties of sea ice grown in a confined system. California, Technical Report R. 869 Naval Civil Engineering Laboratory, Port Hueneme, 1970, 10-50

57 Feller W. An introduction to probability theory and its applications (2nd ed). New York: John Wiley, 1957

58 Goda Y. Random seas and design of maritime structures. Singapore: World Scientific, 2000

59 Goda Y, Konagaya O, Takeshita N, et al. Population distribution of extreme wave heights estimated through regional analysis. Proc. 27th Int. Conf. Coastal Engrg., Sydney, 2000, 1078-1091

60 Gumbel E J and Mustafi C K. Some analysis properties of bivariate extreme distribution. J. Am. Stat. Assoc., 1967, 62: 569-588

61 Horikawa K. Coastal Engineering. Tokyo: Press of University of Tokyo, 1978

62 Isaacson M and MacKenzie N G. Long-term distributions of ocean waves: a review. J. Wtrwy., Port, Coast. and Ocn Division, 1980, 107(WW2): 93-109

63 Kinsman B. Wind waves. Prentice-Hall Englewood Cliffs, N. J., 1965

64 Kirby W H and Moss M E. Summary of flood-frequency analysis in the United States. J. Hydro. 1987, 96: 5-14

65 Kong L S, Cao Z D, Li Y B. Siltation calculation for open channel on the silty beach. Proceedings of 23rd International Conference on Offshore Mechanics and Arctic Engineering, Vancouver, Canada, 2004

66 Lainey L and Tinavi R. The mechanical properties of sea ice—a complication of available

data. Canadian Journal of Civil Engineering, 1984, 1(4): 884-932
67 Liu D F, Dong S, Wang C. Uncertainty and sensitivity analysis of reliability for marine structure. Proceedings of 6th International Offshore and Polar Engineering Conference, Los Angeles, USA, 1996, 380-386
68 Liu D F. Dong S, Wang S Q, et al. System analysis of disaster prevention design criteria for coastal and estuarine cities. China Ocean Engineering, 2000, 14(1): 69-78
69 Liu D F and Ma F S. Prediction of extreme wave heights and wind velocities. J. Wtrwy., Port, Coast. and Ocn Eng., 1980, 106(WW4): 469-479
70 Longuet-Higgins M S. On the statistical distribution of the height of sea waves. J. Mar Res., 1952, 11(3): 245-266
71 Longuet-Higgins M S. On the joint distribution of periods and amplitudes of sea waves. J. Geophys. Res., 1975, 80(18): 2688-2694
72 Longuet-Higgins M S. On the joint distribution of periods and amplitudes in a random wave field. Proc. Roy. Soc., 1983, A389: 241-258
73 Mitsuyasu H, Suhaya T, Mizuno S, et al. Observations of directional spectrum of ocean waves using a cloverleaf buoy. J. Phys. Oceanogr., 1975, 5(4): 750-760
74 Mitsuyasu H, Suhaya T, Mizuno S, et al. Observations of the power spectrum of ocean waves using a cloverleaf buoy. J. Phys. Oceanogr., 1980, 10(2): 286-296
75 Ochi M. Applied probability and stochastic processes in engineering and physical science. New York: John Wiley & Sons, Inc., 1990
76 Paige R A and Lee C W. Preliminary studies on sea ice in McMurdo Sound, Antarctica, during "deep freeze 65". Journal of Glaciology, 1967, 6(46): 515-528
77 Ralston T D. Ice force design considerations for conical offshore structure. Proc. 4th POAC Conf., St. John's Nfd., 1977, 12: 741-752
78 U. S. Army Corps of Engineers. Shore protection manual. Vicksburg, MS: Coastal Engineering Research Center. 1984
79 Wen S C, Zhang D C, Guo P F, et al. Improved form of wind-wave frequency spectrum. Acta Oceanologica Sinica, 1989, 8: 131-147
80 Wen S C, Wu K J, Guan C L, et al. A proposed directional function and wind-wave directional spectrum. Acta Oceanologica Sinica, 1995, 12(2): 155-166